山西省高等学校哲学社会科学研究一般项目《社会主要矛盾转化视角下我国生态文明建设的反思与前瞻研究》（编号：2020W050）

光明社科文库
GUANGMING DAILY PRESS:
A SOCIAL SCIENCE SERIES

·法律与社会书系·

# 中国生态文明建设研究
## ——以生态供需矛盾为视角

崔龙燕｜著

光明日报出版社

图书在版编目（CIP）数据

中国生态文明建设研究：以生态供需矛盾为视角 /
崔龙燕著. -- 北京：光明日报出版社，2021.12
ISBN 978 - 7 - 5194 - 6415 - 8

Ⅰ. ①中… Ⅱ. ①崔… Ⅲ. ①生态文明—建设—研究
—中国 Ⅳ. ①X321.2

中国版本图书馆 CIP 数据核字（2021）第 272087 号

## 中国生态文明建设研究：以生态供需矛盾为视角
**ZHONGGUO SHENGTAI WENMING JIANSHE YANJIU：**
**YI SHENGTAI GONGXU MAODUN WEI SHIJIAO**

| | |
|---|---|
| 著　者：崔龙燕 | |
| 责任编辑：史　宁 | 责任校对：阮书平 |
| 封面设计：中联华文 | 责任印制：曹　净 |

出版发行：光明日报出版社

地　　址：北京市西城区永安路 106 号，100050

电　　话：010 - 63169890（咨询），010 - 63131930（邮购）

传　　真：010 - 63131930

网　　址：http://book.gmw.cn

E - mail：gmrbcbs@ gmw.cn

法律顾问：北京市兰台律师事务所龚柳方律师

印　　刷：三河市华东印刷有限公司

装　　订：三河市华东印刷有限公司

本书如有破损、缺页、装订错误，请与本社联系调换，电话：010-63131930

| | | | |
|---|---|---|---|
| 开　　本：170mm×240mm | | | |
| 字　　数：269 千字 | | 印　　张：16.5 | |
| 版　　次：2023 年 1 月第 1 版 | | 印　　次：2023 年 1 月第 1 次印刷 | |
| 书　　号：ISBN 978 - 7 - 5194 - 6415 - 8 | | | |
| 定　　价：95.00 元 | | | |

# 序

　　辩证唯物主义和历史唯物主义认为，人类社会发展的历史进程，是社会各种复杂矛盾运动的结果。在复杂的事物的发展过程中，有许多的矛盾存在，其中必有一种是主要的矛盾，由于它的存在和发展，规定或影响着其他矛盾的存在和发展。社会主要矛盾是指在某一历史阶段的社会诸多矛盾中占支配地位，对事物发展起决定作用的矛盾。对社会主要矛盾的科学判断和准确把握是党和国家制定路线、方针和政策的重要依据。党的十九大报告指出，中国特色社会主义进入新时代，我国社会主要矛盾已经转化为人民日益增长的美好生活需要和不平衡不充分的发展之间的矛盾。这是马克思主义唯物辩证法和历史唯物主义主要矛盾运动规律的逻辑使然，为新时代中国共产党制定符合中国实际的路线、方针和政策提供了重要依据。

　　新时代社会主要矛盾的新表述不是一个纯概念的改变，而是深层次和全方位的历史性变化。党的十九大关于中国特色社会主义进入新时代社会主要矛盾发生新变化的重大判断和重要结论，是我们党根据变化了的实际，运用辩证唯物主义和历史唯物主义原理进行科学分析得出的正确结论，是社会主义初级阶段理论上的一次重大突破和重大创新。从供给侧和需求侧的视角来看，新时代的社会主要矛盾揭示了人民日益增长的美好生活需要与社会供给不足的内在矛盾，并且在不同领域呈现不同的具体样态和表现方式。生态文明建设是我国发展中的重大理论与实践问题，社会主要矛盾反映在生态文明建设领域，具体表现为人民日益增长的优美生态环境需要和不平衡不充分的生态文明建设之间的矛盾，实质上反映了人民群众日益增长的优美生态环境需要与优质生态产品供给不足之间的矛盾，可称为生态供需矛盾。这对矛盾反映了人民群众在生态领域产生的新诉求、新需要和我国生态文明建设面临的新问题、新挑战。在生态供需矛盾中，人民日益增长的优美生态环境需要是矛盾的重要方面，不平衡不充分的生态文明建设是矛盾的主要方面。故此，基于新时代社会主要矛盾转化的时代背景，从生态供需矛盾的视角出发，系统研究我国生态文明建设的相关问题，对深化生态文明建设的理论与实践研究具有重要现实意义。

本书坚持以问题为导向，遵循提出问题、分析问题和解决问题的逻辑进路，坚持历史和现实相结合、理论和实践相结合、宏观和微观相结合的基本原则，综合运用文献研究法、矛盾分析法、系统研究法等多种方法展开研究。

在整体结构上，本书分为三个部分：

第一部分是研究缘起，即绪论。第一章主要对课题研究进行总结性与一般性说明，重点介绍了课题的研究背景、研究思路、国内外研究动态、研究意义、研究内容、研究方法和研究创新，为本书的主体内容做好了理论铺垫，确保了课题研究的科学性与系统性。

第二部分是主体内容，包括六章。本书的主体部分按照理论奠基、提出问题、分析问题和解决问题的思路展开。首先，对生态文明建设进行理论溯源。第二章主要介绍了生态文明和生态文明建设的核心概念，并从思想溯源入手，对生态文明建设的理论基础进行系统梳理，旨在深刻把握生态文明建设的思想渊源和理论逻辑。其次，提出问题。第三章提出在新时代社会主要矛盾转化背景下，人民日益增长的优美生态环境需要和不平衡不充分的生态文明建设之间的矛盾，是我国生态文明建设中的主要矛盾，并重点分析生态供需矛盾的一个重要方面，即人民日益增长的优美生态环境需要。一方面，对人民优美生态环境需要日益增长的内涵与表现进行深入分析；另一方面，对人民优美生态环境需要的重要影响因素，即优质生态产品供给进行学理分析和理论阐释，力求揭示优美生态环境需要和优质生态产品的深层关联。再次，分析问题。这部分根据辩证唯物主义在主要矛盾中抓矛盾的主要方面的基本原理和思维，重点运用马克思主义的矛盾分析法，对生态文明建设主要矛盾的主要方面，即生态文明建设的不平衡不充分进行深入分析，具体分析了生态文明建设不平衡与不充分的主要表现及其成因。第四章主要分析生态文明建设的不平衡问题，分别从生态文明建设内部、生态文明建设空间、生态文明建设外部三个维度入手，着重探讨和分析了"三生"之间的不平衡、区域城乡生态文明建设的不平衡、生态文明建设与其他"四大建设"之间的不平衡以及导致生态文明建设不平衡的主要原因。第五章探讨生态文明建设的不充分问题，紧密围绕生态文明建设的"三个关键词"——资源、环境和生态，集中分析了自然资源利用、环境污染防治、生态综合治理不充分的具体表现和导致这些不充分的主要原因，从而达到对我国生态文明建设现状的整体审视和深刻把握。最后，解决问题，解决生态供需矛盾，积极寻求和探索具有可操作性和现实指导意义的实施策略和重要举措，是本书的落脚点和最终目的所在。对于我国生态文明建设中存在的不平衡与不充分问题，按照善于抓住重点、集中力量解决主要矛盾的主要方面的逻辑思维，探讨我国生态文明建设平衡发展与充分发展的可行对策和重要措施。第六章针对我国生态文明建设不平衡的问题，主张通过促进生产、生活和生态之间平衡发展，推进区域生态文明协同发展、城乡生态文明共同发展以及统筹生态文明建设与其他"四大建设"平衡发展等举措，来促进我国生态文明平衡发展。第七章对于我国生态文明建设不充分的问题，提出要通过促进资源高效科学利用、提升环境污染防治水平、增强生态系统治理成效等举措促进我国生态文明建设充分发展。而推动我国生态文明建设平衡与充分发展的根本目的，在于扩大优质生态产品有效供给，提供更多优质生态产品，以更好满足人民群众日益增长的优美生态环境需要。这是中国特色社会主义生态文明建设的价值取向，彰显了社会主义生态文明建设的人民立场。

第三部分是研究结论。结语与展望部分对课题研究进行了总结、反思与前瞻。本书重点运用马克思主义的矛盾分析法，系统研究了社会主要矛盾转化背景下我国生态文明建设领域的主要矛盾及其应对等问题。经过系统、深入的研究，本书总结了课题研究的理论成果，实现了视角创新和观点创新，得出一些重要结论。人民日益增长的优美生态环境需要和不平衡不充分的生态文明建设之间的矛盾，既是社会主要矛盾在生态文明建设领域的具体表现，又揭示了新时代我国生态文明建设面临的新挑战和所要解决的关键问题。这就需要我们准确把握生态文明建设面临的新形势，着力破解生态文明建设中的突出问题，补齐我国生态文明建设短板，探索新时代生态文明建设之路，实现生态文明建设平衡充分发展和满足人民优美生态环境需要之间的良性循环。这既充分彰显了新时代我国生态文明建设的时代价值，更回应了时代热点与生态文明建设研究前沿。但是，任何事物都无法尽善尽美。由于力有未逮，本书尚有不足之处，很多问题有待进一步深化和拓展。这就需要进一步强化问题导向和研究意识，对生态供需矛盾展开更为系统深入的研究。而对这些问题的深入研究，将为新时代生态文明建设理论与实践研究提供新的内容与活力源泉。

# 目　录
## CONTENTS

# 第一章

# 绪　论

　　文明的起落、文化的兴衰、社会的存续都与生态环境紧密相关。生态文明建设事关中华民族永续发展，事关我国经济高质量发展和现代化建设，事关人民美好生活与幸福追求。新时代，我国社会主要矛盾转化为人民日益增长的美好生活需要和不平衡不充分的发展之间的矛盾。这是党中央在动态把握矛盾转化规律基础上做出的重大政治判断。社会主要矛盾的转化是关系我国发展全局的根本性变化，对党和国家的各项工作提出了新的更高的要求。生态文明建设是我国经济社会发展中的重大理论与实践问题，社会主要矛盾转化是生态文明建设的时代背景。基于新时代社会主要矛盾转化的现实背景，从生态供需矛盾的视角出发，系统研究我国生态文明建设的相关问题，既是生态文明理论发展的内在要求，又是新时代我国生态文明建设实践的迫切需要，对深化生态文明建设理论与实践研究具有重要现实意义。

## 一、研究背景与意义

　　中国特色社会主义进入新时代，我国社会主要矛盾发生转化。随着社会主要矛盾转化，我国经济社会发展的各个领域都面临新的机遇和挑战。生态文明建设是中国特色社会主义事业的重要内容，关系人民福祉，关乎民族未来，探讨生态文明建设问题不能脱离社会主要矛盾转化这一现实背景。故此，从新时代社会主要矛盾转化的现实背景出发，整体审视和系统研究我国生态文明建设的相关问题，是中国特色社会主义理论研究尤其是生态文明理论研究的重要任务和时代课题。

### （一）研究背景

　　21 世纪以来，面对"先污染后治理"传统发展道路造成的经济社会发展与资源生态环境的矛盾冲突和我国资源约束趋紧、环境污染严重、生态系统退化的生态国情，党的十八大提出大力推进生态文明建设，要求从源头上扭转生态环境恶化趋势，为人民群众创造良好生产生活环境。"党的十八大以来，以习近平同志为核心的党中央把生态文明建设作为统筹推进'五位一体'总体布局和协调推进'四个全面'战略布局的重要内容。"① 坚持中国特色社会主义生态文明理论的科学指导，实施了一系列推进生态文明建设的重要举措，生态文明建设取得显著成效。生态文明发展道路的绿色探索与生动实践、生态文明理念的广泛传播与日益深入、环境污染治理的系统开展与力度之大、生态文明制度的"四梁八柱"与出台之密、生态环境质量的极大改善与不断优化等，都推动着我国生态文明建设发生历史性、全局性和根本性变化。

然而，事物的发展变化都是矛盾运动的必然结果，任何事物都具有两面性。总体而言，我国资源约束趋紧、环境污染严重、生态系统退化的严峻形势有所缓解，生态环境质量不断提高，向着更好的局面发展。但是，我国传统发展方式尚未发生根本转变，绿色发展方式还未真正形成，旧的生态环境问题没有得到根本解决，发展中产生的新的环境问题总是在不断显现。一方面，我国"生态文明建设正处于压力叠加、负重前行的关键期，已进入提供更多优质生态产品以满足人民日益增长的优美生态环境需要的攻坚期，也到了有条件有能力解决生态环境突出问题的窗口期"②。生态文明建设面临新形势与新挑战，在生态文明理念、生态文明制度、生态文明执法等方面仍有很多问题亟待解决。另一方面，随着生态环境问题集中爆发，生态环境问题已不是单纯的经济问题，而是演变为重大的民生问题。生态环境问题不仅成为我国经济社会可持续发展的主要瓶颈，而且严重威胁人民身心健康与幸福生活，成为民生之患、民生之痛。人民群众对清新空气、干净饮水、清洁环境等优美生态环境和优质生态产品的需要与日俱增，在优美生态环境中生产生活逐渐成为人民群众新的向往和新的追求。故此，我国生态文明建设面临的新形势、新挑战与人民群众产生的新诉求、新需要都对生态文明建设提出了更高要求。

在我国生态文明建设成效和问题并存、机遇和挑战并存的同时，党的十九

---

① 党的十九大报告辅导读本 [M]. 北京：人民出版社，2017：378.
② 习近平. 坚决打好污染防治攻坚战 推动生态文明建设迈上新台阶 [N]. 光明日报，2018-05-20（01）.

大报告做出了"我国社会主要矛盾已经转化为人民日益增长的美好生活需要和不平衡不充分的发展之间的矛盾"① 的科学判断。作为社会主要矛盾的关键两极，人民日益增长的美好生活需要和不平衡不充分的发展都与生态文明建设休戚相关。一方面，"美好生活需要"是一个由多种需要构成的需要体系，具有丰富的时代内涵。人民日益增长的优美生态环境需要属于人民美好生活需要的基本范畴。另一方面，"不平衡不充分的发展"表现多元，在"五大建设"中有不同表现。生态文明建设的不平衡与不充分，理应被纳入不平衡不充分的发展的范畴之中。在社会主要矛盾转化大背景下，"人民日益增长的优美生态环境需要和不平衡不充分的生态文明建设之间的矛盾"，既是当前我国生态文明建设面临的新挑战，又是新时代社会主要矛盾在我国生态文明建设领域的具体表现。这就建立起新时代社会主要矛盾与我国生态文明建设的深层关联，构成本书研究主旨的逻辑起点和理论支点。那么，在新时代社会主要矛盾转化背景下，生态文明建设的理论研究与实践探索如何进一步展开和推进？生态文明建设要重点解决哪些问题、攻克哪些难题、实现什么目标？这些问题都需要深入思考并予以解决。时代的要求与现实的期待，亟须理论研究者与实践工作者对生态文明建设的前沿问题与难点问题，从理论和实践上做出及时有效的回应与解答。

（二）研究意义

在我国探索与推进生态文明建设的过程中，既有实践层面的显著成效，又有理论发展的丰硕成果。生态文明建设既是一个理论问题，又是一个实践问题。在新时代我国社会主要矛盾转化的大背景之下，系统研究我国生态文明建设的相关问题，具有重要的理论意义、学术意义和实践意义。

1. 理论意义

基于新时代社会主要矛盾转化的时代背景，从生态供需矛盾视角出发，对我国生态文明建设进行系统研究，无疑会使我们加深对马克思主义、中国道路、"五位一体"总体布局的认识和理解，有助于进一步丰富和完善社会主要矛盾与生态文明建设的理论研究。一方面，马克思主义是一个系统、完整的理论体系，包含丰富的社会主义社会矛盾思想和生态文明思想。应系统梳理马克思主义社

---

① 习近平. 决胜全面建成小康社会 夺取新时代中国特色社会主义伟大胜利 [M]. 北京：人民出版社，2017：11.

会矛盾理论和马克思主义的生态文明思想，揭示新时代我国社会主要矛盾和生态文明建设的理论渊源，突出中国共产党社会矛盾理论、生态文明思想与马克思主义的社会矛盾理论、生态文明思想的一脉相承性和与时俱进性。另一方面，中国道路包含中国特色的生态文明建设之路，"五位一体"总体布局中包括生态文明建设。新时代以来，习近平总书记围绕生态文明建设做出了更多论述、更多强调和更多指示，并对新时代我国生态文明建设提出了新要求、新安排和新部署。系统研究社会主要矛盾转化背景下，我国生态文明建设面临的新挑战、关键问题、问题产生的主要原因及其化解路径等，有助于深化生态文明建设的理论研究。

2. 学术意义

基于新时代社会主要矛盾转化的时代背景，从生态供需矛盾视角出发，对我国生态文明建设进行系统研究，可以丰富社会主要矛盾与生态文明建设的研究成果，为学界深化新时代社会主要矛盾和生态文明建设的理论研究提供学术资源。一方面，党的十九大提出我国社会主要矛盾转化的重大政治判断后，学界掀起了研究新时代社会主要矛盾的热潮，围绕新时代社会主要矛盾转化的基本内涵、时代意义、主要依据、具体表现和发展诉求等主题展开研究。然而，探讨新时代社会主要矛盾在生态文明建设领域具体表现的研究成果鲜少。另一方面，生态文明建设研究一直是我国学界热议的重要话题。从目前的研究状况来看，学界从生态学、经济学、社会学、政治学等多学科视角，对我国生态文明建设展开了研究，着力研究了生态文明建设的基本内涵、价值地位、现状与困境等议题。但是，结合社会主要矛盾对生态文明建设存在的主要矛盾进行研究的成果还不多见。故此，本书在准确把握新时代社会主要矛盾与生态文明建设逻辑关联的基础上，系统研究我国生态文明建设的主要矛盾，必将有助于拓宽新时代社会主要矛盾与生态文明建设的研究领域和范围，从而进一步丰富生态文明建设研究的学术成果。

3. 实践意义

本书置于新时代社会主要矛盾的现实背景下，对我国生态文明建设的主要矛盾，即生态供需矛盾进行深入分析和具体阐释，有助于回应当前我国社会主要矛盾转化背景下，生态文明建设出现的新矛盾与新问题，能够为新时代生态文明建设提供有益参考和智力支持。一方面，从利益的角度而言，"人们为之奋斗的一切，都同他们的利益有关"①。"利益是社会运行的深层动因，准确把握它为我们解决社会矛盾、实现社会和谐奠定坚实的基础"②。改革开放以来，我国经济社会发展取得重大进步，经济、政治、文化和社会建设各个领域的探索实践取得显著成效。但与此同时，我们必须清醒认识到，传统发展道路带来的问题不断显现，我国经济发展取得的巨大成就更是以牺牲生态环境为代价的。现实生活中，各类生态环境问题呈高发态势，已经严重威胁人民群众的基本生存权。推进生态文明建设的最终目的就是不断改善和优化生态环境，为人民群众提供美丽宜居的绿色家园。解决生态供需矛盾，就是要满足人民优美生态环境需要，切实维护人民群众的生态权益。从这个意义上讲，生态文明建设是实现人民美好生活的必要途径和重要保障。另一方面，从生态文明建设实践来看，系统、全面地认识和分析我国生态文明建设存在的问题、矛盾和困境等内容，探索行之有效的解决方法和实施路径，对增强生态文明建设的实效性具有积极促进作用。因此，结合新时代社会主要矛盾探讨我国生态文明建设的相关问题，有利于为探索新时代生态文明建设的创新路径提供思想支持与思路借鉴。

（三）研究目的

中国特色社会主义进入新时代，我国生态文明建设进入快车道。面对新时代人民群众的新需要和生态文明建设的新任务，迫切需要探索一条满足人民优美生态环境需要和实现人民美好生活的生态文明建设新路。在社会主要矛盾转化背景下，我国生态文明建设呈现新特点、存在新问题、面临新挑战。站在新时代的起点上，如何深入理解社会主要矛盾转化和生态文明建设的时代内涵？如何科学判断我国生态文明建设的有利条件与不利因素？如何准确把握新时代生态文明建设的新形势与新要求？怎样开启生态文明建设的新征程，勾画绿色发展的新蓝图以及发挥生态文明建设在人民美好生活中的积极作用？这些问题都需要进行更为深入的探讨和更为有效的解答。故此，本书的研究目的有四个方面：

第一，本书的研究理念是基于新时代社会主要矛盾转化的现实背景，系统研究和阐释我国生态文明建设的主要矛盾。在对生态文明建设主要矛盾的具体表征和呈现方式进行深入分析的基础上，重点分析我国生态文明建设存在的关

---

① 王秀阁. 马克思主义理论学科前沿问题研究 [M]. 北京：人民出版社，2010：412.
② 焦娅敏. 马克思利益范畴在社会矛盾理论中的地位及当代价值 [D]. 上海：华东师范大学，2013.

键问题，进而积极探索新时代解决生态供需矛盾和推动生态文明平衡充分发展的应用策略和重要举措，从而搭建起完整系统的理论框架，以期实现思想、观点和方法的突破和创新。

第二，运用马克思主义矛盾分析法，对我国生态文明建设领域中的主要矛盾，可称为生态供需矛盾，即"人民日益增长的优美生态环境需要和不平衡不充分的生态文明建设之间的矛盾"进行深入分析和详细论证，重点探讨和分析这一矛盾的主要方面和次要方面，旨在深刻把握我国生态文明建设现状，找准当前生态文明建设存在的主要问题，明确新时代生态文明建设所要完成的重要任务，为推进新时代生态文明高水平建设和更好满足人民优美生态环境需要提供有益参考。

第三，根据马克思关于在主要矛盾中抓矛盾的主要方面的基本原理，重点对生态供需矛盾的主要方面，即我国生态文明建设不平衡不充分问题的具体表征及导致这些问题产生的主要原因进行深刻剖析和论证，旨在"抓准病因、对症下药"，为推进我国生态文明平衡充分发展、切实增强生态文明建设实效、提高生态文明建设水平提供新思路和新方法。

第四，着眼于化解矛盾的目的，在对"人民日益增长的优美生态环境需要和不平衡不充分的生态文明建设之间的矛盾"进行系统研究，尤其是对这一矛盾的主要方面进行深入分析的基础上，提出解决生态供需矛盾、大力推进生态文明建设的应对之策和重要举措，旨在为走向生态文明新时代、实现生态文明建设与满足人民优美生态环境需要良性循环，提供切实可行的实施方案和创新路径。

## 二、国内外文献综述

生态文明是人类对传统文明特别是对工业文明进行深刻反思的结果，是人类文明形态和文明发展理念的重大进步。生态文明所凸显的世界意义和我国生态文明建设所彰显的"中国特色"及其在全球生态安全中做出的"绿色贡献"，决定了生态文明建设问题是国内外学界关注的重要话题。目前，国内外学者对我国生态文明建设进行了相关研究，形成了许多具有标志性、较为成熟的研究成果。基于课题研究的主旨需要，本书系统梳理了国内外关于社会主要矛盾、生态文明建设的研究成果，旨在全面了解国内外关于生态文明建设的研究现状，深化对新时代社会主要矛盾和生态文明建设的深刻理解。

（一）国内研究现状

推进生态文明建设是党中央从中华民族永续发展的整体利益和维护广大人民群众的根本利益出发做出的战略选择。社会主要矛盾转化是我国最大的时代背景，新时代生态文明建设的理论与实践都要适应和紧扣社会主要矛盾。目前，国内学界对新时代社会主要矛盾和生态文明建设的研究比较集中。对近十年关于生态文明建设和近五年关于新时代社会主要矛盾的相关文献进行梳理发现，从研究主题来看，关于这两个问题的研究大体分为三类：一是对新时代社会主要矛盾和生态文明建设的宏观审视；二是对新时代社会主要矛盾和生态文明建设的中观构建；三是对新时代社会主要矛盾和生态文明建设的微观分析。从研究内容来看，围绕新时代社会主要矛盾和我国生态文明建设，国内学者主要探讨了以下问题：

1. 关于生态文明建设的研究

生态文明建设是一个常谈常新的重要话题。自党的十八大报告将生态文明建设纳入"五位一体"总体布局以来，学界就掀起了研究生态文明建设的热潮。随着生态文明建设的持续开展和我国生态文明建设日益凸显的时代价值，学界进一步加深和拓展了生态文明建设研究的程度与范围。梳理已有文献，与本选题紧密相关的研究主要体现在以下几个方面：

（1）对生态文明建设基本概念的界定

何为生态文明建设？这是生态文明建设研究首先要解决的基础性问题。目前，众多学者从不同视角对生态文明建设的概念进行科学界定，提出了不同的见解，主要形成了三种代表性观点：

①宏观层面的生态文明建设。从宏观视角出发，把生态文明建设理解为广义的社会实践活动和过程，即"生态文明建设，就是人类在认识和改造客观物质世界的过程中，有组织、有目的、有计划地动员各种社会力量，在经济建设与社会发展的基础上，不断消除改造过程中的不利影响，通过建设有序的生态运行机制和维护良好的生态环境，不断改善和优化人与自然、人与人、人与社会之间的关系，从而实现人与自然、人与人、人与社会和谐发展的社会实践活动"①

---

① 张东蒉. 略论科学发展观视域下生态文明建设的基本内涵 [J]. 辽宁工业大学学报（社会科学版），2013，15（01）：28-31.

（张东荟，2013）。这类观点以实践为起点，把生态文明建设视为一种以改善生态环境，优化人与人、人与自然关系为任务的社会实践活动，赋予生态文明建设以能动性、实践性和现实性。

②微观层面的生态文明建设。从微观角度进行阐释，把生态文明建设等同于生态建设和"三型社会"建设。有学者提出，生态文明建设就是"通过保护和改善生态环境等手段，在人们合理、适度利用自然的同时，让自然在休养生息中弥补已有的赤字以达到新的生态平衡"①（张永红，张叶，2018）。这类观点立足生态系统的平衡性，追求人与生态系统的平衡发展。有学者认为生态文明建设就是建设"三型社会"，具体而言就是"以生态规律为行为准则，综合运用政治、经济、文化、社会和自然的方法，依照生态系统管理的原理，建设以资源环境承载力为基础，以增强可持续发展能力和维护生态正义为根本目标的资源节约型、环境友好型和生态健康型文明社会"②（杨朝霞，2014）。很显然，这里的"三型社会"是对"两型社会"的深化和发展，是资源节约型、环境友好型和生态健康型社会的简称。

③多重维度层面的生态文明建设。从多重维度出发探讨生态文明建设，认为生态文明建设是一个多维一体的概念。有学者提出，生态文明建设是"四维概念"的内在统一，即"生态文明建设是一个发展模式的概念、相互融合的概念、复合系统的概念、机制创新的概念"（石建平，2008）。郇庆治（2014）指出，生态文明及其建设在当今中国已经发展成一个至少包含在社会主义文明整体、社会主义现代化的绿色取向、哲学理论层面以及政治意识形态层面四重意蕴的概念。此外，还有一种观点主张"生态文明理念"③（王永涛，2016）。

总体而言，学界分别从宏观、微观、多重维度三种思路对生态文明建设概念进行了探讨，在一定程度上回答了"什么是生态文明建设"这一基础问题，但观点不一、尚难明确，没有达成共识。这就需要进一步加强阐释，深化对生态文明建设概念的研究。

①　张永红，张叶. 从政治高度推进生态文明建设论析 [J]. 思想理论教育，2018 (11)：27-33.
②　陈江昊. 生态文明建设内涵解析 [J]. 陕西社会主义学院学报，2013 (02)：17-19.
③　王涌涛. 生态文明建设视域下我国乡村旅游的生态化转型 [J]. 农业经济，2016 (06)：43-45.

（2）对生态文明建设道路的研究

道路决定方向，道路影响成败。走向生态文明新时代，实现人类期待的生态文明，要探索一条成功的生态文明建设道路。早在 20 世纪 90 年代，面对日益凸显的生态环境问题，我国就提出走一条可持续发展道路，即"生产发展、生活富裕、生态良好的文明发展道路"①。之后，党的十八大、十九大再次重申生态文明建设道路。与此同时，辛向阳（2011）将生态文明建设道路作为总道路的组成部分，并进行了初步探讨。刘金田等（2013）在《中国特色社会主义生态文明建设道路》一书中，共同探讨了我国生态文明建设道路的初步形成以及我国推进生态文明建设的重要举措等内容，对中国特色社会主义生态文明建设道路进行了系统研究。左亚文等（2014）学者在《资源 环境 生态文明——中国特色社会主义生态文明建设》的专著中从文明的历史演进入手，揭示了生态文明的本质内涵，对工业文明进行了深刻反思，从而提出了中国特色社会主义生态文明建设的实施路径。焦冉（2017）认为，中国特色社会主义生态文明道路是一条能够实现生产发展、生活富裕和生态良好的文明发展道路。这一道路经历了"发展萌芽—初步形成—正式确立—发展完善"四个阶段。其蕴含着丰富的生态文明理念、思想、制度体系及文化积淀，为今后生态文明发展、走向社会主义生态文明新时代奠定现实基础。

（3）对生态文明建设法治化的探讨

法治是生态文明建设的重要内容和根本保障，推进生态文明建设法治化是理论研究的题中之义。基于生态文明建设法治化的现实意义，对党的十八大以来我国生态文明建设法治化的经验、问题与出路进行了系统分析，认为解决生态文明问题需立足我国环境发展的实情，坚持把马克思主义法治基本理论和中国特色社会主义法治建设的多元实践与新时代特征紧密结合起来，不断完善生态文明法治建设规则体系（丁国峰，2020）。提出当前生态文明建设依然面临着区域发展、资源配置和公众参与三方面均不协调的现实挑战，这严重制约着生态文明建设的法治化进程。这就迫切需要将生态文明建设纳入法治化轨道，充分将政府、市场、公众三者在生态文明建设中的权利和义务相融合，通过树立生态法治观点、构建法治体系等，为生态文明建设提供法治保障（李兴锋，

---

① 中国共产党第十六次全国代表大会文件汇编［M］. 北京：人民出版社，2002：19.

2021）。从生态文明建设的制度设计入手，指出我国生态文明建设的制度设计改进与创新是巩固生态文明建设成效的重要保障，生态文明建设的法治化必须借助制度的力量（常多粉，2021）。这些观点在很大程度上对我国生态文明建设法治化的相关问题进行回应和解答，对深入研究我国生态文明建设有一定借鉴意义。

（4）对生态文明建设基本经验的总结

关于这一主题，学术界沿着两条路线展开：一条是以中国共产党的百年历程为时间跨度，从发展背景、历史脉络、原则遵循三个层面考察了生态文明建设的发展历程，阐释了中国共产党生态文明建设的理论逻辑、实践逻辑和系统逻辑，分析了我国生态文明建设的突出成就和基本经验。其中，基本经验主要包括党的坚强领导、绿色发展理念的贯彻和生态治理模式的创新（唐秀华、陈全顺，2021）。以人与自然的关系为逻辑起点，围绕党的中心工作与生态文明建设关系的逻辑主线，以人民对美好生态环境的需要为逻辑旨归，分析了中国共产党百年来生态文明建设的探索历程（尹艳秀、庞昌伟，2021）。另一条是以党的十八大为时间起点，探讨了党的十八大以来我国生态文明建设的主要成就和基本经验。学术界普遍认为，自党的十八大以来，我国出台了一系列生态文明建设的重要举措，生态文明建设取得显著成效，具体表现为：生态文明意识有了很大提高，生态文明制度建设卓有成效，生态文明执法和监督力度空前强化，生产方式和生活方式绿色化转型取得重要突破，生态文明建设的国际影响不断扩大。究其根源在于习近平生态文明思想科学指导、党的统一领导、生态技术的创新、生态制度的加强和人民群众的积极参与等（钟实，2017；郑振宇，2020；李宏伟，2021）。张云飞教授则从生态文明建设的战略地位出发，指出我们党在生态文明建设领域取得的重要成就、积累的重要经验集中表现为生态文明建设指导思想的创新、生态文明建设战略地位的提升和生态文明建设现实路径的拓展。两条路线的时间起点虽然不一样，具体内容的阐释也有差异，但对我国生态文明建设取得的成效、积累的经验的认识与概括基本一致。

（5）对生态文明建设存在困境的分析

我国生态文明建设实施过程中面临一些困难和难题，诸如地方政府的实践与中央推进生态文明建设的战略意图不相吻合，工业文明惯性在相当程度上仍制约着我国全面推进生态文明建设，传统政绩考核体系不利于全面推进生态文明建设，传统的资源价值产权制度和管理体制阻碍着生态文明建设等。解决这些问题的出路在于推进发展理念变革和生态文明发展观的牢固树立，把协同推进生态文明与工业文明建设作为我国的现代化目标，以及在科学发展的主基调和转变经济发展方式的主线中推进生态文明建设（何克东、邓玲，2013；杨巧蓉，2014）。有学者以海洋生态环境为切入点，认为当前我国海洋领域存在法律法规不健全，生态监管失位；海洋教育相对落后，政策导向有待强化和海洋科技金融扶持力度弱，创新驱动力不足的问题。要解决这些问题，就要加强海洋立法、加强海洋生态监管、强化海洋教育以及加大海洋科技创新（鹿红、王丹，2017）。可以肯定，这些观点指出了我国生态文明建设存在的突出问题，对我们把握生态文明建设整体现状有重要参考和借鉴意义。

（6）对区域生态文明建设的研究

生态文明建设作为一项伟大事业和系统工程，既有整体性，又有明显的区域性。区域生态文明建设研究是我国生态文明建设研究的重要内容，部分学者对这一问题进行了探讨。史丹等（2016）[①] 首先分析了生态文明建设的体系构成，运用比较分析法、定量分析法等，对中国省际地区经济发展水平、资源开发利用水平、能源利用、生态环境与生态治理等进行了评价分析，重点对我国中部地区经济社会发展与城镇化建设中的环境问题、生态问题进行了深度分析，最终提出了促进我国区域生态文明建设的对策与措施。刘铮、刘冬梅等（2011）[②] 将生态文明建设与区域发展相结合，着力探讨了区域经济发展与生态文明建设的关系，重点分析了我国珠三角、长三角、环渤海、西部地区、中部地区的经济发展和生态文明建设情况，总体上反映了我国区域生态文明建设的整体概况。石磊（2014）采取个案研究的视角，以宁波北仑为案例，探讨了我国区域生态文明建设的理论与实践。周长威、吴超等（2020）以区域生态乡村旅游发展为关切，指出乡村旅游发展与农村生态文明建设具有协同发展的耦合关系，即推动乡村旅游发展，可以促进乡村生态文明建设；加强乡村生态文明建设，可以助力乡村旅游发展。要实现二者协同发展，必须学习乡村旅游发展与生态文明建设方面的知识，吸收借鉴其相关优秀经验。此外，还有很多学者研究了云南、

---

① 史丹. 中国生态文明建设区域比较与政策效果分析［M］. 北京：经济管理出版社，2016：56.

② 刘铮，刘冬梅. 生态文明与区域发展［M］. 北京：中国财政经济出版社，2011：20.

贵州、黄河流域、长江流域等生态脆弱地区的生态文明建设。区域生态文明建设研究在一定程度上揭示了我国生态文明建设的特殊性。特殊性与普遍性共存是我国生态文明建设的显著特征。在研究生态文明建设的过程中，只有同时把握特殊性和普遍性，才能准确把握我国生态文明建设的整体现状。

（7）对新时代生态文明建设的研究

党的十九大报告做出了中国特色社会主义进入新时代的重大判断，并强调："建设生态文明是中华民族永续发展的千年大计。"① 立足新时代的历史起点，系统研究和阐释新时代我国生态文明建设的相关问题，是学界重要的时代课题。从已有研究来看，学界主要聚焦走向生态文明新时代，集中探讨了新时代生态文明建设的未来走向、思想基础、主要特征、基本原则、时代价值和路径选择等内容，进一步深化了对新时代生态文明建设的认识和理解。但是现有研究成果中应用研究较为欠缺，多学科和学科之间的交叉研究还不够深入。

综上所述，国内学界对我国生态文明建设已有比较广泛的关注，并且取得了较为丰富的研究成果，为本课题研究提供了重要学术参考。但是，现有研究成果在研究内容、研究模式、研究方法等方面还存在一些不足：一是某些理论问题尚处于探讨或争鸣、碰撞期，缺乏系统性与深刻性的研究，研究层次和学术含量有待提高；二是已有研究成果大多遵循"理论解读—提出问题—分析问题—对策建议或者实施路径"的研究模式，缺乏具备理论深度的学理分析，需要注重新时代生态文明建设深度和广度的拓展研究；三是大多数学者采用哲学社会科学的研究方法，从个人学科背景出发，侧重于新时代生态文明建设的理论构建，缺乏多方法、多学科和实证方面的研究；四是从社会主要矛盾视角来研究生态文明建设是一个相对薄弱的研究领域，尤其是在生态文明建设主要矛盾的理论探讨和深刻分析等方面缺乏应有关注。基于目前的研究现状，需要进一步强化问题导向和研究意识，未来学界可以从进一步厘清理论内涵、系统理论资源、把握当代境遇、推进交叉研究等方面，对生态文明建设开展更为系统、深入的研究。

2. 关于新时代社会主要矛盾的研究

党的十九大做出新时代我国社会主要矛盾转化的判断后，新时代社会主要

① 习近平. 决胜全面建成小康社会 夺取新时代中国特色社会主义伟大胜利 [N]. 人民日报，2017-10-18（01）.

矛盾问题遂受到学界广泛关注并迅速成为学界的研究热点。截至目前，学界从多个方面对新时代社会主要矛盾展开了研究，相关文献研究的主要内容有：

（1）新时代社会主要矛盾的基本内涵研究

党的十九大提出的关于新时代社会主要矛盾的新表述包括两个重要方面，即人民日益增长的美好生活需要和不平衡不充分的发展，这两个方面具有丰富的时代内涵。如何理解社会主要矛盾的科学内涵，可谓仁者见仁、智者见智。总体来看，学界主要从宏观和微观两个层面，对新时代社会主要矛盾进行了整体把握，着重对社会主要矛盾的两个方面进行具体解读和阐释。

一是对社会主要矛盾的宏观把握。这里主要是指从宏观层面，结合社会发展、国家发展大局来理解和解读社会主要矛盾。目前，学界形成一种主流观点，即从需求和发展或需求和供给的角度来理解社会主要矛盾，把社会主要矛盾理解为供需矛盾，代表性观点有，"我国转化后的社会主要矛盾的内涵，一个是需求侧，一个是供给侧。讲供给侧的不平衡不充分是针对需求侧讲的"（卫兴华，2018）①"新时代主要矛盾本质上是'需求与供给'矛盾。'美好生活需要'是需求侧，具有广域度、异质性和趋软性、高层次化的特征；与其相适应，'不平衡、不充分的发展'是供给侧，揭示了社会供给的分配性失衡和发展性匮乏的特征"②（李传兵，杨愉，王钊，2018）。由此可见，基于整体性思维，从人民需求和社会供给的角度理解社会主要矛盾，已经成为学界的一个基本共识。

二是对社会主要矛盾的微观分析。具体是指从微观层面，结合人民群众的实际需要和我国经济社会发展的具体领域来理解和阐释社会主要矛盾。社会主要矛盾包括两个重要的方面，学界对这两个方面进行了具体解读。一方面，关于"美好生活需要"，学界主要形成了"发展论""层次说"和"多维说"。有学者主张，"美好生活需要是一个完整的需要体系，主要包括充裕的物质条件、民主的政治权利、丰富的精神食粮、良好的社会秩序、优美的生态环境五个方面的丰富内涵"③。也有学者认为，美好生活需要是"美好物质、美好文化、美

---

① 卫兴华. 对新时代我国社会主要矛盾转化问题的解读［J］. 社会科学辑刊，2018（02）：5-14，2.

② 李传兵. 供需视域下我国新时代社会主要矛盾基本形态论析［J］. 江汉论坛，2018（06）：13-17.

③ 吕普生. 论新时代中国社会主要矛盾历史性转化的理论与实践依据［J］. 新疆师范大学学报（哲学社会科学版），2018，39（04）：18-31.

好社会、美好政治和美好生态需要"① 的有机统一。还有学者从理论与实践、具体与抽象、现实与历史这三对辩证关系与量、质、时、雅、界等维度去考察美好生活需要。另一方面,关于"不平衡不充分的发展",主要从经济社会发展整体视域及其结构要素出发,认为"发展不平衡主要是指'五大建设'之间发展不平衡、城乡发展不平衡、区域发展不平衡、收入分配不平衡等诸多问题;发展不充分,则主要是指一些地区、一些领域、一些方面存在发展不足的问题,发展的任务仍然很重"② (冷溶,2017)。学界对"不平衡不充分的发展"的解读具有一定合理性,但正如卫兴华教授所言,对"不平衡不充分"的解读,必须紧密结合"人民美好生活需要",如此才能更具说服力。因此,这方面研究有待进一步深化。

(2) 新时代社会主要矛盾的理论基础研究

新时代社会主要矛盾发生转化,既是一个事实判断,又是一个理论变革。探讨新时代社会主要矛盾的理论基础,有助于从理论层面把握社会主要矛盾转化的生成逻辑。目前,张云飞、宋剑、段永清、刘希刚、史献芝、侯衍社等学者从以下几个维度共同探讨了新时代社会主要矛盾的理论基础:

一是社会主要矛盾的辩证法基础。马克思主义唯物辩证法是新时代社会主要矛盾转化的重要理论基础。从学界研究来看,大部分学者以马克思主义矛盾学说为思想武器,以矛盾分析法为主要方法,以毛泽东的《矛盾论》为重要参照,提出"新时代社会主要矛盾发生变化的理论依据是辩证唯物主义和历史唯物主义的基本原理和方法论,是马克思主义矛盾学说,主要是《矛盾论》的结果。马克思主义社会基本矛盾理论是新时代社会主要矛盾变化的理论基础"③ (王树荫,2017;张云飞,段永清,吴家华,2018)。故此,理解社会主要矛盾必须坚持马克思主义的矛盾立场,吸收毛泽东《矛盾论》的思想精华,正确领会我国社会主要矛盾变化的实质内涵,处理好社会主要矛盾变化中的共性和个性问题。

---

① 黄娟. 新时代社会主要矛盾下我国绿色发展的思考——兼化绿色发展理念下"五位一体"总体布局 [J]. 湖湘论坛,2018,31 (02):60-69.

② 冷溶. 正确把握我国社会主要矛盾的变化 [N]. 人民日报,2017-11-27 (05).

③ 王树荫. 牢牢把握新时代社会主要矛盾这个根本 [J]. 思想理论教育导刊,2017 (11):10-12.

二是社会主要矛盾的唯物史观基础。在对待社会历史发展及其规律问题上，马克思科学解决了社会存在和社会意识的关系问题，创立了唯物史观。部分学者以马克思主义唯物史观为指导，对社会主要矛盾进行了阐释和分析。有学者指出，"马克思、恩格斯创立的唯物史观包含着从'生命'到'生活'再到'生产'的理论逻辑，由此形成了'人与社会'的基本矛盾和理论框架，揭示了历史主体和历史规律的关联逻辑，理解社会主要矛盾理论要回到马克思主义的唯物史观"①（宋剑，2018）。有学者提出，"在'生活方式'和'生产方式'这对矛盾关系中，生产和需要之间呈现一个螺旋式上升过程，两者之间的内在矛盾和运动是我国社会主要矛盾发生变换的根本原因"②（徐国民，2018）。

三是社会主要矛盾的人学基础。马克思的理论是以人为出发点、以人为中心、以人为最高目的的理论，人的解放、人的需要、人的自由全面发展是贯穿马克思主义全部理论的主题和始终如一的目标。有学者结合马克思的人学理论和恩格斯《自然辩证法》中人的需要理论，通过对马克思主义关于人的发展理论进行深度分析，指出"主要矛盾的变化及其实质是人民发展新的'需要'与推动社会发展新的'供给'之间的失衡造成的"③。对应社会主要矛盾的两个方面，人的"物的依赖性"与国家的"五大发展理念"之间形成了内在的统一性，并分别从创新、协调、绿色、开放、共享五大理念阐释了人民对物的依赖以及人的自由全面发展。此外，还有学者根据物质和意识的辩证关系，认为"马克思主义认识论关于思维与存在的辩证关系原理，是深入分析和把握新时代我国社会主要矛盾转化及其给党和国家提出新要求的重要哲学基础"④（田鹏颖，2018；候秋月，李建群，2018），从而将新时代社会主要矛盾的转化置于马克思主义哲学特别是认识论的视野中来考察。马克思主义人学理论、辩证法、矛盾论与唯物史观等理论，既为社会主要矛盾转化奠定了理论基础，又为我们深刻理解社会主要矛盾提供了思想指导。

---

① 宋剑. 新时代社会主要矛盾的唯物史观解读 [J]. 探索，2018（03）：185-189.
② 徐国民. 新时代我国社会主要矛盾的依据、内涵及其定位 [J]. 华东理工大学学报（社会科学版），2018，33（01）：1-8，30.
③ 薛俊清. 马克思主义人学视域下的"社会主要矛盾转化" [J]. 湘湖论坛，2018（02）：48-49.
④ 田鹏颖. 新时代社会主要矛盾转化与新要求 [J]. 中国特色社会主义研究，2018（03）：14-19.

（3）新时代社会主要矛盾转化的现实依据研究

新时代社会主要矛盾发生转化绝非偶然，而是根据人民需要和我国发展变化做出的调整变革，有着深刻的现实根源。从各种现实情况发生深刻变化的角度来把握新时代社会主要矛盾的生成逻辑，是学界研究社会主要矛盾的一种新思路。围绕这一问题，学界大致形成了"环境论"和"要素说"两种观点。一种观点是"环境论"。这种观点将社会主要矛盾的转化视为国内、国际大环境综合改变的必然结果。从国内环境来看，"我国社会矛盾的变化首先源于历史发展阶段的新变化，是根据中国特色社会主义进入新时代这个新的历史方位做出的科学判断"[1]（罗蔚，2017）。从国际环境来看，"我国社会主要矛盾的历史性转化，既有国内现实的原因，又受国际的大背景影响"[2]（张恒赫，2018）。因此，理解新时代我国社会主要矛盾，既需要立足我国现实国情，又需要关注世界局势，将新时代社会主要矛盾置于国内外大环境中深刻分析。另一种观点是"要素说"。这种观点从实践层面来衡量社会主要矛盾的转化，他们一致认为"生产力水平显著提高化解了早期社会主要矛盾、新时代人民需求结构与层次发生新变化、不平衡不充分的发展难以满足新时代的社会需要"[3]（吕普生，王向明，2018；高文兵，吴争春，2018）。这三个方面共同构成了社会主要矛盾变化的实践基础和现实依据。这类观点是目前学界大部分学者普遍认同的观点，也是探讨社会主要矛盾转化的现实逻辑的另一种思路。

3. 关于社会主要矛盾与生态文明建设关系的研究

新时代社会主要矛盾与其他主题之间有密切关系。在分别研究新时代社会主要矛盾和生态文明建设的基础上，有学者对新时代社会主要矛盾与生态文明建设之间的关系进行了初步探讨。

一种观点认为，社会主要矛盾对生态文明建设提出了新要求。有学者把社会主要矛盾的变化视为生态文明建设的新要求、新契机、新动力和新标识，认为我国生态文明建设应尽快适应社会主要矛盾转变，生态文明立法也应随社会

---

[1] 罗蔚. 准确认识和把握我国社会主要矛盾的变化 [J]. 新湘评论, 2017 (23)：59-60.

[2] 张恒赫. 新时代我国社会主要矛盾变化的历史逻辑与理论向度 [J]. 中国地质大学学报（社会科学版）, 2018, 18 (01)：10-13.

[3] 高文兵，吴争春. 习近平新时代社会主要矛盾论的三重逻辑 [J]. 山西大学学报（哲学社会科学版）, 2018, 41 (03)：134-139.

主要矛盾及时调整。面对社会主要矛盾呈现的新特征，新时代我国生态文明建设必须坚持以满足人民对美好生活的需要为导向，借助供给侧结构性改革精准发力，进一步提供优质的生态产品，让良好的生态环境成为美好生活的重要内容，让人民健康、舒适、有尊严地生活（刘贤春，孙佑海，2017；赵建军，2018）。而"推进绿色生态、经济、政治、文化和社会的充分均衡发展是满足人民美好生态、经济、政治、文化和社会需要的根本途径"①（黄娟，2018），这一观点为建设生态文明、满足人民美好生活需要提供了有益借鉴和参考。

另一种观点认为，在新时代社会主要矛盾的两个方面中，不平衡不充分的发展是这一矛盾的主要方面。我国发展的不平衡不充分表现在多个方面、多个领域，生态文明建设的不平衡不充分是我国发展不平衡不充分的基本范畴。因此，很多学者一致认为，"我国发展不平衡不充分内在地包含生态文明、绿色发展的不平衡、不充分；经济发展与生态环境保护、人与自然、生态需要与生态供给的矛盾是我国社会主要矛盾的组成部分"②（常纪文、孙要良、王向红、张孝德，2017；邱柏生，2018；黄娟，2018）。要满足人民美好生活需要，解决社会主要矛盾，解决我国发展的不平衡不充分问题，就要大力推进生态文明建设，通过深化生态文明体制改革、加强生态环境保护工作、打赢污染防治攻坚战等举措，实现生态文明建设平衡发展、充分发展，构建"绿色五位一体"布局，提高生态文明建设水平，最终实现绿色惠民（黄娟，2019）。

值得肯定的是，国内学界对新时代社会主要矛盾和生态文明建设进行了广泛研究，提出了许多具有开创性的观点和见解，形成了众多具有重要理论价值和实践价值的研究成果，使人们对新时代社会主要矛盾和我国生态文明建设等重大理论与现实问题的认识和了解逐渐趋于深化与科学。但是，学界分别研究新时代社会主要矛盾和生态文明建设的成果较多，将社会主要矛盾和生态文明建设结合起来研究的成果较少。本书以新时代的社会主要矛盾为研究视角，着力探讨新时代的生态文明建设，希望通过系统研究，为我国生态文明建设研究做出理论贡献。

---

① 黄娟. 新时代社会主要矛盾下我国绿色发展的思考——兼化绿色发展理念下"五位一体"总体布局 [J]. 湖湘论坛，2018，31（02）：60-69.

② 邱柏生. 试解读我国社会主要矛盾的具体内涵和特征 [J]. 思想理论教育导刊，2018（02）：4-9.

（二）国外研究现状

新时代社会主要矛盾与生态文明建设是具有中国特色的提法和表述，符合中国语境。从文献检索来看，国外学者有关于社会矛盾的相关研究，但关于我国新时代社会主要矛盾的研究比较少见。生态文明建设虽然具有鲜明的中国特色，但其成功实践、重要影响以及逐渐凸显的世界意义，使生态文明建设受到国外学者高度关注。目前，尚未找到国外对新时代社会主要矛盾和生态文明建设研究的直接研究成果。但国外关于社会矛盾和生态文明的相关研究可以为我们提供学术借鉴。故此，本书重点梳理了国外关于社会主要矛盾和生态文明建设的相关研究成果，旨在了解国外研究现状，为本课题研究提供重要学术参考。

1. 关于社会矛盾的研究

矛盾是事物发展的源泉和动力。"统一物质分为两个部分以及对它的矛盾着的部分的认识……是辩证法的实质。"[①] 无论社会制度如何，矛盾都普遍存在。目前，国外以社会主要矛盾为专题进行研究的论文或专著尚未见到，但部分国外学者关于社会基本矛盾、社会矛盾的探讨可以为我们提供借鉴。

（1）国外对社会基本矛盾的研究

判断一个时代的变革不能以该时代的意识为依据，而是从"社会生产力和生产关系之间的现存冲突中去解释"[②]。马克思、恩格斯揭示了社会的基本矛盾及其运动规律。德国与国际工人运动理论家卡尔·约翰·考茨基（Karl Johann Kautsky）对马克思主义社会基本矛盾理论进行了研究。考茨基主要从"人类意志与生产方式""经济基础和上层建筑"以及"生活的社会生产"三个方面对社会基本矛盾进行了分析。在考茨基之后，有"俄国马克思主义之父"之称的格奥尔基·瓦连廷诺维奇·普列汉诺夫（Georgi Valentionovich Plekhanov）也是社会基本矛盾理论的贡献者。他把社会基本矛盾看作一切社会发展的动力，创造性地提出"生产力的状况、被生产力所制约的经济关系、在一定经济基础上生长起来的社会政治制度、一部分由经济直接所决定的、一部分由生长在经济基础上的全部社会制度所决定的社会中的人的心理和反映这些心理特性的各种

---

① 中共中央马克思恩格斯列宁斯大林著作编译局. 列宁选集（第2卷）[M]. 北京：人民出版社，2012：556.

② 中共中央马克思恩格斯列宁斯大林著作编译局. 马克思恩格斯选集（第2卷）[M]. 北京：人民出版社，2012：3.

思想体系"① 的公式。可以说，考茨基和普列汉诺夫继承与发展了马克思关于社会基本矛盾的基本思想。然而，在社会主义社会是否存在矛盾这一问题上，苏联学者进行了讨论，但观点不一、莫衷一是，没有达成共识。

（2）国外对我国社会矛盾的研究

作为世界上最大的发展中国家，国外学者对我国的发展和我国存在的社会矛盾给予了热切关注。其中，美国学者迈克尔·舒曼（Michael Schuman）从人民群众生活的视角出发，分析了我国社会存在的普遍现象，认为在我国"民生问题突出，最典型的是住房问题"②。日本学者宇野重昭从辩证思维出发，在肯定我国改革开放成绩的同时，指出了我国社会存在的许多矛盾。英国剑桥大学发展学委员会主席彼得·诺兰（Peter Nolan）对中国问题予以长期关注和研究，在其专著《处在十字路口的中国》一书中，他从宏观和微观角度出发，深刻分析了我国在经济、政治、文化、外交、民生等方面存在的一些问题。在他看来，中国政府要解决社会存在的各种问题，应该提高政府执政能力，尽可能消除腐败和贫困。但是，国外学者未能深入我国具体实际来考察问题，也未能准确判断我国新时代社会主要矛盾。

2. 关于生态文明建设的研究

国外对生态文明的关注与生态文明理论建构起源于对工业文明所带来的环境问题和生态问题的深刻反思与批判。20 世纪五六十年代，工业文明所带来的生态危机和环境灾难，已经从区域性问题演变为全球性问题。大自然对人类的无情报复，使西方发达国家开始重新审视人与自然、人与人之间的关系。

（1）生态文明理念的历史回顾研究

1962 年蕾切尔·卡逊（Rachel Carson）发表了震惊世界的警示性著作《寂静的春天》，该书运用生态学原理揭示了农药在食物链系统中的主要危害，特别是农药对人体健康、食物安全、生命安全的巨大威胁。"《寂静的春天》一书拉开了对工业文明进行反思和批判的序幕，标志着人类已经开始关注环境问题，

---

① 张秀琴. 马克思意识形态概念理解史 ［M］. 北京：人民出版社，2018：76.
② 迈克尔·舒曼. 房地产为何成了最令中国头疼的事 ［J/OL］. 美国《时代》周刊，2009-11-16.

也唤醒了西方早期工业化国家的环境保护意识，是生态文明思想的开山之作。"① 继《寂静的春天》之后，罗马俱乐部出版了《增长的极限》，列举了一系列问题如人口问题、粮食问题、环境污染问题和资源问题等，向世人发出了警告。20 年后，同样是《增长的极限》的原作者，丹尼斯·L. 米都斯（Denis L. Midus）、唐奈勒·H. 梅多斯（Donella H. Meadows）等三位作者出版了《超越极限——正视全球性崩溃，展望可持续的未来》一书，书中引用最新环境资料，运用计算机模型分析，提出了解决环境问题的具体思路。与此同时，米都斯呼吁：许多资源和污染的流动正在超越其自身的支撑极限，建立可持续发展的社会已迫在眉睫。美国地球政策研究所所长莱斯特·R. 布朗（Lester R. Brown）在前人已有观点的基础上，率先提出环境可持续发展的概念。他在《生态经济：有利于地球的经济构想》中，批判只重经济成就而忽视生态代价的错误行为，呼吁经济原理和生态原理同构，经济学家和生态学家合作，共建有利于地区发展的经济模式，即生态经济。而后，莱斯特·R. 布朗出版《B 模式》，对水资源短缺、森林面积锐减、土壤流失、草场退化、全球变暖等生态环境问题进行了客观分析，强调对传统的经济模式、发展模式进行反思和批判，主张通过发展"生态经济"来拯救地球、实现人类可持续发展。

继莱斯特·R. 布朗之后，赫尔曼·E. 戴利（Herman E. Daley）出版《超越增长：可持续发展的经济学》。该著作是戴利对环境经济和可持续发展理论以及政策研究的集大成作，在世界范围内的环境和发展领域具有重要影响。其中，戴利阐释了可持续发展的革命性意义，认为可持续发展是一种超越增长的发展，它追求的是优质的发展；指出传统发展观的错误在于割裂经济和发展其他系统的关系，即经济的生态影响，建议把经济作为生态的子系统；认为可持续发展就是生态、经济和社会的集大成者，因此可持续发展的最终成果应体现为生态、经济和社会的综合效益。在探讨可持续发展的同时，戴利对如何实现生态经济进行了有益的探索。这些学者从不同视角关注和分析生态环境问题，他们关注生态环境问题的责任意识以及提出的解决生态问题的思路、措施和方法值得我们肯定和借鉴。

---

① 方毅. 中国生态文明的 SST 理论研究 [M]. 长春：吉林出版集团股份有限公司，2016：30.

（2）生态文明建设的理论构建研究

从生态文明建设的理论构建来看，国外学者对生态问题予以高度关注，在解决生态危机这一问题上提出了一些有价值的思想，在生态文明建设上也形成了丰富理论。其中，美国经济学家肯尼思·艾瓦特·鲍尔丁（Kenneth Ewart Balding）提出"宇宙飞船理论"以及"用能循环使用各种资源的循环式经济代替过去的单程式经济的观点"①，这是循环经济理论的萌芽。循环经济理论认为，地球经济系统如同一艘宇宙飞船，需要足够的资源材料才能保持运转。尽管地球资源系统大得多，地球寿命也长得多，但是无节制地消耗资源，地球终将毁灭。对此，他主张通过节约、高效、合理利用资源，实现生产方式和消费模式的根本转变，以此化解资源危机。

生态现代化的主要创立者是马丁·耶内克（Martin Yenek），他主张通过修复补偿、末端治理、生态现代化和结构性改革来应对环境污染和生态破坏。他认为修复补偿和末端治理，不仅成本高，而且修复和治理的成效难以在短期内显现。结构性改革可以预防，但由于公众对结构性改革的不稳定性有强烈抵触，因而无法有效开展。相比之下，生态现代化具有明显的优越性，"技术革新、市场机制、环境政策和预防性原则是生态现代化的四个核心要素，而环境政策的制定和执行能力是其中的关键"②。生态现代化理论提出之后，自20世纪90年代起，生态现代化理论的前沿在研究的理论视野和地域范围上都有所扩展，涵盖了消费的生态转型、欧洲以外国家的现代化、中东欧地区的过度经济体等。国外学者从不同方面探索人与自然和谐相处的路径，设计当前及未来经济发展的模式，在一定程度上丰富了人类生态文明理论的宝库。

生态社会主义理论源自20世纪70年代的西方绿色运动，成熟于20世纪80年代末90年代初，是当代西方新社会运动和社会主义思潮结合的产物。生态社会主义对生态文明建设进行了系统而深刻的研究，取得了较为丰富的研究成果。总体而言，生态社会主义探讨的焦点可以概括为两个方面，一方面是关于生态环境问题的性质及其成因的理论分析。在这个方面，生态社会主义通过对资本

---

① 方毅. 中国生态文明的 SST 理论研究 [M]. 吉林：吉林出版集团股份有限公司，2016：30.

② [德] 马丁·耶内克. 生态现代化理论：回顾与展望 [J]. 马克思主义现实，2010（01）：75-179.

主义社会生产力、生产关系与生产条件之间的矛盾以及资本的逐利本性的深刻分析，揭示资本主义制度和生产方式是造成当代生态危机的根源，这是生态社会主义理论家的一个突出贡献。另一方面是构建或走向一种新型绿色社会的道路与战略。在生态社会主义理论看来，由于"资本主义的内在本性是无休止、最大限度追逐利润，其运行遵循与'生态理性'相对立的'经济理性'"①。"生态理性"和"经济理性"截然不同，"生态理性"以保护生态为宗旨，"经济理性"以追求利润为原则。未来绿色社会的基本特征应是资本主义经济制度和资本主义政治制度的消除。要实现未来的绿色社会，必须从资本主义生产力、生产关系与生产条件的矛盾运动入手，通过资本主义生产方式和政治制度的变革促进人与自然的和谐发展。

3. 国际社会及学界对我国生态文明建设的研究及其评价

自党的十八大以来，中国积极参与全球环境治理，在国际环境外交中的作用和地位日益提升，已成为全球生态文明建设的重要参与者、贡献者、引领者。我国生态文明建设取得重大进展和显著成效，在为全球生态治理贡献中国智慧和中国方案的同时，引发国际社会及学界对中国生态文明建设的高度关注和评价。

（1）国外对中国生态文明建设的研究

中国生态文明建设取得的显著成效以及其在全球生态治理中做出的突出贡献，使得国外学者对中国生态文明建设予以高度关注。在研究时段上，国外学者主要探讨了我国改革开放前、改革开放至21世纪初、新时代的生态文明建设。在研究主旨上，国外学者的研究涉及中国生态文明建设的理论渊源、时代背景、基本内涵、实践路径和总体评价。总体来看，国外学者的研究大体分为三类：

一是认同和肯定中国的生态文明建设。这类观点以中国共产党在生态文明建设中的领导为关切点，充分肯定中国生态文明建设取得的显著成效、做出的世界贡献和产生的国际影响，肯定了中国生态文明建设的制度优势和文化优势，指出中国生态文明建设已经为全球生态文明建设提供了中国智慧和中国方案。代表性的学者和观点有：英国学者马丁·雅克（Martin Jacques）认为，中国领

---

① [法] GORZ A, A. Ecology as Politics [M]. Boston：South End Press, 1980：27.

导人对生态文明建设高度重视，中国不仅在可再生能源、清洁生产和污染控制等方面出台了完善的法律制度，而且很多新能源技术处于世界先进行列。荷兰瓦赫宁根大学阿瑟·莫尔（Arthr Mohr）在《转型期中国的环境与现代化：生态现代化的前沿》一文中指出，中国无疑已经开启生态现代化进程，而且其模式不同于得到广泛研究的欧洲模式。罗伊·莫里森（Roy Morrison）长期致力于中国可持续发展与生态文明建设研究，他在《可持续发展的密码——生态学调查》中专章阐述中国生态文明建设，认为中国将成为世界可持续发展的领导者。马萨诸塞州史密斯学院教授丹尼尔·加尔德那（Daniel Gardna）在《中国的环境》一书中认为，中国政府采取了更有力的环境保护措施，中国的环保努力对中国和世界而言都是有利无害的。《美国经济学与社会学杂志》主编克利福德·柯布（Clifford Cobb）称赞中国生态文明建设开辟了新道路，他认为中国走过的发展道路完全不同于欧美国家，中国在为其他国家提供借鉴样板。比利时弗拉芒语版《今日中国》杂志社总编辑丽娜·登格鲁丹伊森（Lina Dunigredanethan）认为，中国绿色发展已走在世界前列。

二是质疑和抹黑中国的生态文明建设。这类观点质疑以习近平生态文明思想为引领的中国特色社会主义生态文明建设的可行性，以各种威胁论调否定或抹黑新时代中国特色社会主义生态文明建设。"虽然部分学者尽管看到中国生态文明建设所取得的巨大成就与显著效果，但在理论阐释中又会基于西方本位的思维，对中国的社会政治制度展开批判，对生态文明的美好愿景能否实现进行质疑。这些分析通常会刻意忽略中国仍旧是世界上最大发展中国家的基本事实，以'批评''否定'为基本叙事方式，着力渲染中国发展所产生的巨大环境压力与当前生态文明建设中的阻滞因素，从否定中国生态文明建设成效上升至质疑中国社会政治制度的有效性，贬抑中国共产党作为中国生态环境治理主体在生态保护行动中发挥的主导性作用"①。也有一些海外学者从制度模式出发，认为中国社会制度和经济发展模式有着较强的惯性，真正转向"生态文明"需要一个长期过程。美国生态学家杰里米·伦特（Jeremy Lent）认为，"尽管中国当前为建设生态文明做出了一些具体的努力，但要实现其战略规划中所描述的生

---

① 方正，叶海涛. 海外学者关于中国生态文明建设的研究进展——兼论对中国的启示
[J]. 青海社会科学，2020（06）：117.

态图景还远远不够"①。

三是指出中国生态文明建设有待加强。这类观点在肯定中国生态文明建设取得的显著成效、做出的主要贡献和产生的世界影响的同时，指出应重视和加强生态文明建设的国际对话与交流，应创造性地吸收国际生态文明建设的有益成分和先进经验。例如：伊丽莎白·依考诺美（Elizabeth Icoonome，2004）在《河流越流越脏：环境问题挑战中国的未来》一书中研究了中国环境问题的历史及其应对。美国耶鲁大学和哥伦比亚大学最近发表的环境绩效指数（EPI）揭示了中国历年在环境领域的进步与不足，指出中国生态文明建设任重道远。

（2）国际社会及学界对中国生态文明建设的评价

肯定中国生态文明建设的成就。印度写作网总裁兼总编辑马尼什·昌德（Manish Chander）非常羡慕地说："5年来，中国在脱贫攻坚上取得了巨大的成果，还把生态环境保护得这么好，这是令人难以想象的伟大成就。"柬埔寨参议院主席赛冲表示，中国在生态文明建设方面提出一系列新举措，令人钦佩，"相信通过一系列措施，中国生态环境将越来越好，并将实现美丽中国的目标"。美国环保协会首席经济学家杜·丹德（Dudek Daniel）认为："对于中国和全世界来说，生态文明是一个很有胆识的理念，中国共产党是第一个把生态文明建设写入行动纲领的执政党。"

赞扬中国生态文明建设的世界贡献。美国国家人文科学院院士小约翰·柯布（John Cobb Jr）认为："中国在生态文明建设的道路上不断取得进步，给全球生态文明建设带来了希望之光。"韩国地球治理研究院院长贝一明、伦敦政治经济学院与国际战略研究中心高级研究员于洁、联合国环境署环保专家蒂埃里·德奥利维拉（Thierry de Oliveira）等一致认为，"生态文明建设是中国继续履行气候变化《巴黎协定》的积极表现，显示了大国担当。中国在环保方面取得的成果日新月异，令全球受益。其他国家应该积极向中国学习"。南非独立传媒网站文章称，中国近年来在提高森林覆盖率方面取得了长足进步。"通过大力推进国土绿化，中国的'颜值'不断提升。中国正以绿意盎然的面貌走向世界。中国绿色发展经验值得借鉴。"

---

① 方正，叶海涛. 海外学者关于中国生态文明建设的研究进展——兼论对中国的启示[J]. 青海社会科学，2020（06）：118.

联合国环境规划署的评价：联合国环境规划署前执行主任埃里克·索尔海姆（Eric Solheim）认为，在全球环境治理中，世界需要中国样本。"我们期待看到中国的领导力，看到生态文明建设的发展理念成为全球理念，而不仅仅是中国的。"联合国环境规划署公布报告，积极评价北京市改善空气质量取得的成效，认为北京大气污染治理为其他遭受空气污染困扰的城市提供了可借鉴的经验①。

综上所述，国外学者对社会矛盾、生态文明建设进行了深入探讨，国外研究成果无疑有其独特的学术视角和启发价值。总体来看，海外学者对中国生态文明建设及其前景持积极肯定的态度，但也存在基于政治制度与意识形态差异而产生的误读与偏见。特别是国外学者认为，中国生态文明建设的任务是实现对已有的现代化成果的生态治理，但我国生态文明建设的任务是在生态文明的原则上实现经济社会可持续发展。这就需要结合我国基本国情和生态文明建设的成功实践，进一步深化研究、加强阐释。在今后的研究中，既要结合我国生态文明建设的顶层设计、实施过程加深对我国生态文明建设的理解和研究，又要对海外研究中存在的误读、质疑和偏见予以有力回应。

（三）国内外研究述评

从目前掌握的有关新时代我国社会主要矛盾和我国生态文明建设的研究文献来看，国内外学界研究视角多元、研究主题丰富、研究内容广泛、研究成果丰硕。这些研究成果坚持宏观和微观、理论和实践的统一，既有深度的理论构建、学理阐释，又有实践的深刻洞悉和理性分析，这些都为本课题进行深入、系统的研究奠定了良好的学术基础。但是，由于思想和价值的多元化、国家背景的不同以及关注点、研究方法的差异，在生态文明建设研究方面还有很多问题值得进一步拓展和深化：

1. 深化研究

有待进一步深化对马克思主义社会矛盾理论的研究。现有研究虽然对马克思主义社会矛盾思想进行了阐释，但解读性的内容多，概括总结性的内容不足。关于马克思主义社会矛盾的本质、核心，大多数学者没有很直接地揭示出来。这就需要对马克思主义经典原著进行深度挖掘，深化马克思主义社会矛盾的基

---

① 国际人士积极评价中国生态文明建设［N］. 人民日报，2018-03-14（17）.

础理论和基本问题研究。此外，马克思分析社会矛盾的逻辑起点与基本范畴是什么、贯穿马克思主义社会矛盾理论的主线和核心是什么等问题也有待深入研究。

2. 拓宽视野

现有研究虽然对我国生态文明建设的概念、道路、经验、困境等进行了探讨，但如何把握新时代生态文明建设的新形势、新要求和新挑战，推动我国生态文明建设踏上新征程、实现新发展？新时代大力推进生态文明建设存在哪些有利条件和不利因素？在社会主要矛盾转化背景下，如何将生态文明建设与我国高质量发展和人民美好生活相关联？新时代我国生态文明建设的系统构成包括哪些内容等问题还未做出积极回应。这就需要拓宽研究领域，更为系统深入地研究我国生态文明建设。

3. 加强阐释

学界虽然对新时代社会主要矛盾转化背景下我国生态文明建设有所关注，但成果不够丰富。提出一些独特见解，但内容上大同小异、稍有重复，不够深入。这就需要进一步加强阐释，对如何使我国生态文明建设回应社会主要矛盾以及生态文明建设的创新路径等问题进行更为深入的研究与探讨。

## 三、研究内容与方法

本书以马克思主义、党的十九大报告和习近平新时代中国特色社会主义思想为指导，遵循"提出问题、分析问题、解决问题"的逻辑进路，基于新时代社会主要矛盾转化的时代背景，系统研究我国生态文明建设的主要矛盾、存在的关键问题以及造成这些问题的主要成因，最终提出我国生态文明建设平衡与充分发展的有效对策和重要举措，旨在为部门决策、增强我国生态文明建设实效性提供一定的有益借鉴与参考。

（一）研究内容

本书的研究理念是基于新时代社会主要矛盾转化的时代背景，从生态供需矛盾的视角出发，以研究缘起的阐释为起点，以思想理论的溯源为支撑，以具体问题的分析为重点，以实践路径的探索为归宿，重点研究生态文明建设的理论基础、生态供需矛盾的重要方面、生态供需矛盾的主要方面以及生态供需矛盾的解决之策四个方面的内容，从而构建起"中国生态文明建设研究——以生态供需矛盾为视角”的理论框架。

**1. 生态文明建设的理论概述**

从厘清概念、追溯理论渊源、阐释相关理论入手，重点研究了两个问题：一是界定核心概念，对生态文明和生态文明建设的概念、内涵与特征进行科学阐释；二是进行理论溯源，从马克思恩格斯的生态文明思想、中国优秀传统文化中的生态智慧、中国特色社会主义生态文明理论和可持续发展理念中，探寻我国生态文明建设的思想渊源和理论借鉴，旨在深刻把握我国生态文明建设的理论基础和理论逻辑。

**2. 生态供需矛盾的重要方面——人民日益增长的优美生态环境需要**

首先，根据党的十九大报告中提出的“优美生态环境需要”这一新概念，综合学界关于优美生态环境需要的阐释，主要探讨了优美生态环境需要的概念、内涵和地位，构建起对优美生态环境需要的基本认知。其次，在把握优美生态环境需要和优质生态产品逻辑关联的基础上，重点研究了“更多优质生态产品”的概念、内涵、特征和地位。最后，科学审视我国优质生态产品供给现状，指出更多优质生态产品供给不足是制约人民优美生态环境需要的主要因素。

**3. 生态供需矛盾的主要方面——生态文明建设的不平衡不充分**

运用“矛盾的两方面当中，必有一方面是主要的，另一方面是次要的。其主要的方面，即所谓矛盾起着主导作用的方面。事物的性质，主要是由取得支配地位的主要方面规定的”马克思主义矛盾分析法，重点分析生态供需矛盾的主要方面。一方面，从生态文明建设内部、生态文明建设空间和生态文明建设外部入手，分析了“三生”之间的不平衡、区域城乡之间生态文明建设的不平衡以及生态文明建设与其他“四大建设”发展不平衡的表现，并对造成这些不平衡的主要原因进行了深入分析。另一方面，从生态文明建设的“三个关键词”即资源、环境和生态着手，重点分析了自然资源利用、环境污染防治和生态综合治理的不充分以及造成这些不充分的主要原因。通过深入分析，力求准确把握社会主要矛盾转化背景下我国生态文明建设存在的主要问题和重点难题，从而找准新时代我国生态文明建设的着力点和突破口。

**4. 生态供需矛盾的解决之策——新时代我国生态文明建设平衡充分发展的重要举措**

根据马克思主义关于在事物众多矛盾中解决主要矛盾，在同一矛盾中解决矛盾的主要方面的基本观点，探讨新时代我国生态文明平衡充分发展的路径选择。一方面，针对我国生态文明建设不平衡的问题，提出要坚持协同论、整体论、系统论的科学指导，促进"三生"之间平衡发展、推进区域城乡生态文明共同发展、统筹生态文明建设与其他"四大建设"平衡发展。另一方面，针对我国生态文明建设不充分的问题，结合我国资源、环境和生态现状，提出通过促进自然资源充分利用、提升污染防治水平以增强生态治理成效。如此，才能不断增强我国生态文明建设的协调性和实效性，在推动我国生态文明建设高质量发展、化解生态供需矛盾的同时，更好地满足人民优美生态环境需要，进而夯实人民美好生活的生态根基。

（二）研究方法

本书以马克思辩证唯物主义和历史唯物主义为指导，在研读大量文献资料的基础上，主要采用了文献研究法、矛盾分析法和系统分析法，努力实现历史与现实、理论与实践、分析与综合的有机统一。

1. 文献研究法

文献研究法主要是指通过分析文献形成对事实的科学认识的方法。在研究过程中，本书主要借鉴了三个方面的文献资料：一是马克思主义经典作家的文本，如《马克思恩格斯选集》《马克思恩格斯文集》；二是党的几代领导集体的著作和党的其他重要文献，如《习近平关于社会主义生态文明论述摘编》《习近平谈治国理政》等；三是与新时代社会主要矛盾、生态文明建设相关的文献，包括专著、期刊、报纸、电子文献、学位论文等。通过对已有文献进行梳理、归纳和整合，廓清认识、正本清源。

2. 矛盾分析法

矛盾分析法是指运用矛盾的观点观察、分析事物内部的各个方面及其运动的状况，以达到认识客观事物的方法。本书重点运用矛盾分析法，对我国生态文明建设存在的主要矛盾、主要问题以及问题产生的原因等进行了辩证分析，力求深刻把握矛盾、着力解决问题。在"提出问题"层面，从矛盾的普遍性和特殊性出发，对新时代社会主要矛盾进行了深入分析，探讨了新时代社会主要矛盾在"五大建设"中的具体表现，从而引出研究的重点所在。在"分析问题"环节，根据在诸多矛盾中抓主要矛盾，在主要矛盾中抓矛盾的主要方面的基本理论，重点分析了我国生态文明建设的主要矛盾，并对矛盾的重要方面和主要方面进行了深入研究。在"解决问题"方面，按照马克思主义在主要矛盾中解决矛盾的主要方面的思维，重点解决生态文明建设的不平衡与不充分问题，从而提出我国生态文明建设平衡充分发展的对策和措施。在系统研究过程中，矛盾分析是贯穿其中的主要方法。

### 3. 系统研究法

系统研究法是指从研究问题的整体性和系统性出发，按照系统思维分析问题，最终找出解决方案的方法。本书既具体分析了社会主要矛盾与生态文明建设的相关内容，又对社会主要矛盾与生态文明建设进行了整体审视。在此基础上遵循"提出问题—分析问题—解决问题"的研究思路，重点探讨和论证了"人民日益增长的优美生态环境需要和不平衡不充分的生态文明建设之间的矛盾"，并对矛盾的两个重要方面进行了系统研究，回答了"是什么、为什么、怎么办"的问题，确保了课题研究的系统性和整体性。

### （三）研究特色与创新

生态文明建设一直是我国学界研究的重大课题，对生态文明建设的研究已经成为学界"显学"。目前，学界对生态文明建设进行了较为系统、深入的研究，研究内容涉及广泛、研究视角多元、研究方法多样、研究成果较为丰富。相较于学界已有研究成果，本书具有鲜明的特色，努力达到一些创新，主要包括在研究问题、研究视角和研究观点等方面的新颖性。

### 1. 研究视角独特

中国特色社会主义进入新时代，我国社会主要矛盾转化为人民日益增长的美好生活需要和不平衡不充分的发展之间的矛盾。新时代社会主要矛盾的转化是关系我国经济社会发展全局的整体性变化，既有普遍性，又有特殊性。本书跳出分别研究社会主要矛盾和生态文明建设的思维局限，将新时代社会主要矛盾和生态文明建设相结合，重点研究我国生态文明建设面临的新矛盾、存在的主要问题，从而揭示社会主要矛盾的特殊性和生态文明建设理论研究的前沿性与时代性，这是本书最大的创新与特色。

### 2. 研究问题较新

近年来，随着我国生态文明建设的战略地位不断提升，生态文明建设的国际影响力不断被增强，学界对生态文明建设的研究热度不减，生态文明建设研究成果可谓汗牛充栋。但是，已有研究成果多集中于对生态文明建设的概念阐释、理论溯源、现状把握和路径探讨等方面，结合新时代社会主要矛盾系统研究生态文明建设的成果较少。关于生态文明建设领域的主要矛盾，学界即使有所关注，但对这一问题的研究尚处于起步阶段，并未形成研究热潮。本书坚持"问题导向"，基于新时代社会主要矛盾的转化，重点研究生态供需矛盾这一新矛盾和生态文明建设不平衡不充分这一新问题，使得课题研究体现鲜明的时代性和新颖性。

3. 研究观点新颖

围绕中国生态文明建设——以生态供需矛盾为视角这一主题，在系统研究过程中，本书提出了一些具有新意的观点，具体表现为：在分析新时代社会主要矛盾的具体表现时，从需求侧和供给侧入手，把新时代社会主要矛盾概括为人民日益增长的"五大需要"和不平衡不充分的"五大建设"之间的矛盾；在阐释人民日益增长的优美生态环境需要时，将优美生态环境需要理解为资源需要、环境需要和生态需要的内在统一，将优质生态产品定义为优质资源性产品、优质环境性产品和优质生态性产品的有机统一等；结合党的十九大报告中关于不平衡不充分的科学表述和深刻阐发，从多个维度对我国生态文明建设领域的不平衡不充分进行了具体分析，提出了一些具有新意的观点，使得本书研究内容具有新颖性和创新性。

第二章

# 生态文明建设的理论概述

任何一种理论的产生、研究和创新以及某种实践方式的超越都脱离不了对前人既有研究成果的批判与继承、借鉴与吸收。新时代社会主要矛盾转化与生态文明建设不是空中楼阁式的主观臆断，而是有着深刻的思想渊源和理论积淀。核心概念的科学界定和理论基础的深刻把握是进行理论研究的基本前提。本书将我国生态文明建设置于生态供需矛盾的视角下进行客观审视，首先要厘定核心概念，对生态文明建设的理论基础进行溯源和梳理。只有明确概念及其适用范围，在汲取理论合理养分的基础上进行系统研究，才能探本溯源、去伪存真，增强生态文明建设研究的学理性。

## 第一节 生态文明的内涵与特征

长期以来，工业文明以竭泽而渔的方式榨取自然，最终使人类自身陷入生态失序的困境之中。生态文明是对人们生态失序的拯救，是人类的新文明。然而，"一个美好的生态文明社会的到来，必须要经历一个充满着矛盾的、艰难的历史进程。它不会突然从天而降，也不会平稳地、自发地如约前来，而是人类进行创造和建构的结果"①。生态文明是生态文明建设的理论支点，生态文明建设是实现生态文明的根本途径，实现生态文明的未来愿景必须推进生态文明建设。

---

① 左亚文，等. 资源 环境 生态文明——中国特色社会主义生态文明建设 [M]. 武汉：武汉大学出版社，2014：6.

## 一、生态文明的提出

事物的普遍联系与永恒发展是唯物辩证法的总观点。在错综复杂的关系网中，人与自然的关系是人类社会的基本关系。"人类提出'生态文明'的概念，则是随着人们在处理与自然界关系的实践发展中认识不断升华的产物。"① 人与自然关系的历史演进是生态文明提出的逻辑起点。纵观人类文明发展史，人类文明经历了由低级向高级不断演进的历史过程。相应地，与"渔猎文明—农业文明—工业文明"相对应，人与自然的关系也呈现"共生共处—整体平衡—冲突对立"三种形态。渔猎文明时期，采集和渔猎是原始人类获取生活资料的主要方式。尽管人类活动会对自然之物产生影响，但这种影响微乎其微。这一阶段，人与自然维持着以人对自然的完全被动服从为特征的天人混沌一体的共处关系。农业文明时期，人们的生产和生活方式发生了深刻变化。具有创造性的农业生产活动对自然产生了一定影响，但人类活动对自然的损害程度有限，人与自然维持着局部性不和谐但整体平衡的关系。工业文明时代，传统工业化道路和工业化进程不断加快，"资本唯利是图的本性、资本主义生产无限扩大的趋势和整个社会生产的无政府状态，除了必然导致资本主义危机的周期性爆发外，也给自然环境和生态系统带来巨大的消耗和破坏"②，最终造成了人与自然关系的严重失调和恶化。

从世界范围来看，全球日益凸显的生态危机是生态文明提出的重要背景，而对世界环境问题的揭露源于 1962 年美国海洋生物学家蕾切尔·卡逊出版的《寂静的春天》。从主旨来看，《寂静的春天》通过对污染物富集、迁移、转化的描写，阐明了人类与大气、海洋、河流、土壤、动植物之间的密切关系，解释了环境污染对生态系统的影响。从影响来看，该书的出版引发了群众性环境保护运动的兴起，标志着西方环境运动正式拉开序幕。1970 年美国爆发了人类有史以来规模宏大的群众性环境保护运动——"地球日"活动。之后，美国相继出台《清洁空气法》《清洁水法》《濒危动物保护法》等一系列环境保护法律。"地球日"还促成了美国国家环保局的成立，并在一定程度上促成了 1972 年联合国第一次人类环境会议的召开。第一次联合国人类环境会议首次将环境

① 国家行政学院. 推进生态文明建设 [M]. 北京：国家行政学院出版社，2013：4.
② 黄承梁. 新时代生态文明建设思想概论 [M]. 北京：人民出版社，2018：3.

问题纳入政府的事务议程上来，世界各国政府共同讨论当代环境问题，探讨保护全球环境战略。会议通过了全球性保护环境的《人类环境宣言》和《行动计划》，号召各国政府和人民为保护和改善环境而奋斗，开创了人类社会环境保护事业的新纪元。

20 世纪中期，随着西方国家环境公害事件的频发以及环境公害事件对人们身体健康和生产生活造成的消极影响，人们开始反思工业化的弊端。从《寂静的春天》到《增长的极限》，从 1972 年的"人类环境会议"至 2002 年的"可持续发展世界首脑会议"，都标志着世界各国对生态环境问题的高度关注。随着"资本主义人类生态环境的破坏超越本国本土的局限，开始向世界范围内蔓延时，生态文明才开始真正走入人类的发展视域"①。与此同时，中外学者开始提出并使用"生态文明"这一概念。1995 年美国学者罗伊·莫里森出版题为《生态民主》的专著，正式将生态文明定义为工业文明之后的一种文明形式。随后，我国学者叶谦吉提出："生态文明是人类既获利于自然，又返利于自然，在改造自然同时保护自然，人与之间保持和谐统一的关系。"② 由此可见，"生态文明"的提出是人们对传统工业化道路导致的生态危机、人与自然关系恶化进行深刻反思的必然结果。

**二、生态文明的内涵**

党的十七大报告提出建设生态文明之后，对生态文明建设理论与实践的探讨成为我国学界研究的热点话题。深刻理解生态文明的概念和内涵，是生态文明建设研究的基础前提。目前，我国学者形成了关于生态文明的各种定义，但莫衷一是、众说纷纭，大致形成三类观点：

（一）文明形态论

这类观点主要是从人类文明发展史的纵向角度出发，把生态文明理解为一种新的人类文明，即"生态文明作为人类社会的一种新的社会形态，是人类社会在渔猎文明、农业文明、工业文明之后的新的人类文明"③。这类观点将生态

---

① 黄承梁. 新时代生态文明建设思想概论［M］. 北京：人民出版社，2018：2.

② 杜受祜. 全球变暖时代与中国城市的绿色变革与转型［M］. 北京：中国社会科学出版社，2015：67.

③ 余谋昌. 生态文明：人类文明的新形态［J］. 长白学刊，2007（02）：138-140.

文明视为对原始文明、农业文明和工业文明的生态化超越，强调人类文明发展达到了一个更高的文明程度。

（二）系统要素论

这类观点主要是从社会文明系统的横向角度出发，把生态文明理解为社会文明系统的基本要素，即"从社会结构的角度来看，生态文明是与物质文明、政治文明、精神文明、社会文明并列的文明形式，五者共同构成了社会的文明系统"①。这类观点揭示了社会文明系统的层次性、复杂性和系统性，凸显了生态文明的独立性及其在社会文明系统中的重要性。

（三）成果总和论

这类观点主要是从人类实践活动的结果出发，把生态文明概括为人类实践活动的积极进步成果的总和，即"生态文明指的是人们在利用和改造自然界过程中，以高度发展的生产力为物质基础，以遵循人与自然和谐发展规律为核心理念，以积极改善和优化人与自然关系为根本途径，以实现人与自然的永续发展为根本目标而进行实践探索所取得的全部成果"②。这三类观点虽然研究的视角不同，对生态文明的认识也不同，但都为我们理解生态文明提供了有益参考。

然而，"生态文明是一个既高度复杂又有广泛认同的概念，如何对它加以科学的界定和阐明，需要把文明和生态的概念融入生态文明的内涵中"③，不断深化和拓展对生态文明的认识。从语义来看，"生态"是指生物间、生物与环境间的相互关系和存在状态，它反映的是自然界的存在状态。"文明表示的是社会形态发展程度的概念。它是一定时期内人类创造的全部物质产品和精神产品以及规范人类行为的各种制度的总和，又是一定时期人类发展所达到的水平和状态。"④ 生态文明反映的是人类社会的进步状态，是人与自然高度和谐的更高级的人类新文明。因此，生态文明是由生态和文明两个概念构成的复合概念。从事实来看，生态问题伴随着人类文明而产生。原始渔猎文明时期，人对自然的影响极其微小，不存在生态问题。农业文明时代，人类砍伐森林、开荒种地、

---

① 张云飞. 唯物史观视野中的生态文明 [M]. 北京：中国人民大学出版社，2014：179.

② 郇庆治，等. 生态文明建设十讲 [M]. 北京：商务印书馆，2014：30.

③ 薛建明，仇桂且. 生态文明与中国现代化转型研究 [M]. 北京：光明日报出版社，2014：35.

④ 陈先达. 文化自信与中华民族伟大复兴 [M]. 北京：人民出版社，2017：5.

围湖造田等不合理的实践活动造成局部性生态问题。工业文明时代，人类活动由地球的表层延伸至地球的深层，导致严重的生态危机。当生态危机超越本国本土局限，开始向世界范围内蔓延时，生态文明就进入人类的发展视域。在这个意义上，生态文明是对传统工业文明的反思和超越，是在更高层面对自然法则的尊重与回归，是人类应对生态危机的必然选择。

综合上述观点，结合我国生态国情，本书认为工业文明在给自然生态系统和环境带来巨大消耗和破坏的同时，造成了人与自然关系的失衡甚至是对立。这就需要"把人与人的发展问题和自然与生态发展问题回归人类文明发展的理论视野，使人的解放与全面发展和自然的解放及高度发展成为生态文明发展的双重终极目的与最高价值取向"①。故此，本书中的生态文明是指人类在深刻反思工业文明弊端及其生态后果基础上，重新审视并积极优化人与自然关系，以创造生态文明的实践为根本途径，以人与自然和谐共生为价值取向，以实现人类社会永续发展为终极目标的一种新的文明形态。生态文明在价值观念、实践途径、社会关系等方面与工业文明有着本质区别。

### 三、生态文明的特征

生态文明是对工业文明的反思和超越，既追求人与生态的和谐，又追求人与人的和谐。作为一种新型文明，生态文明呈现与工业文明截然不同的鲜明特征。

#### （一）人与自然和谐共生的价值取向

"人靠自然界生活"是马克思对人与自然关系的经典概括。在人类文明发展进程中，工业文明拓展和深化了人与自然界的物质交换关系，极大地提高了社会生产力水平。但不可否认的是，工业文明高扬"人类中心主义"，过度追求自然的经济价值，肆意向自然索取，使自然最大限度地为人类服务，结果造成严重的生态危机。与工业文明不同，生态文明强调给自然以平等态度和人文关怀，能够最大限度地遵循人与自然、社会之间的和谐发展规律，在价值理念上要求人们尊重自然、顺应自然和保护自然，从"征服自然"转向"人与自然和谐发

---

① 方时姣. 论社会主义生态文明三个基本概念及其相互关系 [J]. 马克思主义研究，2014（07）：35-44.

展"。它要求人类心怀感恩之心、敬畏之心，在遵循自然规律的前提下开展各类实践活动，在向自然索取的同时加强生态环境保护，最终实现人与自然和谐共生。故此，"生态文明就是要改变以往人类发展过程中以人为破坏自然作为文明成果生成和积累的唯一方式的缺失，使新的文明形态中集中体现人文与自然的和谐"①，这正是生态文明与工业文明的最大区别。

### （二）充分融入绿色属性的社会实践

实践是人类社会的基础，形成了人类社会生活的基本领域。生态危机产生的症结在于人类不合理的实践活动。工业文明下，人们陶醉于科学技术全面改造自然取得的空前胜利。人们把自然当作可以任意摆布的机器、可以无限制索取的"原料厂"和无限容纳工业废弃物的"垃圾箱"。以机械化、工业化为核心的人类生产实践和以过度消费、过度浪费为特征的生活活动作用于周围的生态环境，最终造成全球性的生态失衡和人类生存环境的恶化。与工业文明相反，"在社会实践上，生态文明就是要求人要能动地与自然界和谐相处，在利用自然的同时保护自然，形成人类社会可持续的生存和发展方式"②。总体而言，就是要将"人与自然和谐共生"的价值取向贯穿人类生产生活的各个环节、实践活动的方方面面，通过追求人类生产生活与生态的良性互动，促进人类生产环节和生活过程的绿色化，形成节约资源和保护生态环境的绿色发展方式、绿色生产方式和绿色生活方式，使绿色生态、绿色生产和绿色生活成为生态文明新时代的标签和主旋律。在这个意义上，如果说工业文明是以"黑色""污染"为表征的黑色文明，生态文明则是以"绿色""环保"为特征的绿色文明。生态文明新时代，绿色是人类文明的底色，绿色属性是人类社会实践活动的显著特征。

### （三）世界各国共同创造的人类文明

从发生地域来看，生态问题虽然在西方发达国家最先凸显，但人类只有一个地球，任何一个国家的生态问题都会蔓延至其他国家。如今，随着全球化的深入发展，"环境问题越来越超越国家、民族、社会政治制度和经济制度，超越

---

① 王学俭，宫长瑞. 生态文明与公民意识 [M]. 北京：人民出版社，2011：62.
② 国家行政学院. 推进生态文明建设 [M]. 北京：国家行政学院出版社，2013：6.

宗教、文化和意识形态，成为事关人类生死存亡并且带有普遍意义的全球性问题"①。这就意味着，应对生态危机是全世界的共同难题，建设生态文明是全世界的共同责任。在应对全球性生态危机的艰巨任务中，任何一个国家都不能独善其身，都必须从全球范围内、从生态文明的大局中考虑人与自然的平衡关系。每一个国家都应该积极参与全球生态治理，共同承担守护地球家园的责任，共同履行维护生态安全的义务，推动生态文明共建共享。因此，生态文明是世界各国的共同选择，生态文明的实现需要汇集全球之力，而生态文明的成果也必将由世界各国人民共同享有。

## 第二节　生态文明建设的特征与内容

尽管学界对生态文明的理解和界定存在差异，但人们对生态文明的美好愿景殊途同归。生态文明概念虽然不是首先出现在中国语境中，但将其作为执政理念上升至国家战略直至转化为现实行动，在我国意义非凡。党的十八大报告将"生态文明建设"纳入中国特色社会主义总体布局之中，充分体现了党中央对我国生态问题的高度重视，彰显了生态文明建设的战略地位。

### 一、生态文明建设的概念

厘定生态文明建设的概念是生态文明建设研究的题中之义。目前，学界对生态文明建设概念的研究，主要沿着两条主线展开。一条主线是把生态文明建设理解为实践活动，即广义的生态文明建设。刘思华教授最早阐释生态文明建设，他在《当代中国的绿色道路》中把生态文明建设理解为"有效解决经济社会活动的需求与自然生态环境系统供给之间的矛盾，以保证满足人民的生态需要"② 的实践活动。郁庆治教授认为，"生态文明建设，是指人们为实现生态文

---

① 方世南. 美丽中国生态梦——一个学者的生态情怀［M］. 上海：上海三联书店，2014：170.

② 高红贵. 关于生态文明建设的几点思考［J］. 中国地质大学学报（社会科学版），2013，13（05）：42-48，139.

明而努力的社会实践过程，是实现人与自然和谐发展的创新实践"①。这两种表述都将生态文明建设视为协调人与自然、人与人的相互关系，解决经济社会发展与生态环境矛盾冲突的实践活动和过程，其最终指向是实现人与自然和谐发展、经济社会可持续发展。

另一条主线是把生态文明建设等同于生态建设，即狭义的生态文明建设。我国著名生态经济学家马世骏首次提出"生态建设"的概念，把生态建设视为生态系统的建设，主张通过"转变生产方式、生活方式和消费模式，节约和合理利用自然资源，保护和改善自然环境，修复和建设生态系统，为国家和民族的永续生存和发展保留和创造坚实的自然物质基础"②，或者"通过保护和改善生态环境等手段，在人们合理、适度利用自然的同时，自然在休养生息中弥补已有的赤字以达到新的生态平衡"③。不难发现，这类观点基于维持生态系统平衡的视角，强调重点解决我国资源、环境和生态方面的突出问题，主张通过资源节约、环境保护、生态修复等维持生态系统的整体平衡。

综合上述观点，无论是广义的生态文明建设，还是狭义的生态文明建设，都是为了解决工业文明所导致的资源耗竭、环境污染、生态破坏等威胁人类生存与社会可持续发展等突出问题。二者基于不同视角，但有着共同的价值取向和奋斗目标，广义的生态文明建设包括狭义的生态文明建设。这就需要坚持宏观和微观的统一，既要从生态文明新时代的高度着眼，对生态文明建设进行宏观审视，又要从改善人居生存环境的角度入手，对生态文明建设的概念进行微观分析。结合我国生态国情和学界观点，本书认同广义生态文明建设的说法。因此，生态文明建设是指以习近平生态文明思想为指导，以人与自然和谐为宗旨，以解决资源环境生态问题为核心，以思维方式、发展方式、生产方式和生活方式的绿色转型为抓手，不断改善和优化我国生态环境质量，最终实现经济社会可持续发展的一种有目的、有计划、有组织的动态发展的实践活动和过程。

---

① 郇庆治. 生态文明建设十讲 [M]. 北京：商务印书馆，2014：31.
② 谷树忠，胡咏君，等. 生态文明建设的科学内涵与基本路径 [J]. 资源科学，2013（01）：2-13.
③ 张永红，张叶. 从政治高度推进生态文明建设论析 [J]. 思想理论教育，2018（11）：27-33.

**二、生态文明建设的基本特征**

为了对生态文明建设有一个整体把握，我们需要深刻理解生态文明建设的主要特征。认识和分析生态文明建设的基本特征，对于有序推进生态文明建设、顺利实现生态文明的目标具有重要意义。生态文明建设有以下四个方面的特征。

（一）全民性

所谓全民性，是指生态文明建设是一项全民事业，需要融入最广泛的社会力量共同推动，生态文明建设的成果也必将惠及广大人民群众。因此，"社会主义生态文明建设是全体人民群众共同的事业，必须充分发挥人民群众在生态文明建设和生态文明治理中的主体作用"①。各级政府、社会组织、各类企业、各级学校、每个家庭以及个人等都是生态文明建设的参与主体，都应为生态文明建设做出积极贡献。这就需要构建常态化、制度化的生态文明建设公众参与机制，提高社会公众参与生态文明建设的意识，完善公众参与生态文明建设的设备条件，鼓励和引导各类主体，特别是引导人民群众积极参与生态文明建设实践，凝聚社会合力推进生态文明建设，使生态文明建设固化和扎根于社会之境。

（二）系统性

所谓系统性，是指生态文明建设超越了单纯的生态环境领域，是一项多元主体共同推动、多个子系统共同构成的系统工程。这一系统工程涉及生态文明建设的决策、实施、任务、动力和目标等要素和环节。其中，决策系统是指生态文明建设的顶层设计、规划部署，是生态文明建设有序进行的"导航仪"；实施系统是指生态文明建设的实践活动，是生态文明建设落地生根的必备环节；任务系统是指生态文明建设所要解决的核心问题，是生态文明建设取得成效的关键所在；动力系统是指生态文明建设运行的外部动力条件，是生态文明建设得以高效运行的重要支撑；目标系统是指生态文明建设的奋斗目标，是生态文明建设的根本动力。五大系统相互依存、相互影响，构成一个完整的有机整体，共同推进生态文明建设。

---

① 张云飞. 辉煌40年——改革开放成就丛书（生态文明建设卷）[M]. 合肥：安徽人民出版社，2018：380.

### （三）整体性

所谓整体性，是指生态文明建设不只关注生态环境的改善、优化和成效，还关注整个自然界，不能脱离整个自然界而独立开展。由于"我们所接触的整个自然界构成一个体系，即各种物体相联系的总体，而我们这里所理解的物体，是指所有的物质存在"①，生态文明建设作为一种追求人与自然和谐的实践活动，既以自然界为对象，又以自然界为前提，离开地球生态系统这个母体，生态文明建设将不复存在。

因此，一方面，生态文明建设"要坚持以大自然生物圈整体运行的宏观视野来全面审视人类社会的发展问题，以相互关联的利益体的整体主义思维来处理人类与自然、人与其他物种的关系"②。概言之，要将生态文明建设置身于大自然整体的大格局中去考量和践行，避免各种生态项目工程和生态建设活动对自然造成二次伤害。

另一方面，地球是一个有机系统，我们国家虽然存在生态环境问题，但生态危机往往是全球性的。在人类命运共同体思想的指引下，推进生态文明建设，实现人类期待的生态文明，要求我们具备全球眼光，既要从国家永续发展的角度考虑生态问题，又要从世界整体的角度考虑生态问题，努力在全球生态治理中做出更大贡献。

### （四）协调性

所谓协调性，是指在生态文明建设实践过程中，生态文明建设与其他建设之间、生态文明建设的各个方面与各个环节之间要密切配合、彼此协作、协调发展。这种协调发展包括三个层面，一是生态文明建设外部协调，具体是指生态文明建设与其他"四大建设"之间协调发展。党的十八大报告将生态文明建设纳入中国特色社会主义总体布局之中，生态文明建设是"五位一体"总体布局的基本构成。"五大建设"互为条件、不可分割、相互促进并相互制约。其中，生态文明建设是基础和根本，其他建设必须建立在良好的生态环境基础上。只有拥有良好的生态环境，才能实现高度发达的物质文明、精神文明、政治文

---

① 张云飞，李娜. 开创社会主义生态文明新时代［M］. 北京：中国人民大学出版社，2017：16.

② 杨玫，郭卫东. 生态文明与美丽中国建设研究［M］. 北京：中国水利水电出版社，2017：5.

明和社会文明。因此，"在把握总体布局中坚持协调发展，就是要在整体推进社会主义事业中全面凸显生态文明建设的基础性地位，将生态文明建设融入经济建设、政治建设、文化建设和社会建设"①。由于生态文明建设与经济、政治、文化、社会四大建设之间有着密切关联，因而推进生态文明建设须臾离不开对其他建设的深度考量，生态文明建设只有与其他"四大建设"协调发展，"五大建设"才能形成强大合力。二是生态文明建设的空间协调，即不同地区之间，包括城乡、区域之间的生态文明建设要协调配合、良性互动。三是生态文明建设内部协调，主要是指生产、生活与生态之间要相互配合、协调发展。只有增强生态文明建设的协调性，才能保证生态文明建设的实效性。

### 三、生态文明建设的主要内容

在厘定生态文明建设概念和特征的基础上，需要进一步明确生态文明建设的任务和重点。当前和今后一个时期，我国生态文明建设要重点做好如下工作：

（一）重建"一种关系"

人因自然而生，自然界是人类社会赖以存在和发展的永恒前提，人与自然是"一荣俱荣、一损俱损"的生态关系。然而，自工业文明时代以来，我们在经济社会发展过程中体现强烈的"人类中心主义"倾向，破坏了原有的"天人合一"格局。"人类不光预支甚至破坏了许多子孙的资源，也正因为自己的行为而自食恶果，这就是全球性的污染行业已严重威胁到人类的生命、身体和精神。"② 生态文明的核心是正确处理人与自然关系，追求人与自然和谐，要求重建和谐共生、良性互动的人与自然关系，以消解人与自然的对立。要实现这一目标，就必须大力推进生态文明建设，重点聚焦人类的生产和生活实践，注重保护和改造自然并重，努力在保护中改造，在改造中实现保护。从这个意义上说，生态文明建设的过程也意味着对人类欲望和不合理行为的节制。唯有如此，才能推动人类生产生活实践的绿色化转向，促进有机生命体和无机环境间的协调发展，从而达到一个和谐状态，最终实现人与自然和谐共生。

---

① 黄承梁. 新时代生态文明建设思想概论［M］. 北京：人民出版社，2018：125.
② 左亚文，等. 资源 环境 生态文明——中国特色社会主义生态文明建设［M］. 武汉：武汉大学出版社，2014：95.

## （二）攻克"三大难题"

改革开放以来，我国创造了经济发展的"中国奇迹"，但也造成了严重的生态危机。现阶段，我国资源短缺趋势加剧，部分资源对外依存度攀升；水污染、空气污染、土壤污染形势严峻，环境风险不断加剧；森林、草场、湿地退化严重，生态系统岌岌可危。生态环境问题对于发达国家而言属于后现代问题，但对于发展中国家特别是我国来说，则是在自身工业化、城市化和现代化任务远未完成之际，必须面对的重大问题。推进生态文明建设，就是要彻底缓解我国资源紧缺之势、环境污染之势、生态系统退化之势，着力攻克资源短缺、环境污染、生态退化"三大难题"，确保我国资源安全、环境安全、生态安全，夯实我国经济社会发展的自然物质基础，增强我国经济社会发展的可持续性。

## （三）形成"四种方式"

在人类文明史上，工业文明反映了人类社会的进步状态。但是，"主宰自然的价值观、线性生产模式、高物质消费模式"是工业文明的主要特征。"人类中心主义导致人对自然的无节制掠夺，利益最大化原则导致人与自然关系走向恶化，消费主义加剧了生态危机"[①]，使得生态危机严重危害人类的生存环境、生活质量和健康状况，甚至成为威胁人类生命的主要因素。推进生态文明建设，就要按照生态文明的要求，克服工业文明弊端，推动人的思维方式、发展方式、生产方式和生活方式的绿色化转型，最终形成有利于节约资源和保护生态环境的生态文明观念、绿色发展方式、绿色生产方式和绿色生活方式，使绿色发展、绿色生产和绿色生活成为生态文明新时代我国经济社会的主旋律。

# 第三节　生态文明建设的理论基础

任何一种思想的产生，都不是无源之水、无本之木，都有其深刻的理论渊源和深厚的理论基础。党和国家提出大力推进生态文明建设的重大决策，立足中国特色社会主义实践的需要，又以科学的生态文明理论为思想基础和前提。

---

① 左亚文，等. 资源 环境 生态文明——中国特色社会主义生态文明建设 [M]. 武汉：武汉大学出版社，2014：98-102.

马克思、恩格斯的生态文明思想、中华优秀传统文化中的生态智慧、中国特色社会主义生态文明理论等，是我国生态文明建设的重要理论来源，为我国生态文明建设提供了丰厚的理论滋养。

**一、马克思、恩格斯的生态文明思想**

马克思主义是一个内容丰富的理论体系。"马克思、恩格斯具有对自然发展规律、人类社会发展规律和人类解放规律研究的整体视野，反映人与自然的生态文明理论在他们的理论体系中没有任何的缺位。"① 基于主题研究所需，本书主要对马克思、恩格斯的自然观进行分析和阐释。

（一）自然优先观

自然界的先在性和客观性是一切唯物主义的出发点。在《1844 年经济学哲学手稿》中，马克思首先肯定了自然界的先在性，强调了自然界的优先地位，形成了自然优先观，主要探讨了以下内容：

1. 揭示了人的自然属性

马克思在《1844 年经济学哲学手稿》中首先阐述了人作为自然存在物的基本属性。他指出："人直接的是自然存在物""作为自然存在物，而且是作为有生命的自然存在物。"② 恩格斯指出："我们连同我的肉、血和头脑都属于自然界，是存在于自然界的。"③ 这就表明，人是具有自然属性的类存在物，人类来源于自然界，是自然依据其规律演化的产物。人从自然界分化出来并不意味着脱离了自然界，人类必须依赖于自然界而生存。从这个层面讲，有生命的个人存在构成了人类社会及其历史的逻辑起点。

2. 自然是人类生产生活之源

自然界的优先性决定了人对自然的依赖性，人对自然的依赖性体现在人的生产生活依赖于自然界提供的物质基础。一方面，人靠自然界生产。因为"没

---

① 方世南. 马克思恩格斯的生态文明思想——基于《马克思恩格斯文集的研究》［M］. 北京：人民出版社，2017：5.

② 马克思. 1844 年经济学哲学手稿［M］. 中共中央马克思恩格斯列宁斯大林著作编译局，译. 北京：人民出版社，2000：105.

③ 中共中央马克思恩格斯列宁斯大林著作编译局. 马克思恩格斯选集（第4卷）［M］. 北京：人民出版社，1995：383.

有自然界，没有感性的外部世界，工人什么也不能创造。它是工人的劳动得以实现、工人的劳动在其中活动的、工人的劳动从中生产出和借以生产出自己的产品的材料"①。自然界提供给人类从事生产、进行创造活动和维持生命活动所需要的材料、对象和工具，是人类生产生活资料的主要来源。另一方面，人靠自然界生活。人作为生物意义上的生命系统，为了维持生命有机体的延续，必须从自然界中获取一定的物质资料。"无论是在人那里还是在动物那里，类生活从肉体方面来说就在于人（和动物一样）靠无机界生活，而人和动物相比越有普遍性，人赖以生活的无机界的范围就越广阔——人靠自然界生活。"② 换言之，人尽管比动物高明，但是人对自然界的依赖性和动物是一样的，离开了自然界就没有人和人类社会的存在，人类必须依靠自然界而生活。

（二）自然规律观

世界上千差万别的事物，各自有着运行发展的规律。自然界也有着自身运行发展的内在规律，马克思、恩格斯对自然规律的阐释形成了自然规律观，主要包括三个层次：

1. 自然规律具有客观性

自然规律是自然现象之间固有的、本质的、必然的、稳定的联系。这种规律是自然本身所固有的，不以人的意志为转移。马克思指出："人作为自然的、肉体的、感性的、对象性的存在物，和动植物一样，是受动的、受制约的和受限制的存在物。"③ 人虽然是有意识、具有主观能动性的存在物，但是仍然受到自然的制约，尤其是受到自然规律和自然条件的制约。马克思认为，自然规律是根本不能消除的，在不同的历史条件下能够发生变化的只是这些规律借以实现的形式。总而言之，不是人类为自然立法，而是自然为人类立法。

2. 违背自然规律招致自然报复

既然自然规律是客观存在的，那么人类的一切活动要以遵循自然规律为前

---

① 马克思．1844 年经济学哲学手稿［M］．中共中央马克思恩格斯列宁斯大林著作编译局，译．北京：人民出版社，2000：53．

② 中共中央马克思恩格斯列宁斯大林著作编译局．马克思恩格斯文集（第 1 卷）［M］．北京：人民出版社，2009：161．

③ 马克思．1844 年经济学哲学手稿［M］．中共中央马克思恩格斯列宁斯大林著作编译局，译．北京：人民出版社，2000：105．

提。马克思、恩格斯反对人无视自然规律的错误行为，强调人对自然的实践活动应遵循自然规律，否则会遭受自然的惩罚。马克思曾警示世人，如果不按照自然规律办事，自然带给人们的只会是灾难。人类的一切计划都要以自然规律为前提，只有以自然规律为依据，才能避免灾难的发生。恩格斯在《自然辩证法》中指出："我们不要过分陶醉于我们人类对自然界的胜利。对于每一次这样的胜利，自然界都对我们进行了报复。"① 与此同时，恩格斯列举了美索不达米亚、希腊、小亚细亚以及其他各地的居民毁灭森林、破坏生态环境的行为来警示世人。在恩格斯看来，美索不达米亚、希腊、小亚细亚最终变为不毛之地，源于人们无视自然规律，违背自然规律，无休止地掠夺自然资源，使得生态环境遭到严重破坏，最终招致了大自然的无情报复。因此，人不能凌驾于自然界之上去改造自然，而是要以尊重规律为前提，才能使自然造福人类。

3. 正确认识并利用自然规律

自然规律虽然是客观的，但并不意味着人们只能被动地接受自然界的影响，人的主观能动性决定着人可以正确认识并利用自然规律。外部世界、自然界的规律乃是人的有目的的活动的基础，与其他一切生物被动适应自然不同，人是主动地适应自然，并且能够正确认识和运用自然规律。恩格斯认为，"事实上，我们一天天地学会更正确地理解自然规律，学会认识我们对自然界的习常过程所作的干预所引起的较近或较远的后果"②。因此，在利用和改造自然的过程中，我们要在发挥主观能动性的同时，学会正确利用规律，按自然规律办事，使人类活动朝着有利于自然生态环境的方向发展，也使自然向着有利于人类社会的方向发展，这样才能达到认识世界和改造世界的目的。

（三）自然和谐观

人与自然和谐是马克思主义的价值追求，其核心是人在以生产实践活动为中介与自然发生关系时，如何达到一种和谐、均衡的状态。马克思、恩格斯对人与自然的和谐状态进行了分析，主要包括两个方面：

1. 人与自然的统一

由于人是自然界的产物，人依赖于自然界而生存发展，这样就建立起了人

---

① 自然辩证法干部读本 [M].北京：人民出版社，2010：22.

② 中共中央马克思恩格斯列宁斯大林著作编译局.马克思恩格斯选集（第4卷）[M].北京：人民出版社，1995：384.

与自然不可分割的联系，即人与自然的统一。在统一关系中，人与自然并非动物式的服从关系。相反，人类可以发挥主观能动性，对自然之物进行分析，发现自然界的规律，将自己的意志通过实践活动强加于自然，改造自然，使自然为自己服务。正如恩格斯所说的，"劳动和自然界在一起它才是一切财富的源泉，自然界为劳动提供材料，劳动把材料变为财富"①。也就是说，人与自然界之间的互动过程，一方面表现为自然界向人的生成，即人通过物质生产活动，把自然界中人的生活资料和生命活动的材料、对象和工具变成人的无机的身体，体现了自然对人的依赖。另一方面，这种互动表现为人向自然界的融化，即人用各种自然物的属性来丰富和充实自己的生命活动，使自己能力的提高和发挥根植于自然系统的演化之中。

2. 人与自然的和解

在马克思看来，人与自然之间本来是和谐的关系，但工业文明造成了人与自然之间的对立和冲突，要实现人与自然之间关系的和谐复归，必须要积极扬弃异化劳动和私有制，实现共产主义。共产主义是人和自然之间、人和人之间矛盾的真正解决。恩格斯把世界面临的巨大变革概括为两个和解，即人类同自然的和解及人本身的和解。其中，"人同自然的和解"指的就是人与自然之间的协调和谐关系。而"人类本身的和解"，强调的是人与人、人与社会之间关系的和谐。实现"两大和解"的关键是"需要对我们迄今存在过的生产方式以及和这种生产方式在一起的我们的今天整个社会制度的完全的变革"②。只有变革历史上出现过的生产方式以及同这种生产方式相联系的私有制度，实现共产主义，才能解决"两大和解"。这种"共产主义，作为完成了的自然主义＝人道主义，而作为完成了的人道主义＝自然主义，它是人和自然界之间、人和人之间的矛盾的真正解决，是存在和本质、对象化和自我确证、自由和必然、个体和类之间的斗争的真正解决"③。

---

① 中共中央马克思恩格斯列宁斯大林著作编译局. 马克思恩格斯选集（第4卷）［M］. 北京：人民出版社，1995：373.

② 刘湘溶. 生态文明论［M］. 北京：人民出版社，2007：18.

③ 阿·科辛. 马克思列宁主义哲学词典［M］. 郭官义，俞长彬，黄永繁，等. 北京：东方出版社，1991：179.

### 三、中华优秀传统文化中的生态智慧

中华文化源远流长、博大精深。"中华传统文化蕴含着许多人与自然和谐共处的思想，体现了与现代生态文明相契合的生态智慧。正是这一智慧，指导着中华民族五千年来在开发自然、利用自然、保护自然中繁衍生息，使中华民族经久不衰。"① 中国优秀传统文化中的生态智慧是我国生态文明建设的思想源头。

#### （一）天人合一的生态世界观

世界观是指人们对待世界的根本看法和观点。"顾名思义，生态世界观就是指人们对生态世界、自然世界的根本看法和观点。"② 中华文明自古就有追求和崇尚人与自然和谐、天人合一的传统。儒家、道家、佛家作为重要的思想流派，对"天人合一"进行了深刻阐释，蕴含着人与自然和谐共生的思想。

1. 儒家对"天人合一"的论述

"天人合一"指人与自然的和谐关系，强调人与自然和谐相处、共同发展。儒家用仁爱来考察人与自然关系，肯定自然界的内在价值，重视人与自然的和谐统一，推崇"天人合一"。《孔子家语·刑政》曰："果实不时，不粥于市；五木不中杀，不粥于市；鸟兽鱼鳖不中沙，不粥于市。"这就是说，人是大自然的组成部分，人要尊重自然，以友好的方式对待自然。孟子认为天人相通，"尽其心者，知其性也；知其性，则知天矣。"他将自然视为一个生命体，强调人与自然休戚相关，要求将人类社会置于大自然整体中去考察。董仲舒强调，"天人以类相合一，天人之际，合二为一"。由此可见，"天人合一"的实质是把人与自然看成一个相互依存的整体，把人与自然的关系看成"母与子"的关系。既然人与自然、世间万物相互依存而成为宇宙生命的整体，人就应该与自然和谐相处，人与自然和谐共生是人类社会可持续发展的基本前提。

2. 道家对"天人合一"的阐释

在中国古代思想史上，道家思想比较系统地阐述了天人关系，"道法自然"的思想精髓，蕴含着天人合一的生态思想。在中国哲学史上，道家的代表人物

---

① 张维真. 生态文明：中国特色社会主义的必然选择 [M]. 天津：天津人民出版社，2015：91.

② 李娟. 中国特色社会主义生态文明建设研究 [M]. 北京：经济科学出版社，2013：17.

老子第一次提出"自然"这一范畴，讨论了人与自然的关系范畴。老子认为，道是万物的本源，"有物混成，先天地生。寂兮寥兮，独立而不改，周行而不殆，可以为天地母。吾不知其名，强字之曰道，强为之名曰大"（《老子》）。"道"生一、一生二、二生三、三生万物。这里的道并非一个具体的实物，而是作为一个超然的存在，从中化生出宇宙、自然、人世间的一切秩序和联系，构成了世间万物创生的内在依据，并由于其生长不息、运动不止的本性，所以能生世间万物。以此为据，道家强调"道法自然"，主张从整个宇宙的角度去看待人与自然的关系，认为人源于自然并统一于自然界，人与自然万物是平等的，应该和谐相处、共生共荣、万物一体。正如老子所言："域中有四大，而人居其一。"老子所肯定的就是人与自然合为一体的基本关系，即天人合一。

3. 佛家对"天人合一"的探讨

佛教虽是异域宗教，但经过中国化的改造，其所反映的生命意识与中国传统文化所包含的生命意识实现契合，成为中国传统文化的一部分。佛教思想中包含丰富的生态理论，是中国传统文化与生态学连接的重要纽带。"众生平等"是佛家的基本思想，是指一切众生都有佛性，不仅有情的众生具有佛性，无情的草木等低级生命也有佛性。从人与自然角度来看，佛家的"众生平等"实质上是指自然万物都有佛性，人类要尊重自然、心怀感恩之心对待自然。正是由于主张"众生平等"，佛教把"不杀生"列为佛教五戒十善之首，要求佛教信仰者必须将"不杀生"作为最基本的行为规范。不仅如此，佛教教义还倡导人们心怀慈悲之心去对待众生，要求人们主动放生，倡导和厉行素食主义。佛家"众生平等"的思想，不仅具有悲天悯人的情怀，而且蕴含保护动物以及生物多样的生态情怀，这种生态情怀是我国生态文明建设以人为本的思想来源。

（二）爱护自然的生态保护观

人与天地万物是一个相互联系的有机整体，相互之间处于一种血肉相依的生态联系中。这就意味着，人类必须善待自然、爱护自然。中国古代先哲对人与自然环境的关系有深刻认识，提出了许多有重要价值的生态环境保护思想。

1. 保护自然资源

自然资源是人类生产生活的主要来源，善待自然首先要保护人们赖以生存发展的物质基础。春秋时期的思想家管仲在生态环境保护方面做出了突出贡献。"管仲曾在齐国为相。他从发展经济、富国强兵的目的出发，十分注意保护山林川泽和草木鸟兽等自然资源。"① 管仲认为，山林川泽是薪柴和水产的来源地，是国家的自然之本，关系人民生活、百姓生计，政府应该把山林川泽保护起来，如果保护不好山林川泽就不配当君主。管仲提出了"以时禁发"的原则，主张对自然资源的开采和索取要在恰当的时间进行，其他的时间则封禁保护，以严格的立法和严格的执法来保护生物资源。正如"山林虽近，草木虽美，宫室必有度，禁伐必有时"。在管理原则上，必须遵循"时禁"："苟山之见荣者，谨封而为禁。有动封山者，罪死而不赦。有犯时令者，左足入、左足断，右足入、右足断。"② 管仲提出"时禁"的目的就是更好地保护自然资源，而保护自然资源的最终目的在于确保自然资源可以被永续利用。

2. 保护生态环境

人与生态环境是一个不可分割的整体，破坏、毁灭生态环境就是在毁灭我们自己。《淮南子》主张可持续发展，强调保护和加强生态环境的生产和更新能力，主张人们对自然的利用和改造程度不能超过生态环境系统的更新能力。正如《淮南子·人间训》中所指："焚林而猎，愈多得兽，后必无兽。吾岂可以先一时之权，而后万世之利也哉！"③ 换言之，烧毁山林来打猎，虽然可以暂时得到很多野兽，但是长此以往势必导致山林里野兽稀少，甚至无兽可猎；怎么能为了眼前利益，而牺牲长远利益呢？与《淮南子》中的思想一致，程朱学派从人与天地万物一体的角度提出了生态保护思想。程颢主张人对天地万物要施以仁爱之德。朱熹则认为，仁者是"天地万物之心"，人的基本内涵是"心之德""爱之理"，只有用仁爱之心对待自然，自然才会善待人类。这些思想无不闪耀着生态的光辉，为我国生态文明建设提供了思想滋养。

（三）遵循规律的生态实践观

生态实践观是人们对遵循自然规律来进行实践活动的根本观点和看法。中国古代先哲主张在自然规律能够承受的范围之内进行生产生活活动，备取万物用于各个方面，又不荒废万物，从而达到天人合一的状态。

① 张维真. 生态文明：中国特色社会主义的必然选择 [M]. 天津：天津人民出版社，2015：97.

② 管仲. 管子译注 [M]. 刘珂，李克和，译注. 哈尔滨：黑龙江人民出版社，2003：347-349.

③ 刘文典. 淮南洪烈集解：下 [M]. 冯逸，乔华，点校. 北京：中华书局，1989：603.

### 1. 农业生产要顺应天时

农业生产是农业文明时代的主要生产方式。从本质上讲，农业生产是按照自然规律进行的天然生产，对自然有着直接的依赖性。由于天时、土地、生物条件对农业生产的重要作用，农民同土地、大自然保持着直接接触。在农业生产中，人们产生了对自然的敬畏之感，认识到只有尊重自然规律、因势利导，实现人与自然和谐相处，农业生产才能获得成功。这些思想集中体现在我国著名的农学著作中。其中，《吕氏春秋》中强调"时"在农业生产中的重要作用，要求抓住时机进行农业生产，要"以事适时"①。《齐民要术》注重掌握恰当的时令，对种植和管理农作物的时间有严格的要求，这些要求包括何时播种、何时锄草、何时收割等。在恰当的时节播种，是获得好收成的关键环节之一。如"地势有良薄，良田宜种晚，薄田宜种早"。《天工开物》继承和发扬了传统农业的顺天时、量地利、重人力的"三才论"的农学思想，强调农业要按自然规律进行，对天时、地利、水等要素进行统一的把握和调控，以创造最适合农作物生长的生态环境。此外，我国还有很多农学专著提出了遵循自然规律进行生产的思想，因为不能穷尽对这些思想的梳理，所以这里不再赘述。

### 2. 生活消费要节俭适度

勤俭节约是中华民族的优秀传统美德，也是中国古代先哲倡导的生态消费和生活理念。孟子提出的生态消费思想，主要体现为以时养物、以时取物、取物不尽物与节用结合。在消费物质资料时，孟子要求"用之食之以食，用之以礼，材不可胜用也"②。孟子认为，这样的消费方式不仅可以使民众拥有充足的物质资料，还能保护生态环境，促进人与自然和谐相处。《陈敷农书》也比较系统地论述了中国传统社会主流意识历来所倡导的适度消费理念，主张"然以礼制事，而用之适中，俾奢不至过泰，俭不至过陋，不为苦节之凶，而得甘节之吉，是谓称事之情而中力者也"③。要求享受理性节俭、适度消费带来的好处，规避过度消费带来的危害。由此可见，勤俭节约、适度消费既是中国传统文化中提倡的生活理念，又是我们所倡导的绿色消费、绿色生活的思想来源。

---

① 吕不韦. 吕氏春秋译注 [M]. 张万彬，等译. 北京：北京大学出版社，2000：705.
② 孟轲. 孟子 [M]. 杨伯峻，等译. 长沙：岳麓书社，2000：42.
③ 陈敷. 陈敷农书校注 [M]. 万国鼎，校注. 北京：农业出版社，1965：37.

### 四、习近平生态文明思想

自党的十八大以来，习近平总书记立足我国生态国情，科学总结国内外生态文明建设经验，通过深入实际、洞察民情和理论学习，创造性地提出了一系列关于生态文明建设的新思想，形成了习近平生态文明思想，成为我国生态文明建设的根本遵循和思想指南。习近平生态文明思想内容丰富、思想深刻，集中表现在如下几个方面：

（一）生态保护观

人与自然关系问题，是习近平总书记关注和思考的重要问题。他坚持科学的辩证自然观，坚持唯物史观的基本立场，在准确把握人与自然关系基础上，着眼于中华民族永续发展和人民生活幸福，提出了生态保护的新思想。

1. 保护自然

从本体论上讲，人是自然界的产物，自然界是人类的母体，人与自然之间这种"一荣俱荣、一损俱损"的生态关系决定了人类必须保护自然才能实现永续发展。一方面，强调生态环境的重要性。习近平总书记继承了马克思、恩格斯的自然优先观，反复强调生态优先、保护生态环境。他指出："生态环境是人类生存最为基础的条件，是我国持续发展最为重要的基础，生态环境没有替代品，用之不觉、失之难存。"① 这一论述揭示了生态环境的优先性、基础性及其在人类生存发展中的重要地位，是对人与自然关系的深刻把握。另一方面，指明了对待自然的态度和方式。既然生态环境如此重要，那么我们应该以何种方式对待自然呢？在这一问题上，习近平总书记为我们提供了方向和指引，即"你善待环境，环境是友好的；你污染环境，环境总有一天会翻脸，会毫不留情地报复你"②。换言之，人类以何种方式对待自然，自然便以何种方式回报人类。人类只有保护自然，才能实现人与自然共生共赢。习近平总书记明确提出"大力保护生态环境，实现跨越发展和生态环境保护协同共进"。③ 这些论述既

---

① 中共中央文献研究室. 习近平关于社会主义生态文明建设论述摘编［M］. 北京：中央文献出版社，2017：13.

② 习近平. 之江新语［M］. 杭州：浙江人民出版社，2007：141.

③ 中共中央文献研究室. 习近平关于社会主义生态文明建设论述摘编［M］. 北京：中央文献出版社，2017：7，23，24。

充分体现了习近平总书记强烈的责任意识和生态情怀，又为我国生态环境保护工作提供了思想指导。

2. 顺应自然

生态环境的优先性和自然规律的客观性决定了人们对客观世界的改造理应建立在尊重自然、顺应自然规律的基础之上。在顺应自然这一问题上，习近平同志继承和发展了前人的思想，提出了顺应自然的新思想。一方面人类活动以遵循自然规律为前提。由于人是自然之子，包括人类在内的自然界是一个完整、有机的生态系统，具有自身运动、变化和发展的内在规律。对此，习近平同志强调，"只有尊重自然规律，才能有效防止在开发利用自然上走弯路。这个道理要铭记于心、落实于行"①。这就是说，顺应自然、遵循自然规律是人与自然相处时应遵循的基本原则。人类只有加深对自然规律的认识和把握，并科学地利用自然为自己服务，才能在人与自然和谐相处中，实现人与自然共生共赢。另一方面，人类应减少对自然的伤害。生态环境问题的产生，在很大程度上是人类不合理的实践活动所造成的。要达到保护生态环境的目的，就要以保护自然生态系统的平衡、稳定为目标，在遵循自然规律的前提下，"尽可能减少对自然的干扰和损害"②，避免人类行为对大自然造成更大损害，这是保护自然的重要前提。

（二）生态忧患观

居安思危、安不忘忧是为人处世的人生哲学，也是人们对待人与自然关系的应有态度。习近平总书记深刻认识到这一点，在我国生态环境问题上表现了强烈的生态忧患意识。

1. 居安思危

长期以来，我国坚持以经济建设为中心，把发展经济作为一切工作的重中之重。然而，在经济发展过程中由于缺乏对生态环境的考量，对自然生态环境造成严重破坏。现阶段，生态环境问题不仅是一个社会问题，而且已经演变为重大的民生问题，甚至成为制约我国经济社会可持续发展的主要瓶颈。故此，

---

① 中共中央文献研究室. 习近平关于社会主义生态文明建设论述摘编［M］. 北京：中央文献出版社，2017：11.

② 中共中央文献研究室. 十八大以来重要文献选编（上）［M］. 北京：中央文献出版社，2014：592.

习近平总书记警示世人，"人类发展活动必须尊重自然、顺应自然、保护自然，否则就会遭到大自然的报复。这是规律，谁也无法抗拒"①。这里虽然强调尊重自然规律，但体现习近平总书记居安思危、安不忘忧的生态立场。为了经济社会发展的可持续，我们必须树立生态忧患意识，做到防患于未然，有效防范资源环境生态风险，确保我国资源、环境和生态安全。

2. 以史为鉴

在人类历史长河中，生态问题并非是工业文明的产物，在每一个历史时期都会有生态问题存在，只是生态问题的发生程度与显现程度有所不同。习近平总书记提出"生态兴则文明兴，生态衰则文明衰"② 的科学论断，从历史兴衰的高度科学阐释了生态与文明的辩证关系，揭示了人类文明顺应自然规律者兴、违背自然规律者亡的深刻哲理。他以古今中外大量破坏生态环境事件为例，论证了破坏生态环境导致的惨痛教训。就世界历史而言，良好的生态环境奠定了优秀文明发展的根基。然而，四大文明之所以消失湮灭，皆是生态环境恶化所致。就我国历史而言，"现在植被稀少的黄土高原、渭河流域、太行山脉，也曾森林遍布、山清水秀、地宜耕植。由于毁林开荒、乱砍滥伐，这些地方的生态文明遭到了严重破坏"③。由此可见，生态环境的兴衰决定了人类文明的兴衰和人类的生存发展。这就告诫我们，要以史为鉴、吸取生态教训，在从大自然索取的同时，大力推进生态文明建设，筑牢人类永续发展的生态根基。

（三）生态治理观

自党的十八大以来，习近平总书记高度重视生态文明建设，要求重点解决危害人民生命健康和幸福生活的突出生态环境问题，对生态环境治理作出了重要指示和安排，形成了生态治理观。

1. 系统治理

在承认自然的客观性的前提下，马克思、恩格斯揭示了人与自然关系的辩证图景，将我们所接触的自然界视为一个完整的体系，并且构成这一体系的要

---

① 中共中央文献研究室. 习近平关于社会主义生态文明建设论述摘编［M］. 北京：中央文献出版社，2017：7.

② 习近平总书记系列重要讲话读本［M］. 北京：外文出版社，2014：12.

③ 张云飞，李娜. 开创社会主义生态文明新时代［M］. 北京：中国人民大学出版社，2017：21.

素之间紧密联系、相互影响。习近平总书记继承和发展了马克思主义的系统自然观，提出了"生命共同体论"，要求按照系统思维推进生态治理和环境治理。习近平总书记指出："山水林田湖是一个生命共同体，人的命脉在田，田的命脉在水，水的命脉在山，山的命脉在土，土的命脉在树。"① 这一思想为我国开展生态治理和环境治理提供了科学指南。一方面，我们要从生态系统的整体性、系统性出发，对生态系统进行系统监管，系统推进护山、护林、植树、治水等生态管理和生态建设工作，增强生态治理的整体性和系统性。另一方面，我们要从环境问题的关联性出发，深刻认识到环境问题并非彼此割裂，而是相互渗透、相互影响的。故此，我们必须把环境治理作为一项重大的系统工程，按照系统工程的方式推进环境治理，切实把资源能源保护好，把环境污染治理好，把生态环境建设好，为人民群众营造良好的生产环境，提供优美的生存环境。

2. 依法治理

法是国之重器，良法是善治的前提。依法治国是推进国家治理现代化的重要途径和基本方式，用法律权威来保障生态文明建设是习近平总书记高度重视、反复强调的重要问题。近年来，随着四个全面战略布局持续推进，全面依法治国被推上了新的高度。"党和国家坚持以法治思维和法治方式推进生态文明建设，全面深化和推进生态文明法治建设。"② 然而，我国生态文明建设领域有法不依、执法不严、违法不究等现象和问题仍然存在。针对此类问题，习近平总书记强调，保护生态环境必须依靠制度、依靠法治。只有实行最严格的制度、最严密的法治，才能为生态文明建设提供可靠保障③。故此，习近平总书记主张加强生态立法工作，"要深化生态文明体制改革……把生态文明建设纳入制度化、法治化轨道"④，不断强化法律的权威性、增强法律的约束力，对阻碍和干预环境保护执法的行为和个人要严肃追究责任。这不仅揭示了法律在生态文明建设的权威性，也彰显了我国对待环境违法事件零容忍的坚决态度。

---

① 中共中央文献研究室. 十八大以来重要文献选编（上）［M］. 北京：中央文献出版社，2014：507.

② 张云飞. 辉煌 40 年——改革开放成就丛书（生态文明建设卷）［M］. 合肥：安徽教育出版社，2018：71.

③ 中共中央文献研究室. 习近平关于社会主义生态文明建设论述摘编［M］. 北京：中央文献出版社，2017：7.

④ 中共中央文献研究室. 习近平关于社会主义生态文明建设论述摘编［M］. 北京：中央文献出版社，2017：109.

### 五、可持续发展理念

20世纪80年代以来，随着全球性资源危机、环境恶化和生态破坏等问题日趋严重，生态环境问题成为涉及全球共同利益和每个国家现代化建设进程中面临的重大现实问题。鉴于此，人类开始反思单纯追求经济发展而牺牲生态环境的发展模式和道路，开始探求新的发展模式和发展观。"可持续发展"的提出，表达了人与自然和谐共生的价值诉求和实现人类社会永续发展的美好愿望，逐渐成为世界各国的基本共识，也成为我国生态文明建设的思想来源。

（一）可持续发展理念的提出和确立

工业文明时代以来，由于人们未能正确处理好人与自然、经济社会发展与生态环境保护的关系，只是从人类自身需求和利益出发，对自然生存发展的需要和自然承载能力置若罔闻，按照人类意愿对自然进行随心所欲的"征服"和"改造"，结果造成了全球性的生态灾难，严重威胁人类生存发展。20世纪中叶，在欧美和日本等国家不断发生的环境公害事件，唤起了人们对生态环境问题的警觉。"正是从大自然对人类的惩罚中，人们逐渐认识到，将经济增长建立在牺牲生态环境的基础上，是一条'不可持续发展'的道路。"① 为了实现经济社会发展的可持续，必须走可持续发展道路，保障当代人和子孙后代共同的、长远的切身利益。

人们在关注生态问题的同时，采取了积极行动。蕾切尔·卡逊《寂静的春天》的出版，将生态环境问题引入公众的视线，从而促使联合国于1972年在瑞典斯德哥尔摩召开了"人类环境会议"，并由各国共同签署了"人类环境宣言"。随后，《生存的蓝图》和《增长的极限》两本专著的出版蕴含了"可持续发展"理念的萌芽。1975年，美国科学家莱斯特·布朗（Lester Brown）出版了专著《建设一个可持续发展的社会》，"可持续发展"作为一个新概念首次出现。1980年，联合国倡议"必须研究自然的、社会的、生态的、经济的以及利用自然资源过程中的基本关系，确保全球可持续发展"。1987年，《我们共同的未来》正式提出了"可持续发展模式"，将其明确为"既满足当代人的需要，

---

① 张维真. 生态文明：中国特色社会主义的必然选择［M］. 天津：天津人民出版社，2015：108.

55

又不损害后代人满足需要的能力的发展"①。此后,《里约宣言》和《全球 21 世纪议程》多次重申了"可持续发展"理念,明确提出了人口、资源、环境、经济和社会可持续发展。由此,"可持续发展"作为一种新的发展观和战略理念被越来越多的国家所接受与运用,从而演化为一个国际化的概念和观念。

(二) 可持续发展的概念和内涵

提出可持续发展理念,走可持续发展道路,是对工业文明造成的生态危机以及人与自然之间矛盾冲突的严重教训进行深刻反思后做出的必然选择。作为一种新的发展理念,可持续发展具备新的内涵和特点。

1. 可持续发展的概念

从定义来看,"可持续发展"提出后,研究者从经济、自然、社会等多个维度对其进行了界定,由于研究者采用的视角不同,形成了关于可持续发展的多种定义。英国经济学家从经济维度出发,将可持续发展定义为:"当发展能够保证当代的福利增加时,也不应使后代人的福利减少。"② 在自然维度方面,生态学家强调生态的可持续性,把可持续发展理解为自然资源及其开发利用间的平衡。联合国环境规划署(UNEP)基于社会的视角,认为可持续发展是指"在不超出生态系统涵容能力的情况下,改善人类的生活品质"③。而被广泛采纳的定义是《我们共同的未来》中的定义,即可持续发展是既满足当代人的需求,又不对后代人满足其需要的能力构成危害的发展。由此可见,可持续发展是从环境与自然资源角度提出的关于人类长期发展的战略和模式,其宗旨是共同满足当代人和子孙后代的需求与发展,其目标是实现人类社会可持续发展,是指导人类走向新的繁荣、新的文明、新的发展的重要指南。

2. 可持续发展的内涵

从内涵来看,可持续发展的科学内涵超出了生态学的单一范畴,将自然、经济、社会纳入一个大的系统之中,构成一个融"自然—经济—社会"于一体的复合系统,追求人类与自然之间、人与人之间、人与社会之间的公平和可持续发展。可持续发展主要包括生态环境的可持续发展、经济的可持续发展和社会的可持续发展,更加强调自然、经济和社会的协调发展、和谐统一。其中,

---

① 世界环境与发展委员会. 我们共同的未来 [M]. 北京:世界知识出版社, 1989:19.

② 程发良,孙成访. 环境保护与可持续发展 [M]. 北京:清华大学出版社, 2002:63.

③ 崔亚伟, 等. 可持续发展——低碳之路 [M]. 北京:冶金工业出版社, 2012:4.

生态环境的可持续发展是指既要保护人类生存发展所必需的资源基础，在开发利用时对资源加以保护，提高不可更新资源的综合利用率，开辟新的资源途径，大力发展新能源，也要在经济社会发展过程中充分考虑环境系统的承载能力，保护好生态系统，从而为经济社会发展的可持续提供自然保障。经济的可持续发展是指在发展指标上不再单纯把 GDP 作为衡量发展的唯一指标，而是把消除贫困和生态环境作为最优先考虑的因素，实现经济发展的可持续。社会可持续发展是指将人与自然、人与社会和谐共处作为价值原则，使人类社会发展建立在遵循自然规律和社会变化规律的基础上。同时，提高全民的可持续发展意识以及人们对子孙后代的责任意识，增强可持续发展的能力。同时，"可持续发展不是一个国家或地区的事，而是全人类的共同目标。世界各国要在尊重各国主权的前提下，制定各国都可以接受的全球性目标和政策，以便达到既尊重各方利益，又保护全球环境与发展体系的目的"①。为了人类的共同利益和持续发展繁荣，坚定走可持续发展之路是人类社会的明智选择。

（三）从可持续发展到生态文明

从基本定义和核心宗旨来看，可持续发展既承认人类对环境的利用和享受权利，又承认人类对环境保护、对后人需求所承担的责任和义务，保障同代人之间、代际之间、不同国别之间在资源、环境和生态方面的权益和公平。自可持续发展理念被提出并逐步被完善为系统的理论后，世界很多国家结合本国实际，纷纷制定了可持续发展战略。1996 年江泽民同志对可持续发展做了新的诠释，"所谓可持续发展，既要考虑当前发展的需要，又要考虑未来发展的需要，不要以牺牲后代人的利益为代价来满足当代人的利益"②。这一阐释体现了中国共产党对可持续发展理念的深刻理解，表明了中国政府走可持续发展道路的坚定决心和庄严承诺。1992 年《中国 21 世纪议程——中国 21 世纪人口、环境与发展白皮书》确立了可持续发展的总体战略。党的十七大提出"建设生态文明"的目标，而生态文明所倡导的价值追求和奋斗目标与可持续发展的宗旨相契合。"可持续发展理念是生态文明提出的基础，无论是从人类文明发展的宏观角度，还是从生态文明的基本特征、实践要求角度，生态文明都与可持续的发展理念

---

① 崔亚伟，等. 可持续发展——低碳之路［M］. 北京：冶金工业出版社，2012：4.
② 江泽民. 江泽民文选（第 1 卷）［M］. 北京：人民出版社，2006：581.

密切相关。"① 可持续发展是生态文明建设的思想来源，生态文明建设是可持续发展理念的升级版。

## 小　结

按照美国学者托马斯·亨特·摩尔根（Thomas Hunt Morgan）的观点，文明是人类社会发展到高级阶段的产物。"在人类文明史上，任何一种文明形态都只是一种历史现象和过程，最终都会消亡，被新的文明所取代。"② 工业文明以"人类主宰自然"为理论依据，以竭泽而渔的方式榨取自然，终使人类自身陷入生态失序的困境之中。生态文明是对人类生态失序的拯救，是继农业文明、工业文明之后必然产生的更高成就的文明形态。生态文明是生态文明建设的逻辑起点，生态文明建设是实现生态文明的根本途径。然而，实践基础上的理论创新是社会发展的先导，任何一种实践活动都离不开先进理论的科学指导。推进生态文明建设，要以马克思、恩格斯生态文明思想为理论之基，从中国优秀传统生态智慧中汲取合理内容，以习近平生态文明思想为指导思想。只有坚持以先进思想和科学理论为指导，才能使我国生态文明建设建立在深厚的理论基础之上，进而在先进理论指导下迈上新的台阶。

---

① 张维真. 生态文明：中国特色社会主义的必然选择［M］. 天津：天津人民出版社，2015：108.
② 张维真. 生态文明：中国特色社会主义的必然选择［M］. 天津：天津人民出版社，2015：10.

# 第三章

# 人民日益增长的优美生态环境需要

新时代我国社会主要矛盾转化为"人民日益增长的美好生活需要和不平衡不充分的发展之间的矛盾",是党中央综合人民需要的历史性变化和我国经济社会发展的根本性变化得出的重大判断。新时代社会主要矛盾反映在"五位一体"总体布局中,直接体现为人民日益增长的"五大需要"和不平衡不充分的"五大建设"之间的矛盾。其中,新时代社会主要矛盾反映在生态文明建设领域,具体表现为人民日益增长的优美生态环境需要和不平衡不充分的生态文明建设之间的矛盾,即生态供需矛盾。随着我国社会主要矛盾转化,"人民群众对优美生态环境的需要已经成为这一矛盾的重要方面,广大人民群众热切期盼加快提高生态环境质量"①。优美生态环境需要的实质是人民对优质生态产品的需要,而我国优质生态产品严重短缺、供给不足,已经成为我国经济社会发展需要补齐的突出短板和制约人民优美生态环境需要的主要因素。故此,本章重在分析我国生态供需矛盾的重要方面,重点探讨人民日益增长的优美生态环境需要。首先,科学界定和阐释优美生态环境需要的概念和实质;其次,对人民优美生态环境需要日益增长的现实表现和优质生态产品的供给现状进行客观审视;最后,在准确把握优美生态环境需要与更多优质生态产品逻辑关联的基础上,科学认识人民优美生态环境需要日益增长的重要价值和现实意义。

---

① 习近平. 推动我国生态文明建设迈上新台阶 [EB/OL]. 求是,2019-01-31.

# 第一节　"优美生态环境需要"的内涵与地位

任何理论研究都要有科学的逻辑起点，概念的科学界定和内涵的准确把握是理论研究的基本前提。"优美生态环境需要"是党的十九大报告提出的一个新概念，厘定"优美生态环境需要"的概念与内涵是系统、深入地研究人民日益增长的优美生态环境需要的理论前提。

## 一、"优美生态环境需要"的基本概念

"优美生态环境需要"是个新概念。生态需要是优美生态环境需要的理论支点，优美生态环境需要是对生态需要的发展升级。阐释优美生态环境需要首先要理解生态需要，要在把握生态需要概念基础上深刻理解优美生态环境需要。

### （一）生态需要

需要是人的本质，是人与生俱来的内在要求。人作为一种感性存在物，有衣食住行用等一系列的客观需要。在众多需要之中，生态需要是人的基本需要。"马克思主义充分肯定了自然对于人的需要的价值，科学地揭示出只有围绕满足人的需要尤其是人的生态需要，才能实现人与自然的关系的合理化与和谐化。"① 这是由人与自然之间的"根源性"关系决定的。马克思在阐释人与自然关系时指出："人的肉体生活与精神生活同自然界相联系，不外是说自然界同自然界相联系，因为人是自然界的一部分。"② 这就确立了人与自然的生态关系，揭示了自然界的优先性和人类的生态性，强调自然界是人类生存发展的物质基础，人类要靠自然界生存发展。正是在这个意义上，人与自然建立起需要和需要的满足的价值关系，产生基本的生态需要。

那么，何为生态需要？目前，学界对生态需要进行了探讨，但理解尚不统一，主要形成三种观点：第一种观点把生态需要理解为对生态产品的需要，即

---

① 张云飞. 辉煌 40 年——中国改革开放成就丛书（生态文明建设卷）［M］. 合肥：安徽教育出版社，2018：67.
② 马克思. 1844 年经济学哲学手稿［M］. 中共中央马克思恩格斯列宁斯大林著作编译局，译. 北京：人民出版社，2000：49.

"人类为了获得包括维持生存和满足发展需要等方面内容在内的最大福利需要而产生的对生态产品的需求"①。第二种观点把生态需要视为对优美生态环境的需要，这类观点以刘国军等人为代表。第三种观点将生态需要看作是资源、环境和生态需要的综合体，即"人对充足而清洁的资源和能源的需要、对宽广而清洁的环境的需要、对安全而宁静的生态的需要，是一种不同于物质需要的需要——生态需要"②。这是张云飞教授提出的一种新观点。

综合上述三种观点，可以发现，第一种观点揭示了生态需要和生态产品的深层逻辑，第二种观点从人类基本生存角度考察生态需要，第三种观点则赋予生态需要广阔的外延和内涵。这些观点，充分肯定了自然对于人的需要的价值，反映了人们的基本诉求。本书认为，人的生态本性决定了，人类只有从自然界获取各种物质能量才能更好地生存发展，"人在肉体上只有靠这些自然产品才能生活"③。这些自然产品理应包括自然资源、环境要素和生态条件，而人们对自然资源的需要、对清洁空气的需要、对干净饮水的需要、对阳光雨露的需要都是人的生态需要。所以，本书认同第三种观点，即人的生态需要是指人们对充足资源、清洁环境和安全生态的需要，是资源需要、环境需要和生态需要构成的有机整体。于人类生存发展而言，"在全部消费需要中，增进人民身心健康、保障生命安全和促进全面发展的生态需要是最基本的消费需要"④，也是人民群众最重要的需要。

（二）优美生态环境需要

唯物辩证法认为，任何事物都处于发展变化之中，表现为时间上的延续性和空间上的广延性的相互交替、运动形态和程度的更新变化等。人的生态需要不是一成不变的，而是一个可变量，随着生态环境的变化呈现出动态发展的特点。改革开放以前，我国生态环境良好，人们求温饱、轻生态。如今，面对生态环境问题的高发态势，人们重生态、盼生态，愈加渴望优美生态环境。党的

---

① 柳杨青. 生态需要的经济学研究 [M]. 北京：中国财政经济出版社，2004：26.

② 张云飞. 唯物史观视野中的生态文明 [M]. 北京：中国人民大学出版社，2014：282-283.

③ 马克思. 1844年经济学哲学手稿 [M]. 中共中央马克思恩格斯列宁斯大林著作编译局，译. 北京：人民出版社，2000：50.

④ 刘思华. 保证生态需要应当放在实现人的全面发展的首位——评柳杨青《生态需要的经济学研究》一书 [J]. 当代财经，2005（05）：128.

十九大报告立足生态民情提出"优美生态环境需要"的新概念，实现了对生态需要的发展和升级。"从量上讲，'优美生态环境需要'是多方面的、整体性的和长期的，如蓝天、净水、绿地、安全食品和优美的人居环境等。从质上讲，这种生态环境必须是优美的、宁静的、和谐的、宜人的，人们可以诗意般地栖居其中，徜徉陶醉在大自然的怀抱"。① 这就意味着，与基础性生态需要相比，优美生态环境需要具有特定的时代内容，呈现出鲜明的时代特征。

作为党的十九大报告提出的新概念，学界对"优美生态环境需要"进行了初步探讨。舒川根（2017）、唐丽琼（2018）、洪怀峰（2017）等人认为，"优美生态环境需要是人们对清新空气、清洁水源、肥沃土壤、优美环境、鸟语花香、美丽生态等优美生态环境的需要"②。显而易见，这里的优美生态环境需要是指人类生存发展所需要的空气、水、土壤、环境等自然要素和条件，但这些自然条件不是浑浊劣质的自然条件，而是有益于人体健康、令人赏心悦目的自然条件。从词义的角度来看，"优美"是个形容词，指美好、美妙之义。"生态环境是一个综合概念，它是'生态关系组成的环境'的简称，指的是和人类有密切联系，对人类生产活动和生活活动产生影响、作用的一切力量以及自然要素的总体构成。"③ 这一总体构成涉及人类生存发展所需要的自然资源、自然环境和自然生态系统等条件。因此，人们对优美生态环境的需要既包括对洁净水和空气的需要、对良好的自然的需要、对人类持续生存所需要的生物多样性和生态平衡的需要，也包括对生态产品和生态服务的需要。

如果说基础性生态需要主要是从维持基本生存发展的角度而言，那么优美生态环境需要则是从更好生存发展的角度而言。与基础性生态需要相比，优美生态环境需要体现了人民生态需要内涵的扩展和层次的提升，要求人的生态需要由"有"向"优"转变，是人们高层次、高质量的生态需要，具有丰富的时代内涵。新时代的优美生态环境需要应该是指人们对数量充足、质量精良、可持续的优美的资源需要、环境需要和生态需要，主要包括对更加充足而清洁的

---

① 解保军. 理解"优美生态环境需要"理念的新视阈 [J]. 治理现代化研究, 2018 (04): 91-96.

② 舒川根. 提供更多优质生态产品满足人民对优美生态环境的需要 [N]. 湖州日报, 2017-12-11.

③ 郭冬梅. 生态公共产品供给保障的政府责任机制研究 [M]. 北京: 法律出版社, 2017: 21.

资源和能源的需要、更加宽广而清洁的环境的需要、更加安全而宁静的生态的需要，是优美的资源需要、环境需要和生态需要共同构成的统一整体。可以说，优美生态环境需要反映了人们的主观意愿，是从人类本性角度来谈论自然生态环境对人类的重要性，其目的是从良好的生态系统中获得物质和能量。优美生态环境需要既是人的基本需要，也是人的高层次需要。

## 二、"优美生态环境需要"的科学内涵

"优美生态环境需要"作为由优美的资源需要、优美的环境需要和优美的生态需要构成的有机整体，具有丰富的时代内涵，主要包括三个方面的重要内容。

### （一）优美的资源需要

这里的资源特指自然资源。"所谓资源，在人类社会发展中，它具体指的是在一个特定的国家或地区主权领土和可控大陆架范围内所有自然形成的在一定的经济、技术条件下可以被开发利用以提高人们生活福利水平和生存能力，并具有某种稀缺性的实物资源的总称。"[1] 一般是指土地、水、矿产等资源。在人类社会发展中，自然资源有着决定性意义。马克思早就指出，人是"有生命的个人"，"全部人类历史的第一个前提无疑是有生命的个人的存在"[2]。这种"有生命"首先体现为人的有生命的肉体组织，是一个由各类器官和神经组织系统构成的有机整体。为了维持有机整体的生命存在，人们就需要从自然界获取各种物质资料，这些物质资料就是自然资源。人类只有获取充足优质的自然资源，才能实现可持续发展，从而更好地从事创造物质、创造历史和创造文明的活动。在这个意义上，"人的外部世界只能是自然。人的需要及其满足都高度依赖自然。自然既提供了满足人类需要的对象，又提供了满足人类需要的手段"[3]。然而，改革开放以来，随着科学技术和工业化发展，人类活动的范围由地球的浅层转向地球的深层。为了满足人类社会的需求，人类无节制地掠夺自然、过度开发自然，肆意浪费自然资源，结果造成资源短缺、资源枯竭乃至资源的质量

---

① 黎祖交. 生态文明关键词［M］. 北京：中国林业出版社，2018：236.

② 中共中央马克思恩格斯列宁斯大林著作编译局. 马克思恩格斯选集（第1卷）［M］. 2版. 北京：人民出版社，1995：67.

③ 张云飞. 辉煌40年——中国改革开放成就丛书（生态文明建设卷）［M］. 合肥：安徽教育出版社，2018：67.

下降等资源问题，不仅使人类面临严重的资源危机，而且使我国经济社会发展遭遇巨大的资源瓶颈。

从目前来看，在经济发展过程中，我国依靠要素和资源投入的传统发展模式尚未根本转变，直线性生产模式依然占据主导地位，我国自然资源过量消耗、过度浪费，自然资源供给矛盾十分突出。水资源短缺，多数城市缺水严重；土地资源紧缺，人地矛盾突出；天然气紧缺，对外依存度高。这些问题，正是我国资源危机的客观呈现。而"随着我国工业化、城镇化的发展，未来一段时间内，各类能源、资源的人均消费量还要增加，能源、资源对于经济社会发展的瓶颈约束将更加明显，粮食安全、能源安全、淡水安全面临严重挑战"①。因此，生命有机体延续和我国经济社会可持续发展的双重驱动，使人们对充足丰富、质量优质的自然资源需要，主要包括人们对充足丰富、质量优质的淡水资源、土地资源、矿产资源、能源资源等的需要日益增长。故此，优美资源需要是优美生态环境需要的第一要义。

（二）优美的环境需要

这里的环境特指自然环境。从生态学的视野来看，所谓环境是指生物所依存的条件，是物理环境和生物环境的结合体。其中，生物是主体，环境是客体，环境相对于生物而存在，生物依赖于环境而存在。环境"在人类社会发展中泛指一般意义的自然环境，特指与人类生存发展有关的各种天然的经过人工改造的自然因素的总体，前者称为原生环境，后者称为次生环境。在这里，环境是客体，人类是主体，人类与环境的关系是主体与客体的关系"②。本书中的自然环境主要包括原生的大气环境、水环境和土壤环境等原生自然环境和次生自然环境。于人类社会发展而言，自然环境是人类社会生存、发展最为基础的条件，人对自然的依赖直接体现为人对自然环境的依赖。然而，城市化和工业化发展在给人民群众提供丰富的物质和文化生活的同时，也带来严重的环境污染。现阶段，我国水污染严重，全国地下水污染严重，多数流域湖泊富营养化明显，人民饮水安全难以保障；土壤污染面积扩大，重金属、持久性有机物污染加重，粮食安全受到严重威胁；城市空气污染严重，雾霾等极端天气增多等，不仅给

---

① 国家行政学院进修部. 推进生态文明建设 [M]. 北京：国家行政学院出版社，2013：58.

② 黎祖交. 生态文明关键词 [M]. 北京：中国林业出版社，2018：236.

群众身心健康带来严重危害，而且引发环境群体性事件，威胁社会和谐稳定。面对环境污染对人民生产生活造成的负面影响，人民群众对清新空气、清洁水源、干净土壤、放心食物等的需要日益增长，优美的环境需要日益成为新时代优美生态环境需要的重要内容。

（三）优美的生态需要

这里的生态指自然生态。"所谓生态，在人类社会发展中泛指自然生态系统，指的是包括人类在内的所有生物与其所处环境所形成的各类自然生态系统，包括地球表面的陆生生态系统、水生生态系统、湿地生态系统和地球表面以上的大气系统。它们共同构成全球最大的自然生态系统——地球生物圈"①，主要包括森林、草原、湿地、生物多样性等自然要素。人类自身是自然的产物，也是生态系统的一个有机组成部分。人类的生命活动与地球生态系统的生命活动息息相关。人的实践活动直接或间接地影响地球的生态系统，而地球生态系统发生变化也会对人类产生影响。生态系统退化不仅造成生态失衡，而且导致气候异常，对人民生产生活构成严重威胁。面对生态系统退化造成的一系列消极影响，人民群众渴望良好、稳定的生态系统和优质的生态服务，对优美生态需要主要包括数量充足、质量优质的草原、湿地、森林生物多样性等的需要日益增长。优美生态需要因其重要的生态服务功能成为人民优美生态环境需要的基本内容。

### 三、"优美生态环境需要"的重要地位

优美生态环境需要作为一种重要需要，不仅强调人们对大自然的向往，更强调对一种本真生活状态的追求，关乎人的生活质量和幸福。从民生发展的角度来看，优美生态环境需要既是人民美好生活需要的重要内容，也是我国生态文明建设的根本动力，更是人民获得生态幸福的基础条件。

（一）优美生态环境需要是人民美好生活需要的重要内容

从古至今，无论是"大同"理想，还是"小康"愿望，中国人民对美好生活的向往和追求从未停止。从渴望温饱满足基本生存，到丰衣足食过上小康生活，中国人民期待美好生活的愿望执着而强烈。在7·26重要讲话中，习近平总书记勾勒了人民美好生活的未来愿景。"美好生活，作为一种生活目标，它是

---

① 黎祖交. 生态文明关键词［M］. 北京：中国林业出版社，2018：236.

人在实践中形成、有可能实现的一种未来理想生活状态。它既是人的主观体验，又具有一定客观衡量标准，即人对满足各种生活需要后的那种幸福感的追求。"① 党的十九大报告提出："人民美好生活日益广泛，不仅对物质文化生活提出了更高的要求，而且在民主、法治、公平、正义、安全、环境等方面的要求日益增长。"② 无论是十九大报告对美好生活需要的表述，还是习近平总书记对美好生活的描绘，都是党中央顺应实践要求和人民愿望提出的新判断，表达了人民群众对美好生活的愿望和憧憬，反映了人民群众的新期待。

新时代人民向往的美好生活，不再是单纯的物质文化需要的满足，而是超出物质文化的范畴，由物质文化领域延伸至政治、社会和生态领域，对民主、法治、公平、正义、安全、环境的需要不断增长，体现了人民美好生活需要内容的丰富和层次的提升。从人民美好生活的未来愿景来看，人民向往的美好生活不仅以丰裕的物质条件为基础，以丰富的精神文化生活为动力，以高度发达的社会制度文明为保障，而且要以优美生态环境为支撑。"山峦层林尽染，平原蓝绿交融，城乡鸟语花香。这样的自然美景，既带给人们美的享受，也是人类走向未来的依托。"③ 而习近平总书记强调的"更舒适的居住条件"不仅包括舒适的住房、宽敞的生活空间，而且包括宜居的、有益于人们身心健康的良好自然环境。十九大报告中提出的人民对"安全、环境"的需要，是指人民对优美生态环境和生态安全的需要。而更优美的环境，集中表现为以蓝天白云、青山绿水、鸟语花香、青葱草地为标志的优美自然生态环境。因此，新时代人民对美好生活的向往，也包括优质的生态生活，美好生态生活是人民对新时代美好生活向往的题中之义和重要期待，优美生态环境需要则构成人民美好生活需要的重要内容。

（二）满足人民优美生态环境需要是我国生态文明建设的根本动力

人与自然的关系一直贯穿人类历史进程，是人类生存与发展的一个永恒主

---

① 武素云，胡立法. 人民美好生活需要的三重追问 [J]. 思想理论教育导刊，2018（08）：8-12.

② 党的十九大报告辅导读本编写组. 党的十九大报告辅导读本 [M]. 北京：人民出版社，2017：11.

③ 习近平. 共谋绿色生活，共建美丽家园——在二〇一九年中国北京世界园艺博览会开幕式上的讲话 [N]. 人民日报，2019-04-29（02）.

题，也是生态文明建设的一个重要内容。从人与自然之间的根源性关系看，人类依赖于自然，自然提供给人类生存发展所需要的资料和产品，正是人类对大自然的依赖催生了人类的一种特殊需要和基本需要。这种需要不同于物质文化需要，它构成人的优美生态环境需要。从人类需要的层次来看，生态需要属于安全需要的范畴，人类从事一切活动都必须以满足安全需要为前提。但是，"自工业革命以来，人类对生态的干预已经大大超出了生态自身修复的范围，由工农业生产、日常生活而导致的生态安全隐患无处不在，随时都可能造成危害而殃及人类的生存安全"①。当前，我国资源、环境、生态领域以及食品安全方面，都存在一些风险和隐患，人民群众的生产生活受到一定影响。特别是改革开放以来，随着我国生产力水平的显著提升，我国城乡居民生活条件有了较大改善，人民群众的物质、文化、社会、政治生活需要的具体内容也在不断升级变化。随着人民群众物质生活水平大幅度提高，人民群众的生活需要由单一转向多样，由"有"向"优""好"转变。其中之一，就是人民群众对清新空气、清澈水质、清洁环境、食品安全等生态产品的需要越来越迫切，对优美生态环境的要求越来越高，优美生态环境需要已经成为人民群众的迫切需要。如今，在人民群众日益增长的美好生活需要中，优美生态环境需要已经成为人民美好生活需要的重要内容。②

面对人民群众日益增长的优美生态环境需要，习近平总书记指出："供给侧结构性改革的根本，是使我国供给能力更好满足广大人民日益增长、不断升级和个性化的物质文化和生态环境需要，从而实现社会主义生产的目的。"③ 在这个过程中我们要把生态文明建设和共享发展统一起来，大力推进生态文明建设，既要动员最广泛的社会力量参与生态文明建设，也要使广大人民群众共享生态文明建设成果。正如习近平总书记在全国生态环境保护大会上指出的："坚持生态惠民、生态利民、生态为民，重点解决损害群众健康的突出环境问题，不断满足人民日益增长的优美生态环境需要。"④ 党中央和习近平总书记高度重视生

① 李磊，王亚男，黄磊. 生态需要及其应用研究 [M]. 北京：中国环境出版社，2014：37.
② 国家行政学院. 推进生态文明建设 [M]. 北京：国家行政学院出版社，2013：9.
③ 习近平. 在省部级主要领导干部学习贯彻党的十八届五中全会精神专题研讨班上的讲话 [N]. 人民日报，2016-05-10（02）.
④ 习近平. 坚决打好污染防治攻坚战 推动生态文明建设迈上新台阶 [N]. 人民日报，2018-05-21.

态文明建设，对新时代生态文明建设做出的系统安排和战略部署，正是基于人民优美生态环境需要做出的战略考量。大力推进生态文明建设，就是要把解决突出生态环境问题作为民生优先领域，通过实施一系列生态治理和生态保护的重要举措，全面改善空气质量，基本消除重污染天气，切实保障饮水安全，让人民群众喝上干净的水、呼吸上新鲜的空气、生活在宜居的环境中、吃上绿色安全放心的食品，最大限度满足人民优美生态环境需要。这既是我们党以人为本、执政为民理念的重要体现，也是党中央践行生态为民、生态利民和生态惠民理念的庄严承诺。

（三）优美生态环境需要的满足是人民获得生态幸福的基础条件

生态环境是人类生存、繁衍和发展的载体和母体，人存在于环境之中，既是优美生态环境的创造者，也是优美生态环境的享受者，在优美生态环境中获得生态幸福是人民群众的基本需要。生态幸福是指人们的生态需要得到满足后产生的积极心理和愉悦情绪，体现了人们对所处生态环境满足程度的美好感受，是人们"在获得自然科学认知、生态情感体验、道德意志品性、生态审美境界和健康生活理念的过程中所感受到的幸福"①。生态幸福是人的重要幸福。根据马斯洛的需要层次理论，人们在满足了一般物质需要以后，很自然地要追求高层次的精神需要。"山清水秀的自然生态环境曾给古今中外的文人、墨客带来无数的遐想和灵感，创造了无数的世界文化瑰宝，供我们后人欣赏、传承和发扬。"② 这足以说明，优美生态环境在为人们提供物质生活资料和条件的同时，还具有陶冶情操、促进健康、提升幸福等多方面价值，是人民生态幸福的重要条件。正如习近平总书记所言："环境就是民生，青山就是美丽，蓝天也是幸福。"③ 从国内来看，近日由新华社《瞭望东方周刊》与瞭望智库共同主办，由《瞭望东方周刊》发布的"2021年中国最具幸福感城市"排行榜，成都、杭州、宁波、长沙、武汉、南京、青岛、贵阳、西宁、哈尔滨十座城市被推选为"2021年中国最具幸福感城市"。这些城市之所以被评为"最具幸福感"城市，

---

① 杨珍妮. 生态幸福观教育研究 [D]. 武汉：华中师范大学，2015：21.

② 李磊，王亚男，黄磊. 生态需要及其应用研究 [M]. 北京：中国环境出版社，2014：38.

③ 中共中央文献研究室. 习近平关于社会主义生态文明建设论述摘编 [M]. 北京：中央文献出版社，2017：8.

在于它们有一个共同特征，即"生态环境指数"较高，在城市软环境建设中，生态环境优美、空间舒适宜居。其中，成都是中国内陆投资环境标杆城市，杭州风景秀丽有"人间天堂"的美誉，南京被称为园林城市。近年来，哈尔滨践行"绿水青山就是金山银山"理念，深入贯彻落实绿色发展理念，推动城市绿色可持续发展，生态文明建设成效显著，俨然成为一座"生态之城""绿色之城"。正是优美的生态环境带给人民群众美好的生态体验，这些城市的人民群众才会产生强烈的生态幸福感。

从国外来看，在全球最幸福国家评选中，生态环境是"全球幸福指数"中的重要指标。联合国发布的《世界幸福报告（2021）》（*World Happiness Report 2021*）显示，2021年全球最幸福国家榜单前十位的分别是芬兰、丹麦、瑞士、冰岛、荷兰、挪威、瑞典、卢森堡、新西兰和奥地利。值得一提的是，北欧五国包括芬兰、丹麦、冰岛、挪威和瑞典，已经连续多年位居排行榜前列（见表3-1）。这些国家之所以连续多年被评为全球最幸福国家，一个重要原因就在于这些国家都拥有优美的生态环境、美丽的自然风光。正是这些优美的生态环境、美丽的自然风光，带给北欧国家人民生态幸福。除上述国家之外，世界上被誉为"最幸福的国度"的不丹，将"GNH（国民幸福指数）"作为国家经济社会发展的核心指标。这里的"GNH"是一个涵盖文化、人类、社会、生态和经济等诸多要素在一起的综合指标。其中，美丽的自然生态环境给不丹人民带来强烈的幸福感，为"幸福不丹"增添了绿色光环。因此，"对人的生存来说，金山银山固然重要，但绿水青山是人民幸福生活的重要内容"[①]，优美生态环境蕴含幸福的意蕴和因子，是人民生态幸福的重要源泉。

表3-1 近五年世界幸福国家排名表（前十位）（更新）

| 排名 | 2017 | 2018 | 2019 | 2020 | 2021 |
|------|------|------|------|------|------|
| 1 | 挪威 | 芬兰 | 芬兰 | 芬兰 | 芬兰 |
| 2 | 丹麦 | 挪威 | 丹麦 | 丹麦 | 丹麦 |
| 3 | 冰岛 | 丹麦 | 挪威 | 瑞士 | 瑞士 |
| 4 | 瑞士 | 冰岛 | 冰岛 | 冰岛 | 冰岛 |

① 中共中央文献研究室. 习近平关于社会主义生态文明建设论述摘编［M］. 北京：中央文献出版社，2017：4.

| 排名 | 2017 | 2018 | 2019 | 2020 | 2021 |
|---|---|---|---|---|---|
| 5 | 芬兰 | 瑞士 | 荷兰 | 挪威 | 荷兰 |
| 6 | 荷兰 | 荷兰 | 瑞士 | 荷兰 | 挪威 |
| 7 | 加拿大 | 加拿大 | 瑞典 | 瑞典 | 瑞典 |
| 8 | 新西兰 | 新西兰 | 新西兰 | 新西兰 | 卢森堡 |
| 9 | 澳大利亚 | 瑞典 | 加拿大 | 奥地利 | 新西兰 |
| 10 | 瑞典 | 澳大利亚 | 奥地利 | 卢森堡 | 奥地利 |

数据来源：联合国《世界幸福报告（*The World Happiness Report*）》

由表3-1可知，在2017年至2021年世界幸福国家排名中，上述国家连续多年榜上有名。这些国家之所以连续多年被评为世界幸福国家，一个最大的原因在于国内良好的生态环境、优美的自然风光以及国民在优美生态环境中获得的幸福体验。其中，芬兰有"千湖之国"之称，旅游资源极为丰富；挪威被称为"万岛之国"，以森林资源丰富著称，是风景秀美的游览胜地；丹麦风景秀美、干净环保，素有"童话王国"的美誉，在这个自然风光、建筑、人文特色都充满童话色彩的国家里，人们的贫富差距很小，幸福感极强；瑞典森林覆盖率为54%，拥有诗意的海滩和宜人的气候，是较佳的度假胜地。优美生态环境不仅提供给人们生存发展所需的基本条件，而且使人们享受优美生态环境、美丽自然风光带来的强烈幸福感。

## 第二节 "优质生态产品"的概念与地位

生态需要的实质是对生态系统物质能量的需求，满足人们的这一需求必须提供相应产品。习近平总书记强调："提供更多优质生态产品以满足人民日益增长的优美生态环境需要。"① 优质生态产品是生态系统物质能量的主要载体，其

---

① 习近平. 决胜全面建成小康社会 夺取新时代中国特色社会主义伟大胜利 [M]. 北京：人民出版社，2017：50.

功能是满足人们的优美生态环境需要。"优美生态环境需要"的实质是人们对"优质生态产品"的需要。故此，本节重点分析"优质生态产品"的概念、特征和地位，旨在准确把握优美生态环境需要和优质生态产品的深层关联。

### 一、"优质生态产品"的概念阐释

"优质生态产品"是党的十九大报告提出的又一个新概念，是新时代我国生态文明建设的核心概念。在新时代语境下，"优质生态产品"内涵丰富、特征鲜明、地位显著。深刻理解并厘定"更多优质生态产品"的概念，是生态文明建设研究的题中之义。

### （一）生态产品

"优质生态产品"虽然是一个新概念，但是党的十八大就已经提出了"生态产品"的概念，两个概念之间有着密切关联。科学界定"优质生态产品"的概念，首先要具备对生态产品的基本认知。一般而言，我们所理解的产品是指能够供给市场，被人们使用和消费，并且能满足人们某种需求的任何东西。"在传统经济学语境中，'产品'是从生产角度定义的，只有人们使用工具生产出来的物品才能称之为产品。在生态文明建设语境中，生态产品是从需求角度定义的，就是说生态产品同农产品、工业品和服务产品一样也是人类生存发展所必需的，而且是当今世界最短缺的、人民群众最期盼的，理应属于产品的范畴。"① 一直以来，我们聚焦物质需要，过度关注农产品、工业品和服务产品，生态产品"游离于"人们视线之外，导致我们对生态产品及其概念的严重忽视。直到党的十八大首次提出"生态产品"概念，生态产品才引起我们的高度关注。

目前，学界对生态产品的内涵和外延进行了探讨，但尚未形成关于生态产品的权威定义，大致形成了两种观点。一是"产品论"，将生态产品视为绿色产品，这是广义的理解，代表性观点有："生态产品是指满足人类生活和发展需要的各种产品中那些与自然生态要素或生态系统有比较直接关系的产品，更具体点说，包括经过治理和保护的清洁水源和空气，或能净化水质和净化空气的电气产品，无公害食品（有机食品）等等"（夏光，2012）。② "生态产品是指保持

---

① 黎祖交. 生态文明关键词 [M]. 北京：中国林业出版社，2018：283.
② 武卫政. 增强生态产品生产能力——访环保部环境与经济政策研究中心主任夏光 [N]. 人民日报，2012-11-22.

生态功能、维护生态平衡、保障生态安全的自然因素，分为有形生态产品和无形生态产品"。① 很显然，这里的生态产品被视为与物质产品、服务产品、工业产品等同等层次的概念，既包括自然系统产出的生态产品，也包括融入生态元素的人工产品。二是"环境论"，将生态产品概括为良好的生态环境，这是狭义的理解，即"生态产品就是良好的生态环境，包括清新空气、清洁水源、宜人气候、舒适环境、美丽森林、鸟语花香等优美生态环境"②。"生态产品是指维系生命支持系统、保障生态调节功能、提供环境舒适性的自然要素，包括干净的空气、清洁的水源、无污染的土壤、茂盛的森林和适宜的气候等"③。不难发现，这类观点主要是基于《全国主体功能区规划》中"生态产品"的定义，普遍认为生态产品是从自然生态系统中生产出来的产品，并将其等同于优美的生态环境。

根据上述定义，无论是狭义的生态产品，还是广义的生态产品，都共同强调"保持生态功能、维护生态平衡、保障生态安全的自然因素"，而具备此类功能的正是大自然的生态环境。生态环境是人类生存发展不可缺少的基本条件，来自大自然的无偿供给。本书认为，把生态产品理解为"绿色产品"，虽然赋予生态产品以丰富内涵和广阔外延，但不能深刻把握其本质。把生态产品理解为"生态环境"，虽然强调它的自然性，但范围又过于狭窄，不能满足人民的优美生态环境需要。故此，综合学界观点和人民群众现实的自然资源、自然环境和自然生态需要，本书中的生态产品是指资源性产品、环境性产品和生态性产品的统称，主要包括充足的资源、能源，洁净的空气，干净的淡水，生机盎然的自然生态植被，令人心旷神怡的生态景观等。这是介于广义和狭义之间的中义的理解，契合人们生存发展的基本需要。

（二）更多"优质生态产品"

优美生态环境需要反映了人们的基本诉求和主观愿望，其目的是在良好的生态环境中获取物质和能量，提供更多优质生态产品是满足人民优美生态环境需要的根本途径。党的十九大报告提出"既要创造更多的物质财富和精神财富

---

① 杨发庭. 供给侧发力提升生态产品供给能力 [N]. 中国环境报，2017-10-26.

② 潘家华. 提供生态产品 增值生态红利 [N]. 经济参考报，2017-10-23.

③ 曾贤刚，虞慧怡，谢芳. 生态产品的概念、分类及其市场化供给机制 [J]. 中国人口·资源与环境，2014，24（07）：12-17.

以满足人民日益增长的美好生活需要，也要提供更多优质生态产品以满足人民日益增长的优美生态环境需要"① 的新任务。其中，更多"优质生态产品"的新表述，意味着人们对"生态产品"有了新的更高的要求，单纯地讲"生态产品"已经难以满足人民日益增长的优美生态环境需要。与"生态产品"相比，"更多""优质"两个词语的限定，凸显了新时代生态产品的新特点、新内涵。

如果说生态产品是为了满足人民基础性的生态需要，那么更多优质生态产品则是为了满足高层次的优美生态环境需要。目前，学界部分学者对"什么是优质生态产品"进行了初步阐释。英剑波（2016）、潘家华（2017）、张厚美（2018）、杨发庭（2018）、李佐军（2017）、贾治邦（2017）等人一致认为，"优质生态产品主要包括宜人的气候、充足的阳光、清新的空气、清洁的水源、肥沃的土壤、宁静的环境、和谐的氛围、美丽的景色等"②。这里的优质生态产品主要由"自然提供"，是指优质生态产品的产生完全依靠自然运作，而没有任何人为因素。这些产品需要在特定的生态空间中产生，由自然生态系统提供，如原始的热带雨林、公海的渔业资源等。党的十九大提出的更多"优质生态产品"体现为数量和质量上的高标准、高要求。其中，"更多"是数量上的要求，主要针对我国生态产品缺乏的状况，要求从数量上增加生态产品的供给，让人民享受到更多的生态产品。"优质"是质量上的要求，主要针对我国生态产品污染、破坏、受损等现状，要求提升生态产品质量，让人民享受更好的生态产品。

概言之，更多"优质生态产品"是指质量优异、数量充足、原生态、无污染，有益于人民身心健康和幸福生活的资源性产品、环境性产品和生态性产品的统称。其中，优质资源性产品是指优质的能源、矿产资源、水资源等资源及其产品；优质的环境性产品主要包括清新空气、清洁水源、优美环境等自然要素及其产品；优质生态性产品是指优质的森林、湿地、草原、生物多样性等生态系统要素及其产品。这些自然要素是大自然生态系统的产出物，优质生态产品的质量取决于生态系统所能提供的生态服务和质量。如果说生态产品是优质生态产品的逻辑起点，那么优质生态产品就是生态产品的发展升级。从生态产品到优质生态产品的升级转换，反映了新时代人民群众对生态产品的新诉求。

---

① 习近平. 决胜全面建成小康社会 夺取新时代中国特色社会主义伟大胜利 [M]. 北京：人民出版社，2017：50.

② 杨发庭. 供给侧发力提升生态产品供给能力 [N]. 中国环境报，2017-10-25.

生态文明建设是提供优质生态产品的根本途径，提供更多优质生态产品是我国生态文明建设的重要任务和根本目的。

## 二、"优质生态产品"的主要特征

优质生态产品是生态文明建设的核心概念，人们之所以给优质生态产品冠以"新概念"的标签，是将优质生态产品与传统产品相比较而言。与传统产品相比较，优质生态产品具有如下特征。

### （一）生态性

所谓生态性是指优质生态产品的自然属性，这是从优质生态产品提供的系统的角度来看的。农产品、工产品、服务产品等是人们生存发展所必需的传统产品，"传统产品由农业、工业、服务业等社会生产系统提供，其产出空间是农田、车间等生产空间，其生产提供的过程是人类使用工具进行劳动的过程"[1]。但生态产品不是人类生产出来的，它的供给方是自然生态系统。优质生态产品是大自然生态系统产出的资产，森林、湿地、草原、河流、海洋等生态空间是孕育和生产生态产品的产出空间，"其生产提供的过程是自然生态系统能量流动、物质循环、信息交换的过程，亦即自然生态系统协同进化的过程"[2]。优质生态产品的基本功能就是为人类提供直接的生态环境方面的服务，人类享受生态产品实际上是享受一种生态系统服务。例如：森林资源所提供的不仅仅是我们生产生活所使用的木材，更为重要的是调节气候、保持水土、净化空气等生态功能和服务。自然环境所提供的不仅是人类社会生存发展的空间，而且提供给人们生存发展所必需的阳光、水、空气等自然条件。因此，优质生态产品与生态环境密切相关，生态环境是影响优质生态产品供给的主要因素，确保优质生态产品充足供给必须依赖优美的生态环境。

### （二）公共性

所谓公共性是指优质生态产品具有一种公共产品的属性，即享用优质生态产品的公平性和受益上的非排他性，不因身份、地位等有所区别，也并非少数人的福利，而是全民共同享有。马克思早就指出："人直接地是自然存在物，"

---

① 黎祖交. 生态文明关键词 [M]. 北京：中国林业出版社，2018：283.
② 黎祖交. 生态文明关键词 [M]. 北京：中国林业出版社，2018：283.

是"站在稳固平衡的地球上呼吸着一切自然力的人。"① 这里的"人"是共存于同一个地球中、共同生活在大自然的所有人。人是自然发展到一定阶段的产物，优美的生态环境包括蓝天白云、清新空气、青山绿水、宜人气候等，是人类生存发展所必需的基本要素。为了生存发展，"每个人都需要呼吸洁净的大气，每个人都需要饮用洁净的水，不受污染的土壤是生产粮食的最基本条件，所以生态环境作为一种特殊的公共产品比其他任何公共产品都显得更加重要"②。大自然是人类共同的"母亲"，所有人都是自然之子，平等享有"母亲"的恩赐。正如习近平总书记所言："良好生态环境是最公平的公共产品。"③ 作为满足社会成员公共需要的产品，更多优质生态产品的最大特点是"由自然提供"，不因性别、年龄、民族、地区而存在差异，而是被全国人民共同享有。在这个意义上，优质生态产品具有公共性。

（三）价值性

所谓价值性是指优质生态产品具有价值和使用价值双重属性。在人类生存发展过程中，存在着按照主体需要的尺度来认识和改造客观世界的价值问题。哲学上的"价值"是揭示外部客观世界对于满足人的需要的意义关系的范畴，是指具有特定属性的客体对于主体需要的意义。当客体能够满足主体需要时，客体对于主体就有价值，满足主体需要的程度越高价值就越大。反之，客体的价值就越小。在一般意义上，"产品价值的实现，在于让渡使用价值或价值的其中之一以实现另一价值。简言之，则是用使用价值去实现价值或用价值去实现使用价值"④。但是，优质生态产品作为一种特殊的产品，可以用一种价值去实现另一种价值。例如，水是生态产品，其本身具有自然价值。但是，人们从水源获取淡水，将其进行加工处理升级为包装纯净水，并在市场上成功交换，水在原有生态价值的基础上增加了经济价值。这正是优质生态产品价值实现的特殊性。

---

① 马克思. 1844 年经济学哲学手稿［M］. 中共中央马克思恩格斯列宁斯大林著作编译局，译. 北京：人民出版社，2000：105.
② 王和平. 放大良好生态环境的公共产品效应［N］. 海南日报，2013-07-02（06）.
③ 中共中央文献研究室. 习近平关于社会主义生态文明建设论述摘编［M］. 北京：中央文献出版社，2017：4.
④ 郭冬梅. 生态公共产品供给保障的政府责任机制研究［M］. 北京：法律出版社，2017：18.

### 三、"优质生态产品"的重要地位

青山常在、清水长流、空气常新是新时代的应有之义。新时代人民对优美生态环境的需要具体表现为"人民群众对清新空气、清澈水质、清洁环境等生态产品的需求越来越迫切，生态产品越来越珍贵"①。优质生态产品在人类生存发展、生态文明建设和人民幸福中的重要地位日益彰显。

（一）优质生态产品是人类生存发展的必备产品

人类要维持自己的生存和发展，社会要实现自己的进步与繁荣，就必须实现人与自然之间的物质变换。"物质产品、文化产品和生态产品是支撑现代人类生存发展的三类产品。如果说前两者主要满足人们物质和精神层面的需求，那么生态产品主要维持人们生命和健康的需要。"② 这是由自然界的优先性和人的自然属性共同决定的。在《1844 年经济学哲学手稿》中，马克思阐述了自然界的优先性和人作为存在物所具有的自然属性。"无论是在人那里还是动物那里，类生活在肉体方面来说就在于人（和动物一样）靠无机界生活，而人和动物相比越有普遍性，人赖以生活的无机界的范围就越广阔——人靠自然界生活。"③这一论述深刻表明，自然界是人类的"衣食仓库"和"武器仓库"，人尽管比动物高明，但人对自然界的依赖性同动物是一样的。人类既要从自然界获取可以直接使用的物质生活资料，也需要空气、水、阳光等生态产品来维持生命的延续。优质生态产品提供给人清新的空气、清洁的水源、丰富的物产、优美的景观等，满足人民基本的生态需要和生态服务，是人类生存发展不可或缺的必需品。

（二）提供更多优质生态产品是生态文明建设的主要目的

经过几十年持续快速发展，我国经济实力跃上新的大台阶，物质基础雄厚，"我国农产品、工业品、服务产品的生产能力迅速扩大，但提供优质生态产品的

---

① 中共中央文献研究室. 习近平关于社会主义生态文明建设论述摘编［M］. 北京：中央文献出版社，2017：25.

② 曾贤刚，虞慧怡，谢芳. 生态产品的概念、分类及其市场化供给机制［J］. 中国人口·资源与环境，2014，24（07）：12-17.

③ 中共中央马克思恩格斯列宁斯大林著作编译局. 马克思恩格斯文集（第 1 卷）［M］. 北京：人民出版社，2009：161.

能力却在减弱，一些地方生态环境还在恶化。"① 与物质产品、精神文化产品的提供能力相比，我国提供优质生态产品的能力相对较弱，导致人民无法享有数量充足、质量精良的优质生态产品，人民优美生态环境需要受到严重制约。自然是维系人民群众的生存和发展的根本利益之所在，我们必须将满足人民群众的需要作为生态文明建设的出发点和落脚点。而满足人民日益增长的优美生态环境需要，就要让人民群众享有更多优质的生态产品。"优质生态产品，既是生态文明建设的重要内容，又是提升生态文明建设水平、跨越'环境卡夫丁峡谷'的重要基础，更是应对新时代出现的矛盾的强大支撑。"② 这就意味着，新时代我国生态文明建设，要以满足人民优美生态环境需要为宗旨，以提供更多优质生态产品为目的，通过提升优质生态产品生产能力，扩大优质生态产品有效供给。唯有如此，才能更好地满足人民美好生态环境需要，才能让人民群众在优美生态环境中享受美好生活。

（三）更多优质生态产品是增进民生福祉的重要条件

经过几十年经济社会的快速发展，我国人民物质文化生活水平不断提高。但是，伴随着生态环境问题丛生，尤其是"灰天雾霾""污水黑水""黑化土壤"等以及由此而引发的食品安全、生态安全等问题，人民群众的幸福指数受到一定影响。人与自然的关系呼唤理性回归，将人与自然从一种冲突的伦理、人作为征服自然的掠夺者的伦理转变为一种人与自然和谐共生的伦理。面对生活条件不断改善，但生态环境恶化、弱化人们幸福感的现实悖论，人民越来越深切体会到，物质丰富不是生活质量的全部，清新空气、干净饮水、优美环境、宜人气候等也是人生幸福的必备元素。特别是近年来，随着森林公园、城乡绿道等绿色惠民工程的持续推进，森林疗养、生态旅游、公园漫步、绿道骑行等逐渐成为人们喜欢的生活方式，优美生态环境成为人们的高层次追求，优质生态产品也日益成为人们幸福生活的重要组成部分。优质生态产品作为一种必需品，"是地球提供给人类的公共物品，人民作为良好生态环境的直接受益者和享

---

① 中共中央文献研究室. 习近平关于社会主义生态文明建设论述摘编 [M]. 北京：人民出版社，2017：10.

② 杨发庭. 供给侧发力提升生态产品的供给能力 [N]. 中国环境报，2017-10-26.

用者，可以平等消费、共同享用生态环境提供的产品和服务"。① 优质生态产品不仅能够满足人们的基本生态需要，而且能够使人们处于人与自然和谐的氛围中，使人们获得美好的主观感受和愉悦体验。因此，优质生态产品既是提升人民获得感和幸福感的基础与保障，也是最重要的民生福祉。

## 第三节 "优质生态产品"的供给现状

人有需要就会有供给，供需平衡是社会发展的基本要求。要满足人民群众日益增长的优美生态环境需要，必须"坚持生态利民，大力生产和培育优质的生态产品"②，保证更多优质生态产品有效供给。但是，从目前来看，"生态产品已经成为社会严重短缺、人们非常期盼的公共产品"③。优质生态产品供给相对不足，不仅制约人民优美生态环境需要，而且成为我国经济社会发展中需要补齐的突出短板。

### 一、我国"优质生态产品"供给不足

改革开放四十多年快速发展释放的最大红利是提供给人民丰富的物质产品和精神文化产品，较好满足了人民群众的物质文化生活需要。但是，在物质精神生活需要得到较好满足之后，人民群众也越来越渴望美丽宜居的生存生活空间，越来越渴望在优美的生态环境中生产生活，越来越期待享有清新空气、清澈水质、清洁环境等优质生态产品。然而，与物质产品、文化产品相比，我国提供生态产品的能力较弱，"更多优质生态产品"供给相对不足，尚不能满足人民日益增长的优美生态环境需要。而更多优质生态产品供给不足，集中表现在以下三个方面。

### （一）清新空气缺乏

空气是人类每天都呼吸着的"生命气体"，对人类的生产和生存有重要影

---

① 张云飞. 辉煌40年——改革开放成就丛书（生态文明建设卷）［M］. 合肥：安徽教育出版社，2018：69.

② 汪宗田，成金华. 优美生态环境需要及其实现路径［N］. 光明日报，2019-05-20（06）.

③ 杨发庭. 供给侧发力提升生态产品的供给能力［N］. 中国环境报，2017-10-25.

响。清新空气是指无污染、无有害物质、质量优良、有益于人体健康的优质空气，是优质生态产品的基本内容。呼吸上清新空气是人民群众的基本需要。然而，现阶段我国空气质量整体不容乐观，雾霾天气尚未根本消除。我们在享受工业化和城市化带来的一切便利的同时，雾霾正持续地越来越多地影响到人民群众生活的方方面面。《2020 中国生态环境状况公报》显示，"2020 年，全国337 个地级及以上城市中，202 个城市环境空气质量达标，占全部城市数的59.9%；135 个城市环境空气质量超标，占 40.1%。若不扣除沙尘影响，337 个城市环境空气质量达标城市比例为 56.7%，超标城市比例为 43.3%"① （见图3-1）。其中，按照环境空气质量综合指数评价，安阳、石家庄、太原等 21 个城市环境空气质量相对较差。从已有数据来看，2020 年我国环境空气质量达标城市虽然比 2019 年上升 13.3 个百分点，但仍有许多城市环境空气质量不达标。空气质量不达标，难以满足这些城市人民呼吸清新空气的基本需要，并且浑浊空气中含有对人体有害的细颗粒，容易诱发多种慢性疾病，严重者可能导致人类死亡，甚至成为剥夺人的生命的一大杀手。

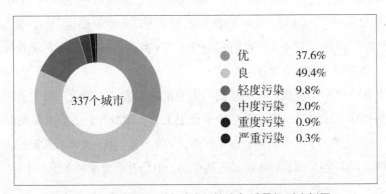

**图 3-1　2020 年 337 个城市环境空气质量级别比例图**

　　根据图 3-1 可知，2020 年在我国 337 个城市中，空气质量优良的占 87%，轻度污染的占 9.8%，中度污染的占 2%，重度污染的占 0.9%，严重污染的占0.3%。总体来看，2020 年城市环境空气质量比 2019 年有所改善，但 337 个城市中空气污染的比例仍占 13%。这些数据深刻表明，尽管多年来我国加快推进生

---

①　中华人民共和国生态环境部 . 2020 中国生态环境状况公报［R/OL］. 中华人民共和国生态环境部，2021-05-26.

态文明建设，实施空气污染防治行动计划，但我国空气污染的状况仍然没有得到完全改善，空气污染天气仍然没有彻底消除，现有空气质量离较好满足全国人民呼吸新鲜空气的需求还存在一定距离，我国空气污染防治任重道远。

（二）干净饮水不足

水是包括人类在内的所有生命生存的重要资源，是人体物质能量的主要来源。干净饮水是指无污染、纯天然的、不含有害物质、有益于人体健康的优质淡水，是优质生态产品的基本构成。喝上干净饮水是人民群众的基本诉求。但是，从目前来看，我国水生态环境呈恶化趋势，"水已经成为我国严重短缺的产品，成了制约环境质量的主要因素，成为经济社会发展面临的严重安全问题"[1]。水利部数据显示，"我国水库水源地水质11%不达标，湖泊水源地水质的70%不达标，地下水水源地水质的60%不达标"[2]（见图3-2、图3-3）。在我国，有5966万城镇人口饮用水源地水质不合格，"我国农村有3亿多人饮水不安全，其中约有6300多万人饮用高氟水，200万人饮用高砷水，3800多万人饮用苦咸水，1.9亿人饮用水有害物质含量超标，血吸虫病地区约1100多万人饮水不安全"[3]。"2020年，全国地表水监测的1937个水质断面中，Ⅰ-Ⅲ类水质断面占83.4%，Ⅳ类占13.6%，Ⅴ类占2.4%，劣Ⅴ类占0.6%。主要污染指标为化学需氧量、总磷和高锰酸盐指数"。

分析图3-2可以发现，近年来我们大力推进生态文明建设，加大水污染防治力度，打响净水保卫战，实施系列净水保卫工程，2020年Ⅰ-Ⅲ类水质断面占比虽然比2019年上升8.5个百分点，但是Ⅳ类、Ⅴ类、劣Ⅴ类三类水质断面的占比仍然有16.6%。2020年全国总体水质虽有所改善，但仍有部分水域水质不达标。

---

① 中共中央文献研究室. 习近平关于社会主义生态文明建设论述摘编 [M]. 北京：中央文献出版社，2017：10.
② 官方数据：中国地下水水源地水质约60%不达标 [N]. 南方都市报，2016-04-10.
③ 全球水污染现状以及中国水污染现状 [EB/OL]. 腾讯网，2020-12-09.

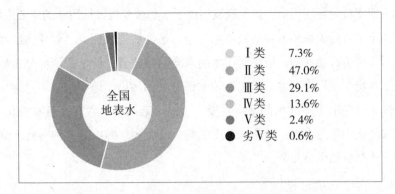

**图 3-2 2020 年全国流域总体水质状况图**

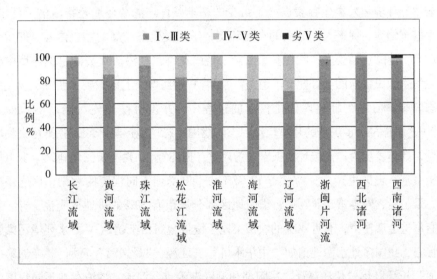

**图 3-3 2020 年七大流域和浙闽片河流、西北诸河、西南诸河水质状况图**

图表来源:《2020 中国生态环境状况公报》

水质监测点占 14.4%，Ⅳ类占 66.9%，Ⅴ类占 18.8%。[1] 分析图 3-3 可以发现，在全国流域水质测评中，七大流域和浙闽片河流、西北诸河、西南诸河水部分水域存在不同程度污染。其中，松花江流域黑河水系为轻度污染；淮河流域山东半岛独流入海河流为轻度污染；海河流域主要支流水系为轻度污染；辽河流域

① 2020 中国生态环境状况公报［R/OL］. 中华人民共和国生态环境部官网，2020-05-26.

干流和主要支流为轻度污染。各大流域和地下水是城乡居民饮用水的主要来源地，流域和地下水质量关系到城乡居民饮水安全。这些数据表明，尽管我国已经加快实施水污染防治行动计划，居民饮用水的水质明显改善，但是我国部分流域和地区的地下水仍存在污染现象。居民饮用水部分受到污染，地下水质不达标，难以满足全国人民喝上干净饮水的基本需要。而被污染饮水中含有大量有机化学物、重金属和碳化物等污染物，极易诱发皮肤病、白血病、痢疾等多种慢性疾病，严重威胁人体健康和生命安全。

（三）清洁环境污染

马克思关于"人是在自己所处的环境中并且和这个环境一起发展起来的"论述表明，环境是人类生存发展必不可少的基本条件。清洁环境是指清洁无污染、不含有害物质、促进人体健康的自然环境，是优质生态产品的主要内容。仰望蓝天白云，俯瞰鱼翔浅底，欣赏青翠欲滴、鸟语花香，在清洁优美的自然环境中生产生活是人民群众的美好愿望。但是，"尽管我们在理论上意识到了西方工业化的生态弊端，但是在赶超现代化目标的过程中，并没有摆脱先污染后治理的窠臼"①，而是付出了沉重的环境代价。当前我国生态环境形势严峻，各类污染集中爆发，具体表现为：土壤环境损害最为严重。据调查，"我国长三角地区至少10%的土壤基本丧失生产力；浙江省17.97%的土壤受到不同程度的污染，普遍存在镉、汞、铅、砷等重金属污染；华南地区部分城市有50%的耕地遭受镉、砷、汞等有毒重金属污染，有近40%的农田菜地土壤重金属污染超标"②。水环境污染触目惊心，我国多处水源地诸如"中华水塔"三江源、"母亲河"黄河、"亚洲第一长河"长江以及"长江双肾"鄱阳湖和洞庭湖等重要河流、湖泊存在不同程度污染。这些庞大的数字和真实的情况表明，人民赖以生存的自然环境受到严重污染和破坏，而环境污染和破坏不可避免地带来严重后果，成为影响人民生产生活、制约现代化建设的重大问题。

---

① 张云飞. 生态文明——建设美丽中国的创新抉择［M］. 长沙：湖南教育出版社，2014：21.
② 中国测土施肥中心. 中国土壤污染现状触目惊心！我们必须要高度重视［N］. 经济参考报，2018-12-13.

## 二、人民"优美生态环境需要"日益增长

一般而言，需要源于缺失，需要的加剧源于缺失的加剧。"无论是城市还是农村，人民群众期盼的'舌尖上的安全'、清洁空气、洁净饮水、良好空气、优美环境等优质生态产品和健康需求还不能得到有效满足，有些问题甚至还非常突出。"① 现阶段我国更多优质生态产品供给不足，既制约人民优美生态环境需要，也加剧了人民群众对清新空气、安全食品、干净饮水和宜人气候的迫切需要。

（一）人民对清新空气的需要日益增长

空气作为人类生命有机体延续的必备条件，与人的生命健康息息相关。空气质量是人民群众最关心、影响面最广、最重大的民生问题，呼吸清新空气是人民群众最迫切的基本诉求。近年来，我国普遍存在的城里人到农村度假、参与森林疗养基地、参加生态旅游以及部分人迁居生态环境较好的地区生活、养老等现象，反映了人民对优美生态环境的热切渴望。"据国家林业和草原局官方微信消息，2021 年，我国各类自然保护地、林草专类园、国有林场、国有林区等区域共接待游客超 20 亿人次，同比增长超过 11.5%，生态旅游游客量已恢复至 2019 年游客量的约 70%。"② 与此同时，国内首个森林疗养基地落地北京，森林疗养对人体身心健康的有利作用日渐突出。与城市相比较，农村生态环境相对良好，大部分人到农村度假、疗养甚至久居，一个重要原因就是农村的空气质量与城市空气质量相比相对较好。一些人参加生态旅游，也是因为旅游地区有着优美的生态环境，生态环境较好的地区空气质量相对较好。这些数据和事实都说明人民对清新空气有强烈的需求。目前，我国正大力推进"蓝天保卫战"，旨在还人民蓝天白云的美丽景象，正是对人民日益增长的清新空气需要的暖心回应。

（二）人民对安全食品的需要日益增长

民以食为天，粮食和食品是人类生存之基。"一个人在短期内可以没有穿、住、行，但绝对不能没有食物吃。"③ 食品安全关乎人民生命健康，是人民群众最关心的民生问题。然而，"当前，我国食品安全基础还十分薄弱，影响人民群众饮

---

① 黄承梁. 新时代生态文明建设思想概论［M］. 北京：人民出版社，2018：173.

② 2021 年我国生态旅游游客量超 20 亿人次［EB/OL］. 央广网，2022-01-17.

③ 陈洪泉. 民生需要论［M］. 北京：人民出版社，2013：98.

食安全的突出问题还时有发生。食品安全自然生态受到破坏引发的食品源头污染问题是食品安全面临的最严峻的问题之一"①。据相关数据统计，从 2019 年到 2021 年，食品安全问题曝光频次直线上升。2021 年前 11 个月，全国被披露的食品安全问题频次达到了 4071 个，较 2020 年增长了 7.4%。在食品安全存在风险和隐患的情况下，人民群众不再是仅仅追求吃饱，而是追求吃得安全、吃得放心、吃得绿色、吃得健康，对安全食品、绿色食品的需要不断增长。特别是随着我国整体经济水平持续提升，人们对高质量生活追求得以提高，消费理念随之改变，安全无污染的绿色食品受到更多的青睐。现实生活中，人民群众购买有机蔬菜、有机水果、有机水稻、绿色果蔬等绿色产品的消费行为，正是人民群众安全食品需要日益增长的直观体现。据相关数据统计显示，"中国绿色食品国内销售规模整体呈增长趋势，2013—2018 年销售规模从 3625.2 亿元增长至 4557 亿元，复合年增长率为 4.68%；2019 年中国绿色食品国内销售规模达到 4656.6 亿元，同比增长 2.19%"。② 根据马克思关于生产与消费的理论，生产决定消费，消费刺激生产。我国绿色食品生产总量增长，绿色食品企业规模扩大，反映了绿色食品有着巨大的消费市场，而绿色食品消费市场的存在源于绿色食品需求的刺激和推动，实则反映了人民对绿色食品需要的增长和渴望食品安全的共同愿望。由此可见，对建立在清洁土壤基础上的安全食品需要已经成为新时代人民群众的新需要。

（三）人民对干净饮水的需要日益增长

水是生命之源，是维持人体健康的重要营养物质之一，水的质量直接关系到人民群众身体健康。现阶段，由于我国部分流域、湖泊存在不同程度的水污染，部分地区的地下水、地表水等水质受到影响，致使部分省市、部分地区城乡饮用水状况不容乐观，人民群众对水的要求越来越高，对优质水的需要日益增长。现实生活中，人们对包装饮用水、纯净水的大量购买和使用，就是人民干净饮水需要增长的最好佐证。据相关数据统计，我国将包装饮用水作为日常饮水来源的人口占全国人口的 30% 以上，且我国包装饮用水的产量持续扩大。相关统计数据显示，"我国包装饮用水产量从 2014 年到 2017 年持续上升，2019 年中国包装饮用水产量回升至 9698.54 万吨，同比增长 17.1%；2021 年 1-3 月中国包装饮用水产量

---

① 黄承梁. 新时代生态文明建设思想概论 [M]. 北京：人民出版社，2018：173-174.
② 观研报告网. 2021 年我国绿色食品现状：政策推动行业发展 销售规模稳步上升 [EB/OL]. 观研报告网，2021-03-02.

为 2017.3 万吨，较去年同期增长 23.79%"①。在全国 31 个省市中，包装饮用水产量位居前十位的分别是广东、四川、贵州、河南、吉林、浙江、山东等省份。其中，广东还是与往年一样位居第一，包装饮用水产量占全国总产量的 18.94%。根据生产与消费的基本关系，生产决定消费，消费刺激生产。包装饮用水产量持续增长，实际上反映了包装饮用水存在极大的市场需求，其背后反映的是人民群众对包装饮用水需求的增长。这些数据表明，人民群众对干净饮水的需要已经成为常态，并且这种需要呈现日益增长趋势。

（四）人民对宜人气候的需要日益增长

气候是指存在于地球上的人类活动空间的气候条件，它是自然环境的重要组成部分，是人类生存和社会发展的必要条件，对人类生产和生活具有重要影响。在山清水秀、鸟语花香、生态良好、气候适宜的自然环境中生产生活是人民群众的共同愿望。但是，自工业化时代以来，人类活动显著地加剧了气候变化。工业的盲目发展、森林的过度开发和有毒气体的大量排放，使气候受到破坏，其结果将直接影响到人类生产生活。《2021 年中国气候公报》显示，"2021 年，我国气温高、降水多，暖湿特征明显，涝重于旱，极端天气气候事件多发强发广发并发，气候年景偏差。北方降水多，黄河流域秋汛明显；区域性阶段性气象干旱明显，华南干旱影响较大；高温过程多，夏秋南方高温持续时间长；登陆台风偏少，但'烟花'影响时间长、范围广；强对流天气强发，局地致灾重；寒潮过程多，极端低温频现；沙尘天气出现早，强沙尘暴过程多"②。以沙尘暴为例。2021 年 3 月 13-18 日的强沙尘暴过程为近 10 年来最强，不仅持续时间长，而且影响范围广，范围波及我国 19 个省（区、市）。其中，内蒙古中西部、宁夏、陕西北部、山西北部、河北北部、北京等地的部分地区出现强沙尘暴，沙尘还南下至南方很多省市。面对气候异常带来的负面影响，人民越来越期望在宜人的气候条件中生产生活，对宜人气候的需要也越来越成为人民群众的重要需要。要满足人民群众的这一需要，就要大力推进生态文明建设，尤其要加大对生态系统的保护力度，通过保护现有生态系统，着力恢复受到破坏和已经退化的生态系统，不断增强我国生

---

① 搜狐网.2021 年 1-3 月中国包装饮用水类产量 2017.3 万吨 同比增长 23.79%［EB/OL］.搜狐网，2021-07-12.
② 崔国辉，因子豪.2021 中国气候公报［R/OL］.中国气象局官网，2022-03-01.

态系统稳定性，努力夯实人民群众生产生活的生态基础，为人民群众实现美好生活提供宜居舒适的气候环境和良好生存空间。

### 三、科学认识人民优美生态环境需要日益增长的重要价值

在推进改革开放和中国特色社会主义现代化建设的过程中，社会主要矛盾起着决定和引导作用。"社会主要矛盾以一种集中的、凝练的、典型的形式，反映了社会发展的基本关系、核心要素、关键问题，是社会发展的一面镜子"。① 同样，生态文明建设中的主要矛盾是我国生态文明建设状况的直观反映，指出了我国生态文明建设面临的整体形势。当前，人民群众日益增长的优美生态环境需要已经成为我国社会主要矛盾的一个重要方面，它既反映了人民群众在新时代的新诉求，也揭示了新时代我国生态文明建设的新任务和新要求，对我们持续推进生态文明建设具有重要现实意义。

（一）标志着新时代我国生态文明建设进入新的发展阶段

从人类历史的发展和演进来看，工业文明的发展，一方面创造了世所罕见的物质财富和高量高质的社会生产力，另一方面，"它包含现在一切冲突的萌芽"②，对自然资源的过度的开发、攫取和消耗，破坏了原有"天人合一"的格局和人与自然原本和谐的关系。与此同时，"先污染后治理"的传统发展道路的弊端日益显现，大规模、大范围生态环境问题接踵而至。在此背景下，党中央立足我国基本国情，准确把握我国的生态国情，将生态文明建设提升为千年大计和重要战略，将其作为应对资源危机、环境污染和生态危机的根本途径。"这标志着我们对中国特色社会主义规律认识的进一步深化，表明了我们加强生态文明建设的坚定意志和坚强决心"③。党的十八大以来，我国生态文明建设力度之大、范围之广、程度之深、效果之显，中国人民和世界人民都有目共睹。中国特色社会主义进入新时代，我国社会矛盾发生根本转化，我国经济社会发展的各个领域、各项工作都面临着新形势、新挑战和新问题。生态文明建设作为中国特色社会主义理论与实践发展中的重要问题，理应适应社会主要矛盾转化的客观现实。生态文明建设的各

---

① 颜晓峰. 我国社会主要矛盾转化意味着什么 [J]. 人民论坛, 2018 (03): 31.
② 中共中央马克思恩格斯列宁斯大林著作编译局. 马克思恩格斯选集（第3卷）[M]. 北京: 人民出版社, 1995: 744.
③ 黄承梁. 新时代生态文明建设思想概论 [M]. 北京: 人民出版社, 2018: 6.

项工作、各个环节和各个方面，都要紧扣新时代社会主要矛盾，顺应新时代生态文明建设的新形势，回应新时代生态文明建设面临的新要求，努力实现高质量发展、高水平建设。"如今，中国生态文明建设进入了快车道，我国生态文明建设进入一个必须紧紧抓住并且可以大有作为的重要战略机遇期。"① 新时代的生态文明建设，要着眼于"生态环境保护挑战重重、压力巨大、矛盾突出的关键期，持续增加优质生态产品供给，加快补齐全面建成小康社会突出短板的攻坚期和我国具备了解决突出生态环境问题的条件和能力的窗口期"的新形势，以解决生态供需矛盾为目标，以满足人民群众日益增长的优美生态环境需要为宗旨，在生态文明建设已有成果基础上，持续保持战略定力，继续加强短板攻关，积极构建人与自然和谐共生的现代化发展新格局，努力走向生态文明新时代。

（二）揭示了新时代我国生态文明建设所要解决的关键问题

社会主要矛盾是社会基本矛盾在一定社会历史阶段的具体表现，反映着这种社会形态在一定发展阶段存在的最突出的问题。"问题是时代的格言，是表达时代自己内心状态的最实际的呼声。"② 在一定意义上，矛盾可以理解为问题，在诸多矛盾之中社会主要矛盾是一个党和国家重点攻克的关键问题。随着我国生态问题的发生发展，生态环境问题已不仅仅是一个经济问题、生态问题，而是已经演变为重要的政治问题、社会问题和民生问题。从民生的角度来看，"生态产品的短缺、生态环境系统的破坏、基本公共生态服务的缺失，在某种程度上，冲抵了人民群众基于物质生活条件极大改善带来的幸福感"③。人民优美生态环境需要日益增长，既反映了人民群众在生态领域的新需要，也揭示了我国生态文明建设所要解决的关键问题。这就意味着，新时代我国生态文明建设的开展和实施，不能只关注经济层面"显性"层面的成绩效果，而且要重视提升人民幸福感的"隐性"成效和生态方面的显性成效。新时代从持续推进生态文明建设，要把满足人民日益增长的优美生态环境需要作为出发点和落脚点。要全面贯彻落实《中共中央 国务院关于深入打好污染防治攻坚战的意见》，集中攻克影响老百姓生产生活的突出生态环境问题，以更高标准打好打赢蓝天、碧水和净土保卫战，推动我国生态文

---

① 黄承梁. 新时代生态文明建设的发展态势［J］. 红旗文稿，2020（06）：40-42.

② 中共中央马克思恩格斯列宁斯大林著作编译局. 马克思恩格斯全集（第1卷）［M］. 2版. 北京：人民出版社，1995：203.

③ 黄承梁. 新时代生态文明建设思想概论［M］. 北京：人民出版社，2018：47.

明建设在重点领域和关键指标上实现新突破，确保新时代生态文明建设动力充足和目标明确。

（三）指明了新时代我国生态文明建设成果检验的根本尺度

生态文明建设既是顺应世界绿色浪潮的必然选择，也是中国共产党在中国特色社会主义实践中应对我国生态危机做出的自主性选择和创造性贡献。那么，在社会主要矛盾转化背景下，尤其是生态供需矛盾日益突出的情况下，如何检验我国生态文明建设成效就成为我国生态文明建设中的一个重要问题。就生态文明建设本身而言，它是一个内涵丰富、外延广阔、生动发展的概念。从发生领域来看，生态文明建设所要解决的是关系人类整体性、可持续性生存和人类社会永续发展的基础性问题。从发生结果来看，生态文明建设要遵循自然、经济、社会的发展规律，以解决生态危机为归宿，在做到合规律性和目的性相统一的同时，促进人与自然和谐发展，最终建立一个人与自然和谐共存、共生共荣辱的生态和谐社会。从具体指标来看，"人民群众从内心深刻呼唤清新而非雾霾大面积肆虐的空气、干净的而非重金属超标的水源、放心的而非农药残留过多的食品等等，这些都成为老百姓判断生态文明建设成效的基本诉求和心中标尺"①。因此，社会主要矛盾转化背景下，我国生态文明建设成果检验的标尺，不仅限于资源短缺、环境污染、生态退化等问题是否缓解，我国空气、水、土壤质量是否得到改善，而是要把人民基本生态诉求是否得到回应，人民期待的绿色家园是否重新建立，人民日益增长的优美生态环境需要是否得到满足，人民期待的优质生态产品是否供给充足，人民是否获得生态幸福等标准作为根本尺度。新时代条件下，必须把满足人民优美生态环境需要作为我国生态文明建设的根本价值取向和推进各项生态文明建设活动的基本考量。这就要求我们坚持生态利民、生态惠民、生态为民的"生态三民"原则，在推进生态文明建设过程中，要切实关注人民生态诉求，集中力量优先解决细颗粒物、饮用水、重金属、化学品等损害人民群众身体健康和切身利益的突出环境问题。要坚定推进绿色发展，推动自然资本大量增值，让良好生态环境成为人民群众美好生活的新增长点，让人民群众切实感受到绿色发展和生态文明建设带来的实实在在的经济效益和绿色福利，从而共享新时代的美好生态生活。

①　黄承梁. 新时代生态文明建设思想概论［M］. 北京：人民出版社，2018：47.

# 小 结

实事求是、与时俱进地重新认识、准确判断和重新定义我国社会主要矛盾，是十九大理论创新的重要基础。经过改革开放 40 多年的快速发展，原有判断和表述中主要矛盾的两个方面，无论是内涵还是外延都发生了深刻变化。新时代社会主要矛盾体现了我国理论与实践发展的深刻变化，反映了我国经济社会发展与人民群众面临的新诉求，实质上揭示了人民需要和社会供给的内在矛盾。从需求侧和供给侧来看，人民日益增长的优美生态环境需要和不平衡不充分的生态文明建设之间的矛盾，既反映了人民新时代的生态诉求，也指出了我国生态文明建设的突出短板和所要解决的重点问题。优美生态环境需要是新时代人民群众的新需要，其实质是对更多优质生态产品的需要，然而，我国更多优质生态产品供给不足，难以满足人民的优美生态环境需要，这就需要适应社会主要矛盾转化的新要求和生态文明建设的新形势，将人民优美生态环境需要作为生态文明建设的出发点，将满足人民优美生态环境需要作为生态文明建设的基本考量，大力推进我国生态文明建设，提供更多优质生态产品。这是新时代我国生态文明建设的重要任务，也是满足人民优美生态环境需要的必由之路。

# 第四章

# 我国生态文明建设不平衡的表现与成因

党的十九大报告指出："影响满足人们美好生活需要的因素很多，但主要是发展的不平衡不充分问题。"[①] 从"五位一体"总体布局来看，发展的不平衡不充分在我国经济、政治、文化、社会和生态文明建设领域都有具体表现，生态文明建设的不平衡不充分属于我国发展不平衡不充分的基本范畴。从需求侧和供给侧来看，"社会主要矛盾本质上是需求和供给的矛盾，满足人民需求的供给相对不足、供给结构失衡主要是不平衡不充分的发展问题导致的"[②]。据此可以认为，生态供需矛盾本质上是生态需求和生态供给的矛盾，满足人民优美生态环境需要的优质生态产品供给相对不足的根源在于生态文明建设的不平衡与不充分。故此，本章重点分析生态供需矛盾主要方面中的一个方面，即生态文明建设的不平衡。首先，梳理了党的十八大以来我国生态文明建设取得的重要进展和显著成效；其次，对我国生态文明建设不平衡的表现进行阐释；最后，分析了生态文明建设不平衡的原因，旨在整体把握我国生态文明建设现状，为攻克我国生态文明建设短板、探索新时代生态文明建设新路提供有益参考。

## 第一节 党的十八大以来我国生态文明
建设取得的显著成效

党的十八大以来，以习近平同志为核心的党中央围绕我国生态文明建设谋

---

① 习近平. 决胜全面建成小康社会 夺取新时代中国特色社会主义伟大胜利 [N]. 人民日报，2017-10-28.

② 石建勋. 新时代我国社会发展的主要矛盾研究 [M]. 北京：人民出版社，2019：86.

划开展了一系列根本性和长远性的工作，推动我国生态文明建设从认识到实践都发生了历史性和全局性变化，生态文明建设取得显著成效。党的十九届六中全会通过的《中共中央关于党的百年奋斗重大成就和历史经验的决议》也指出，我国生态环境保护发生历史性、转折性、全局性变化。故此，总结剖析和正确认识我国生态文明建设所取得的历史性成就，对于推进"十四五"时期生态文明建设具有十分重要的现实意义。

### 一、顶层设计领航定向，擘画生态文明建设新蓝图

生态文明建设的顶层设计是指党中央对我国生态文明建设做出的总体规划、战略部署和具体安排，是我国生态文明建设有序开展和持续推进的"导航仪"和"方向盘"。自党的十八大把生态文明建设纳入"五位一体"总体布局以来，以习近平同志为核心的党中央立足我国生态国情，着眼于人民群众的新期待，在科学把握人与自然关系的基础上，深刻阐述了生态文明建设的基本内涵、现实意义、历史使命、重要任务、奋斗目标等重大理论和实践课题。其中，生态文明建设的奋斗目标勾勒了我国生态文明建设的宏伟蓝图，是我国生态文明建设的动力和引擎。我国生态文明建设有着明确的方向和清晰的目标。

党的十八大报告明确了我国生态文明建设的目标，提出"坚持节约资源和保护环境的基本国策，着力推进绿色发展、循环发展、低碳发展，形成节约资源和保护环境的空间格局、产业结构、生产方式、生活方式，从源头上扭转生态环境恶化趋势，为人民创造良好生产生活环境，为全球生态安全作出贡献"①。这是我国首次以政府报告的形式，确定我国生态文明建设的任务、重点和目标。党的十八届五中全会提出创新、协调、绿色、开放和共享的"五大发展理念"，明确了"坚定走生产发展、生活富裕、生态良好的文明发展道路，加快建设资源节约型、环境友好型社会，形成人与自然和谐发展现代化建设新格局"②，并从促进人与自然和谐共生、全面节约和高效利用资源、加大环境治理力度、筑牢生态安全屏障等层面明确了生态文明建设所要实现的具体目标。

党的十九大报告提出的十四条基本方略中，"坚持人与自然和谐"是生态文

①　胡锦涛. 坚定不移沿着中国特色社会主义道路前进 为全面建成小康社会而奋斗 ［N］. 人民日报，2012-11-08.

②　中共第十八届中央委员会第五次全体会议公报 ［N］. 人民日报，2015-10-30.

明建设的目标和要求。与此同时，十九大报告也明确了生态文明建设的"三步走"战略和目标。第一步是建成生态小康。紧扣我国社会主要矛盾变化，统筹推进经济、政治、文化、社会和生态文明建设。从现在到 2020 年中国进入全面建成小康社会的决胜阶段，生态小康是全面建成小康社会的重要内容。第二步是美丽中国基本实现。具体是指 2021—2035 年，在全面建成小康社会基础上，再奋斗十五年，我国基本实现社会主义现代化。就生态文明建设而言，要在生态小康基础上，实现生态环境根本好转，美丽中国目标基本实现，即基本实现生态现代化目标。第三步是建成美丽的现代化强国。从 2035 年到本世纪中叶，在基本实现现代化的基础上，再奋斗十五年，把我国建成富强民主文明和谐美丽的社会主义现代化强国。党的十九大报告提出的"三步走"战略和目标体现了我国生态文明建设目标的阶段性与长期性。

2018 年 5 月全国生态环境保护大会在北京召开，习近平总书记发表重要讲话，再次重申和明确我国生态文明建设的目标，即"确保到 2035 年，生态环境质量实现根本好转，美丽中国目标基本实现。到本世纪中叶，物质文明、政治文明、精神文明、社会文明、生态文明全面提升，绿色发展方式和生活方式全面形成，人与自然和谐共生，生态环境领域国家治理体系和治理能力现代化全面实现，建成美丽中国"①。这一新目标擘画了我国生态文明建设的未来图景和宏伟蓝图，推动着我国生态文明建设在既定目标的指引下有序开展、持续推进。

## 二、战略地位不断提升，生态文明建设迈上新高度

生态文明建设首次出现是在党的十八大报告中。党的十八大报告不仅提出生态文明建设，而且赋予生态文明建设以重要地位。党的十八大报告指出："大力推进生态文明建设。把生态文明建设放在突出地位，融入经济建设、政治建设、文化建设、社会建设各方面和全过程，努力建设美丽中国，实现中华民族永续发展。"② 这段表述包含三层意思：一是将之前的"四位一体"总体布局调整为"五位一体"总体布局，使生态文明建设构成中国特色社会主义总体布局

---

① 习近平. 坚决打好污染防治攻坚战 推动生态文明建设迈上新台阶 [N]. 人民日报，2018-05-20.

② 胡锦涛. 坚定不移沿着中国特色社会主义道路前进 为全面建成小康社会而奋斗 [N]. 人民日报，2012-11-08.

的基本内容；二是强调把生态文明建设放在突出地位，凸显了生态文明建设的重要地位，表明生态文明建设是深入贯彻落实科学发展观的根本要求，是破解我国经济社会发展面临资源环境瓶颈制约的必然选择和更好参与国际竞争与合作，特别是生态合作的客观需要；三是要求把生态文明建设融入经济、政治、文化和社会建设各方面和全过程，指明了生态文明建设与其他四大建设的密切关系。从关系的角度来看，在"五位一体"总体布局中，生态文明建设与经济建设、政治建设、文化建设和社会建设是平行的关系，它们共同解决的是人类社会内部关系问题，共同构成"五位一体"总体布局，它们都是总体布局这一整体和系统中的因子。"而生态文明建设解决的是人与自然的关系，它在逻辑层面上所处的位置应当更高一些。而且党的十八大已经明确要求，生态文明建设要内在地贯穿在前四大建设之中。也就是说，生态文明的基本理念、原则和制度等都必须贯穿于其他四大建设的全过程。不仅经济建设要以生态文明为基本准绳，政治建设、社会建设和文化建设中也要把生态文明作为最重要的考虑因素。"① 由此可见，生态文明建设地位的重要性不言而喻。

党的十八届五中全会提出新发展理念，绿色发展是其中之一，并且在五大发展理念中居于核心位置。绿色发展理念是党中央立足基本国情和"十三五"规划目标，科学把握我国生态文明建设新的阶段性特征，对发展理念做出的时代性探索，反映了党中央对我国生态文明建设认识的进一步深化。从概念来看，绿色发展是以效率、和谐、持续为目标的经济增长和社会发展方式。从内涵来看，绿色发展一是要将环境资源作为社会经济发展的内在要素；二是要把实现经济、社会和环境的可持续发展作为绿色发展的目标；三是要把经济活动过程和结果的"绿色化""生态化"作为绿色发展的主要内容和途径。在内涵层面，绿色发展和生态文明建设不谋而合。因此，"在人与自然和谐视阈下，绿色发展理念提出加快主体功能区建设、推动绿色低碳循环发展、全面节约和高效利用资源、加大环境治理力度、筑牢生态安全屏障等举措，充分明确了生态文明建设的主攻方向和精准着力点"，② 绿色发展的实践有力推动生态文明建设擘画的

---

① 中央党校科学社会主义教研部. 认识生态文明建设地位的基本视角［EB/OL］. 中华人民共和国生态环境部，2012-11-23.
② 王丹，熊晓琳. 以绿色发展理念推进生态文明建设［J］. 红旗文稿，2017（01）：20-22.

蓝图由理想变为现实。

在全国生态环境保护大会上，习近平总书记就强调："生态文明建设是关系中华民族永续发展的根本大计。"① 2017 年 10 月 18—19 日，中国共产党第十九次全国代表大会在北京召开，习近平同志代表第十八届中央委员会向大会作报告。党的十九大报告提出了新时代中国特色社会主义思想和基本方略，在十四条基本方略中，"坚持人与自然和谐共生"是其中之一。党的十九大报告指出"建设生态文明是中华民族永续发展的千年大计"；"生态文明建设功在当代、利在千秋。"将生态文明建设提高到事关中华民族永续发展的战略高度，将其视为根本大计，体现了党中央对生态文明建设的高度重视以及正确处理生态文明建设的坚定决心。从被纳入"五位一体"总体布局到绿色发展理念的提出，再到关系中华民族永续发展的根本大计的表述，体现了生态文明建设战略地位的不断提升。而生态文明建设战略的提升则推动着生态文明建设不断迈上新的高度，实现新的目标。

### 三、制度体系日渐完善，为生态文明建设保驾护航

生态文明制度体系是生态文明建设得以有序开展、持续推进的重要保障。习近平总书记反复强调，"完善生态文明制度体系，用最严格的制度、最严密的法治保护生态环境"②。党的十八届三中全会通过的《中共中央关于全面深化改革若干重大问题的决定》首次确立了生态文明制度体系，阐述了生态文明制度体系的构成及其改革方向和重点任务。党的十八大以来，生态文明建设相关的"制度出台频度之密前所未有。中央全面深化改革领导小组审议通过 40 多项生态文明和生态环境保护具体改革方案，对推动绿色发展、改善环境质量发挥了强有力的推动作用"③，生态文明建设顶层设计性质的"四梁八柱"日益完善。

从生态文明建设制度体系的总体规划来看，2015 年 4 月，中共中央、国务院印发《关于加快推进生态文明建设的意见》，明确提出健全生态文明制度体

---

① 习近平. 坚决打好污染防治攻坚战 推动生态文明建设迈上新台阶［N］. 人民日报，2018-05-20.
② 中共中央文献研究室. 习近平关于社会主义生态文明建设论述摘编［M］. 北京：中央文献出版社，2017：97.
③ 李干杰. 十八大以来，生态文明建设取得五个"前所未有"［EB/OL］. 新华网，2017-10-23.

系，阐释了生态文明建设的总体要求、目标愿景、重点任务、制度体系。这是继党的十八大和十八届三中、四中全会对生态文明建设做出顶层设计后，党中央对生态文明建设的一次全面部署。随后，2015年9月中共中央、国务院印发了《生态文明体制改革总体方案》。这一方案明确了生态文明体制改革的总体要求、理念、原则和目标，并且提出健全自然资源资产产权制度、建立国土空间开发保护制度、建立空间规划体系、完善资源总量管理和全面节约制度、健全资源有偿使用和生态补偿制度、建立健全环境治理体系、健全环境治理和生态保护市场体系、完善生态文明绩效评价考核和责任追究制度。可以说，这八项制度构成生态文明建设制度体系的顶层设计，使我国生态文明建设有了坚实的制度保障。党的十九大对加快生态文明体制改革、建设美丽中国做出系统安排，部署实施了一系列重大改革举措。同时，党的十九大通过的《中国共产党章程（修正案）》，再次强化"增强绿水青山就是金山银山的意识"。2018年3月11日，十三届全国人民代表大会第一次会议通过《中华人民共和国宪法修正案》，生态文明正式写入国家根本法，实现了党的主张、国家意志、人民意愿的高度统一。党的十九届四中全会将生态文明制度体系作为坚持和完善中国特色社会主义制度的重要组成部分，生态文明四梁八柱性质的制度体系基本形成。

从生态文明建设的具体制度来看，从2013年到2019年，我国先后发布了"空气污染防治行动计划""水污染防治行动计划"和"土壤污染防治行动计划"，进一步明确了防治空气、水和土壤污染的目标，强调要切实加强目标考核管理，严格环境监管问责制度。2014年全国修订、2015年1月1日实施的《中华人民共和国环境保护法》被称为"史上最严"的新环境保护法。新环境保护法的实施，在打击环境违法、生态违法犯罪方面力度空前，为我国生态文明建设提供了法律保障。"目前，覆盖全国的主体功能区制度和资源环境管理制度已经建立，中央环保督察实现了31个省区市全覆盖，生态文明制度体系逐步确立、日趋完善。"① 生态文明制度体系的完善，使我国生态文明建设实现了有法可依、有制可循。

---

① 徐玉生. 用最严格制度最严密法治保护生态环境　扎实推进生态文明制度体系建设[N]. 人民日报，2018-10-29（16）.

### 四、系列工程持续推进，生态环境持续改善

党的十八大以来，党中央既对我国生态文明建设做出顶层设计、战略部署和具体安排，也针对我国资源、环境和生态领域存在的问题采取了系列举措。在习近平生态文明思想的科学指引下，我国生态文明建设以优先解决影响人民群众生产生活的突出环境问题为核心，不断加大生态保护和修复力度，我国生态环境总体得到很大改善，生态系统的稳定也在逐步增强。

在大气污染防治方面，2013年9月10日，国务院印发《大气污染防治行动计划》，从污染物排放、产业结构、科技创新、能源结构、空间布局、法律体系等层面提出了具体要求和任务安排。2017年3月5日李克强总理在中华人民共和国第十二届全国人民代表大会第五次会议上所做的政府工作报告中提出"蓝天保卫战"。2018年5月18日，习近平在全国生态环境保护大会上强调，"坚决打赢蓝天保卫战是重中之重"，并且明确了打赢蓝天保卫战的最终目的是还老百姓蓝天白云、繁星闪烁。自大气污染防治行动计划实施和开展蓝天保卫战以来，我国空气污染防治成效显著，空气质量明显改善。相关数据显示，"2016年至2020年5年间，我国地级及以上城市空气质量优良天数比率提高5.8个百分点，达到87%"①。"2020年全国地级以上城市优良天数比例提高到87.0%（目标84.5%），PM2.5未达标地级及以上城市平均浓度比2015年下降28.8%（目标18%）"②。这些数据表明，2020年我国空气污染防治的阶段性目标已经圆满完成，实现目标远高于既定目标，空气污染防治成效显著。

在水污染防治方面，2015年4月16日，国务院印发《水污染防治行动计划》，明确了我国水污染防治的总体要求、工作目标和主要指标，为我国水污染防治提供了行动指南。2018年，中共中央、国务院印发《关于全面加强生态环境保护 坚决打好污染防治攻坚战的意见》，提出着力打好碧水保卫战，并确定了到2020年碧水保卫战的具体指标。自提出着力打好碧水保卫战以来，在党中央坚强领导下，我国实施了系列护水、净水工程，例如："大规模建设污水处理厂，提升处理能力；强化管网建设，努力提升污水收集率；以水专项为依托，

① 孙金龙. 肩负起新时代建设美丽中国的历史使命［J］. 求是，2022（04）：46-52.
② 中华人民共和国生态环境部. 2020中国生态环境状况公报［R/OL］. 中华人民共和国生态环境部官网，2021-05-26.

以科学技术应用推动水环境质量改善等。"① 在系列措施的推动下，"截至 2020 年年底，全国地表水水质达到或好于Ⅲ类的国控断面比例提高到 83.4%"②。"十三五"时期我国水生态环境明显改善，水污染防治阶段性目标实现。碧水保卫战成效显著，为我国"十四五"目标的实现奠定了重要基础。

在土壤污染防治方面，2016 年 5 月 28 日国务院发布《土壤污染防治行动计划》，从十个方面提出了土壤污染防治的"硬任务"。2018 年，中共中央、国务院印发《关于全面加强生态环境保护 坚决打好污染防治攻坚战的意见》，提出扎实推进净土保卫战，明确了净土保卫战的具体指标和实现目标。自扎实推进净土保卫战以来，我国土壤污染得到缓解，截至 2020 年年底，"全国受污染耕地安全利用率和污染地块安全利用率双双超过 90%"③。土壤污染取得成效，在很大程度上为我国粮食安全和人民群众食品安全提供了保障。

在生态系统保护和修复方面，党的十八大以来，我们牢固树立绿水青山就是金山银山理念，统筹山水林田湖草沙系统治理，深入推进大规模国土绿化行动，国土绿化事业取得新进展新成效。在有序推进大规模绿化行动、开展全民义务植树、深入实施重点生态工程、协同推进部门绿化、统筹推进城乡绿化美化以及扎实推进草原、湿地、治沙系列工程之下，"全国完成造林 677 万公顷、森林抚育 837 万公顷、种草改良草原 283 万公顷、防沙治沙 209.6 万公顷"④。"2020 年年底，全国森林覆盖率达到 23.04%，草原综合植被覆盖度达到 56.1%，湿地保护率达到 50% 以上。"⑤ 这些数据表明，我国生态系统退化形势有所缓解，生态系统稳定性在逐步增强。生态系统保护和修复方面取得的成效，为我国"十四五"时期生态治理目标的实现奠定了基础。

**五、生态文明建设经验丰富，为全球生态治理贡献中国智慧**

党的十八大以来，我国在持续推进生态文明建设的同时，积极参与全球生态治理。我国生态文明建设过程中的成功实践、积累的丰富经验和先进做法，

---

① 中华人民共和国生态环境部. 持续打好碧水保卫战 [N]. 人民日报，2021-08-12.
② 中华人民共和国生态环境部. 持续打好碧水保卫战 [N]. 人民日报，2021-08-12.
③ 孙金龙. 肩负起新时代建设美丽中国的历史使命 [J]. 求是，2022（04）.
④ 2020 年中国国土绿化状况公报 [R/OL]. 国家林业和草原局政府网，2021-03-11.
⑤ 国务院新闻办发表《中国的全面小康》白皮书 [EB/OL]. 新华社，2021-09-28.

为全球生态治理贡献了中国智慧，提供了中国方案。

在参与全球生态治理层面，2016 年 4 月 22 日，时任中国国务院副总理张高丽作为习近平主席特使在《巴黎协定》上签字。同年 9 月 3 日，全国人大常委会批准中国加入《巴黎协定》，成为完成了批准协定的缔约方之一。2020 年 9 月 22 日，中国政府在第七十五届联合国大会上提出："中国将提高国家自主贡献力度，采取更加有力的政策和措施，二氧化碳排放力争于 2030 年前达到峰值，努力争取 2060 年前实现碳中和。" 2021 年 4 月 15—16 日，中国气候变化事务特使解振华与美国总统气候问题特使约翰·克里在上海举行会谈，讨论气候危机所涉问题。会谈结束后，双方发表《中美应对气候危机联合声明》。这些彰显了中国参与全球生态治理的责任担当，也表明了中国致力于建设一个清洁美丽世界的坚定决心。

在具体实践层面，2014 年，库布齐沙漠被联合国环境署确定为"全球沙漠生态经济示范区"。库布齐治沙模式为全球荒漠化治理贡献了中国经验和中国智慧，库布齐沙漠治理也成为中国的一张绿色名片。2017 年 12 月，塞罕坝机械林场获得联合国环境规划署颁发的"地球卫士奖"。塞罕坝机械林场的将荒原变绿洲的成功实践是我国生态文明建设的一个生动范例。作为全球环保领域的最高奖项，这一荣誉是对我国生态文明建设成效的高度肯定。联合国环境规划署执行主任埃里克·索尔海姆所称"塞罕坝林场的建设证明退化的环境是可以被修复的，而修复生态是一项有意义的投资"①。如今，中国已成为全球生态文明建设的重要参与者、贡献者、引领者，中国生态文明建设的成功实践为世界国家提供了中国智慧和中国方案。

## 第二节　我国生态文明建设不平衡的具体表现

党的十八大以来，随着生态文明建设大力推进，我国生态环境质量持续好转，人民群众的生态幸福感和生态获得感日益增强。生态文明建设取得的显著成效固然可喜，但是，我们必须清醒认识到，"由于环境保护全面发力时间较

① 塞罕坝林场建设者获联合国"地球卫士奖"[EB/OL]. 新华网，2017-12-05.

短、区域和行业发展不平衡不充分、环境保护基础能力建设差异较大等原因，取得的成效并不稳固，生态文明建设仍面临突出问题与严峻挑战"①，生态文明建设不平衡凸显。生态文明建设的不平衡是指生态文明建设的各个领域、各个区域、各个方面的发展不相等、存在差距，从而制约了生态文明建设整体水平的提升。我国生态文明建设的不平衡集中表现为生态文明建设内部、生态文明建设空间和生态文明建设外部的不平衡，具体而言是指生产、生活与生态之间的不平衡，区域城乡生态文明建设的不平衡以及生态文明建设与其他"四大建设"之间的不平衡。

**一、生产、生活与生态之间不平衡**

建设生态文明是我们深刻反思传统发展道路的弊端及其生态恶果后做出的科学选择。20世纪90年代，面对与经济增长过快相伴而生的生态环境问题、不可持续矛盾日益突出，我国提出走可持续发展道路，即"生产发展、生活富裕、生态良好的文明发展道路"，要求实现生产、生活和生态的和谐共赢。在这条道路指引下，我国经济社会发展取得了举世瞩目的成就。然而，自然资源的日益紧缺、环境问题的不断出现以及由此导致的社会矛盾的加剧表明，我国生产、生活和生态之间的发展并不平衡，更谈不上"三生"和谐共赢。

（一）生产与生态之间不平衡

生态是生产的物质基础和前提，既是生产资料的主要来源，也是影响生产要素、生产布局、生产效率的主要因素。生态与生产之间平衡发展，是我国经济社会持续发展的重要保证。然而，人们在从事生产的过程中，往往缺乏对生态环境保护的考量。工业生产、农业生产尚未适应生态文明建设要求，生产方式过于粗放，对生态环境造成严重污染和破坏。

1. 工业生产方式粗放

为了满足人类生存和发展的需要，人们必须通过实践改造外部的客观世界，创造出能够满足人类需要的事物。物质资料的生产方式是人类社会存在和发展的基础。从概念来看，"生产方式是人们在生产过程中形成的人与自然之间和人

---

① 常纪文. 生态文明建设的成效、问题与前景［N］. 人民日报，2018-10-29（16）.

与人之间的相互关系的体系，是人们获取社会所必需的物质资料的方式"①。工业生产方式是指在工业生产过程中形成的人与自然和人与人之间的相互关系的体系，是人们创造和获取工业产品等物质资料的方式。我国工业生产方式粗放低效，对生态环境产生极大的污染性和破坏性，主要体现为传统第二产业比重过大和直线性生产模式主导。从生产过程来看，目前，我国仍处于工业化中期，工业占国民经济相当大的比重，是消耗资源和产生排放的主要领域。随着工业化进程的不断延伸和国民经济的高速发展，中国工业生产对能源的消耗量空前增长，废弃物的大量排放也随之增长。工业生产过程中所排放的一氧化碳、二硫化氢、二氧化硫等，是空气污染的主要污染源；工业产品所使用的塑料、橡胶、玻璃、铝等废弃物成为固体废弃垃圾的污染源；工业生产所排放的污水，造成严重的土壤污染、水污染和海洋污染等，威胁人们食品安全、生命安全和海洋生物安全。可以说，工业"三废"是造成环境污染的罪魁祸首。

从生产模式来看，我国粗放型生产方式尚未根本转变，我国工业生产主要依靠资源投入，工业生产模式严格意义上讲仍然属于"线性"生产，即"资源—产品—污染排放"单线流动的线性经济活动和生产过程。由于"工业生产的劳动工具是机器，其生产过程的基本特点是：以无生命的东西为劳动对象，材料与能源（物质资源）是其主要资源；以工业科学技术为手段，主要依靠力学、物理学、化学等科学技术"②。工业生产所使用的物质资源主要是煤炭、矿产、石油等矿石能源和非金属矿石材料资源，这些资源本身属于高排放、高污染资源，消耗这些资源的过程会排放出大量的废水、废气和废渣，对生态环境造成严重污染。而工业生产依赖的物理、化学等手段，也具有一定的污染性和破坏性，这是造成环境污染的主要来源。

2. 农业生产方式粗放

我国是农业大国，农业生产是满足人民群众基本物质生活需要的重要途径。农业生产方式是指在农业生产过程中形成的人与自然和人与人之间的相互关系的体系，是人们创造和获取农业产品、物质资料的方式。然而，"我国农业基础

---

① 阎亚军. 中国教育学知识生产方式的反思与重建——从研究者的角度看 [J]. 贵州师范大学学报（社会科学版），2008（06）：109-113.

② 左亚文，等. 资源 环境 生态文明——中国特色社会主义生态文明建设 [M]. 武汉：武汉大学出版社，2014：99.

差、底子薄，基本建设历史欠账多，基础建设和科技支撑十分薄弱，很长时间以来农业生产经营方式不合理，以外延扩张式的粗放经营为主，矛盾和问题还比较突出"①。加之农业生产方式粗放，造成一定的环境污染。

从农业生产资料利用效率来看，我国人多地少，"耕地不到世界的 9%，但消费了世界 35% 的化肥，化肥施用量全球第一，是美国、印度的总和"②。我国是世界农药生产和使用的第一大国。但是"全国化肥当季利用率只有 33% 左右，普遍低于发达国家 50% 的水平。农药有效利用率只有 35% 左右；每年地膜使用量约为 130 万吨，超过其他国家的总和，地膜的'白色革命'和'白色污染'并存"③。国家统计局数据显示，"2012 年我国化肥施用量为 5838.8 万吨，2013年为 5911.9 万吨，2014 年为 5995.9 万吨，2015 年为 6022.6 万吨，2016 年为 5984.1 万吨"④。2012 年至 2016 年五年间，我国化肥施用量直线增长，虽然 2016 年与 2015 年相比有所下降，但化肥施用量依然很高。这说明我国现有农业生产依然依靠"量"的扩张，而"质"的提升有限，农业生产资料利用效率不高是制约我国农业发展和绿色转型的重要因素。

从农业面源污染来看，改革开放以来，我国农业发展取得了辉煌成就。"然而，相比发达国家，我国农业生产还不够精细，对化肥农药等投入品的依赖度还较高，不合理水肥管理引发的农业面源污染还较为突出，成为水体污染的一个重要来源。'十三五'期间，我国化肥施用总量虽然实现了一定程度的减少，但施用强度依然很高，特别是在集约化蔬菜、果树等高经济价值作物以及经济发达地区，过量施肥问题依然十分突出，加之化肥长期高位运行导致土壤中的存量巨大，新冠疫情防控又对粮食安全提出更高要求，这就使得农业面源污染绝非短期所能根治。"⑤ 除此之外，我国农业生产中杀虫剂、地膜等的过量和不合理使用，也是导致我国农业面源污染问题突出的重要原因。农业面源污染不仅严重侵蚀、污染土地，造成我国耕地质量下降，而且威胁我国粮食安全。

由此可见，虽然我国大力推进生态文明建设，采取系列措施促进工业生产

---

① 国家行政学院. 推进生态文明建设 [M]. 北京：国家行政学院出版社，2013：97.
② 国家行政学院. 推进生态文明建设 [M]. 北京：国家行政学院出版社，2013：97.
③ 刘德海. 绿色发展 [M]. 南京：江苏人民出版社，2016：250.
④ 国家统计局. 中国统计年鉴 2018 [Z/OL]. 国家统计局官网，2018-10.
⑤ 刘宏斌. 浅谈"十四五"农业面源污染防治 [N]. 中国环境报，2021-04-16.

方式和农业生产方式的绿色化，但是传统工农业生产方式的弊端尚未根本消除，传统的极具污染性、破坏性的生产方式是造成生态环境恶化、生产与生态发展不平衡的罪魁祸首，现有的工业生产方式和农业生产方式与生态文明所要求的绿色生产方式还有一定距离，我国工业生产方式和农业生产方式的绿色转型依然任重道远。

## （二）生活与生态之间不平衡

人靠自然界生活，人与自然密切相关。"在社会有机体中，生态结构的状况是影响社会生活的一个重要原因，社会生活结构的状态对人与自然的关系也具有重大的影响。"① 由于人的生活总要通过特定的生活方式表现出来，生态与生活的关系，实质上是人的生活方式与生态环境的关系。后工业文明时代的现代生活方式，以巨大的物质财富、先进的科学技术和丰富充足的产品为支撑。随着人民物质生活水平的提高，人们生活中因生活方式不合理带来的环境问题不断增多，生活与生态之间的不平衡愈加明显。

### 1. 出行方式不环保加剧环境污染压力

出行是人们生活的基本领域，出行方式对资源生态环境有重要影响。改革开放四十年来，在我国社会生产力水平和人民物质生活水平显著提高的同时，人们出行所使用的交通工具也发生了深刻变化。随着私家车逐渐增多，依靠小汽车出行已经成为城乡生活现代化的一个标志，自驾游也日渐成为人们外出旅游的新方式。据公安部发布的数据显示："2021 年全国机动车保有量达 3.95 亿辆，其中汽车 3.02 亿辆；新注册登记机动车 3674 万辆，同比增加 346 万辆；汽车保有量突破 3 亿辆，摩托车大幅增长；全国 79 个城市汽车保有量超过 100 万辆。"②《中国西部自驾旅游发展报告 2018》显示，2017 年中国自驾游人数平稳增长，总人数达 31 亿人次，比 2016 年增长 17.4%，占国内出游总人数的 62%。辩证地看，汽车保有量和自驾游数量的增长，一方面说明经济发展与人口增长成为城镇化水平提升的内生动力，为城市汽车消费升级增添动能；另一方面也充分表明，汽车越来越成为人们生活中的重要交通工具，人们对汽车已经产生极大的依赖性。但是，汽车数量急剧增长的背后也隐藏了巨大的生态问题。随

① 张云飞. 唯物史观视野中的生态文明 [M]. 北京：中国人民大学出版社，2014：31.
② 公安部. 2021 年全国机动车保有量达 3.95 亿 [N]. 中国日报，2022-01-12.

着汽车出行的常态化、大众化，我国资源和环境的压力已经到了一个无以复加的程度。越来越多家庭汽车需要消耗更多石油资源，石油过多消耗由此带来的石油进口增加、石油紧缺、石油对外依存度攀升以及城市大气污染和交通堵塞严重等问题突显。自驾游对旅游区生态环境、路途沿线生态环境造成一定的污染和破坏。这样一种高碳污染的出行方式，带给中国人民的将不是幸福而是灾难。在生态文明新时代，形成绿色、低碳、环保、节能的绿色出行方式才是正确选择，才是我国生态文明建设所要达到的一个目标。

2. 居住方式不简约导致资源浪费和环境污染

"居者有其屋"是人民群众的基本诉求，在宜居舒适的房屋中生活是人民群众的共同愿望。改革开放四十年来，随着城市化的快速推进和居民消费水平的不断提高，我国居民对住房的需求发生了巨大变化。新时代下，人们对于居住需求的内涵和边界正在发生深刻变化，人们不只是要解决住的问题，还在如何提升生活品质上不断探索。人民群众从"有住所"的低层次需要向"住得舒适""住得便捷""住得高档"的高层次需要转变，对大面积住房和家用电器的需求持续增长。一方面，人们越来越追求大面积住房。《居民收入持续较快增长 人民生活质量不断提高》报告显示，"2012 年全国城镇和农村居民人均住房面积分别为 32.9 平方米和 37.1 平方米，2016 年分别为 36.6 平方米和 45.8 平方米。2016 年比 2012 年分别增长了 11.2% 和 23.5%，年均增长分别为 2.7% 和 5.4%"①。国家统计局公布的最新数据显示，"2019 年城镇居民人均住房建筑面积是 39.8 平方米，农村居民人均住房建筑面积是 48.9 平方米"。分析数据可以发现，从 2012 年到 2019 年，我国城镇居民和农村居民人均住房面积呈不断增长趋势。人均住房面积的日益增长，反映了我国居民对大面积住房的迫切需要。然而，随着住房面积规模的扩大，生活空间挤占生态空间，导致耕地面积减少；装修大面积住房，建筑材料、家庭能耗、家居设备需求量、二氧化碳的排放量也随之增长。此外，由此造成许多不必要的人力、财力和物力的浪费，而且带来许多噪声污染、扬尘污染等环境问题。

另一方面，人们对家用电器需求不断扩大。随着科学技术飞速发展，电冰箱、热水器、空调等家用设备给人们生活带来了极大便利。为了追求高品质的

---

① 居民收入持续较快增长 人民生活质量不断提高 [N]. 人民日报，2017-07-11.

生活，越来越多人购买电脑、空调、热水器等家电设备。据统计，仅"2017年全国居民每百户空调拥有量为96.1台，比上年增长5.8%；每百户电冰箱拥有量为95.3台，比上年增长2.0%；每百户排油烟机拥有量为51.0台，比上年增长4.8%；每百户热水器拥有量为78.6台，比上年增长3.2%"①。不可否认，家用电器设备满足了人民对"便捷生活"的需要，给人们带来了诸多便利，但是，电器设备拥有量增长，使用家电设备的取暖制冷的能耗、二氧化碳的排放量也随之增长，从而进一步加大了环境压力。

3. "三生"空间布局不平衡

所谓"三生空间"，是指"生态空间、生活空间和生产空间"的简称。从内涵来看，生态空间是具有生态防护功能的可提供生态产品和生态服务的地域空间；生活空间是人们日常生活活动使用空间；生产空间是人民从事生产活动的特定功能区域。从关系来看，生态、生产、生活三者之间相互依存、相互影响。在"三生空间"中，生态空间是基础，生产空间是根本，生活空间是存在目的。我国生态文明建设中强调的"优化空间布局"，其中就包含"三生空间"的优化。"三生空间"的合理布局是我国生态文明建设的内在要求。然而，在国土空间开发和保护方面，有的地方由于无序开发、过度开发、分散开发，导致优质耕地和生态空间占用过多，"三生空间"并没有达到理想的协调和平衡，具体表现为：

（1）生产空间挤压生态空间

生产空间是人类从事生产劳动的基本空间，主要包括工业生产空间和农业生产空间两大空间。生产空间与生态空间相平衡是生态文明空间合理布局的内在要求。改革开放以来，我国工业化、城镇化快速推进，取得了发达国家上百年才能取得的成就。但是，在长期发展过程中，部分地区"绿水青山就是金山银山"的理念还没有完全树立，传统的发展观根深蒂固，在经济发展和生态环境保护面前，依然是经济发展优先于生态环境保护，从而片面追求经济增长、加快城市规模扩张，不断扩大生产空间，最终过度挤占了城乡生态空间。总体来看，在经济发展过程中，"大规模的经济建设占用了大量耕地，由此带来耕地'占补平衡'的巨大压力，不少地方占优补劣、占近补远，补充耕地时上演'围

---

① 2017年全国居民收入持续较快增长 居民生活质量不断改善 [N]. 经济日报，2018-01-19.

湖毁林''上山下滩'"①。具体而言，一方面，从农业生产来看，农业方面过度开垦林地、草地、山坡地等，将原有林地、草地、山坡地改造成农业用地，造成生态空间逐渐减小。

另一方面，从工业生产来看，"城市快速扩张和工业园区建设直接占用或破坏优质农田、河湖水面，导致城郊区、开发区周边重要生态空间的迅速萎缩甚至消失"②。与此同时，大工厂、厂房无限扩张，开发风能、太阳能，放置生产设备等也占用生态空间，例如，光伏发电虽然是利用太阳能电池将太阳能转换成电能，但其转换使用的光伏电板占据生态空间。此外，"我国东北林区、西北草原、西南山地等生态脆弱、发展滞后区域，源于农牧民生计需要，就地开垦林草地、山坡地，造成对脆弱生态空间的直接侵占。滩涂围垦、填海造地、开山造城等一系列大开发活动，剧烈改变湿地、山地生态系统的稳态结构和自调节功能，引发生态环境退化"③。这些事实表明，经济发展过程中生产空间的扩大是以牺牲、挤占生态空间为代价的，而这与我国生态文明建设所要求的，特别是与优化国土空间的要求相违背。生态空间被挤占，就意味着生产空间的基础受到影响。要想实现生产和生态的平衡发展，必须合理布局生产空间和生态空间，努力实现生产空间和生态空间平衡布局。

（2）生活空间侵占生态空间

生活空间是人们日常生活的主要空间，生活空间与生态空间相平衡是生态文明空间合理布局的题中之义。但是，由于人们生活方式的消极影响，特别是人们对大面积住房要求的日益增长，使得生活空间不断扩大，生态空间不断退减，生活空间严重侵占生态空间。这里以房地产的高速发展为例。在宜居适度的生活空间中生活，拥有舒适的安身之所是人民群众的共同愿望。改革开放以来，伴随我国经济社会的快速发展以及温饱问题的解决，城市化的快速推进和居民可支配收入的提高，从乡村走入城市，在大城市拥有一套属于自己的房子成为越来越多人的选择。人们对楼房需求的增长，刺激了房地产行业的快速发展。为了满足更多人的住房需要，无数山头被夷为平地，高楼大厦平地而起，商品性住宅数量急速增长。在建造商品性住宅的过程中，很多开发商坚持"利

---

① 刘彦随. 我国生态空间被挤压问题日趋严重［N］. 经济日报, 2014-01-04.

② 刘彦随. 我国生态空间被挤压问题日趋严重［N］. 经济日报, 2014-01-04.

③ 刘彦随. 我国生态空间被挤压问题日趋严重［N］. 经济日报, 2014-01-04.

益第一"，忽视住宅周围的生态环境，从而将商品性住宅的矗立建立在牺牲生态环境、挤占生态空间的基础之上。国家统计局发布的数据显示，2020 年中国商品房销售面积和销售额分别为 176 亿平方米和 1736 万亿元，双双创下历史新高。2020 年，中国商品房销售面积 176086 万平方米，比上年增长 2.6%。商品房销售面积的增长反映了人们的住房需求的增长。然而商品房销售面积和房地产企业土地购置面积的增长是以牺牲生态空间为代价的。例如，习近平总书记多次批示的秦岭别墅事件，就是一个典型的例子。秦岭是我国南北方气候分界线和重要的生态安全屏障。近年来，某些房地产开发商违规违章建筑别墅，不仅把秦岭很多山坡削为平地，而且还随意圈占林地，对秦岭山体造成巨大破坏，严重侵占生态空间。此类事件，在我国屡见不鲜。要杜绝此类事件，必须合理规划和布局生活空间与生态空间，绝不能以挤占生态空间为代价来换取生活空间，而是要实现生活空间和生态空间平衡布局。

## 二、区域城乡生态文明建设不平衡

区域城乡是人们生产生活的主要空间，也是生态文明建设的重要空间。随着工业化的快速发展和城市化的深入推进，城乡二元经济的发展导致严重的两极分化，城乡区域发展差距逐渐拉大，城乡区域发展不平衡日益突出。这种差距和不平衡不仅在经济发展、文化建设、社会服务等方面客观存在，也体现在生态文明建设领域。从空间维度来看，生态文明建设的不平衡集中表现为区域、城乡生态文明建设的不平衡。

### （一）区域生态文明建设不平衡

区域一般是指具有内聚力的地区，东中西部是我国区域空间的基本划分。区域生态文明建设不平衡，主要是指东中西部生态文明建设水平分层明显，在区域环境治理、生态保护、环境受益与环境补偿等方面存在较大差距。

1. 生态文明建设水平分层明显

东中西部是 20 世纪 80 年代国家根据全国各地的自然条件、经济基础、发展水平和对外开放程度划分的三大经济地带。东中西部所处的地理位置、资源禀赋、发展阶段以及区域发展所依托的教育、科技、人才等条件截然不同，区域生态文明建设水平也有所不同。其中，西部地区是我国西部大开发的重要区域，由于开发历史较晚，经济发展和科学管理水平与东中部差距较大。在生态文明建设方面，当地政府虽然对生态环境保护予以关注，但发展经济优先于生态环境保护。加之西部地区生态系统差异性显著，生态环境问题错综复杂，加剧了生态文明建设的难度。中部地区在地理位置上承东启西、连南接北，社会集聚、资源承载与环境承载力不同，特别是中部地区重工业基础较好，各种能源、矿产资源、煤炭资源等储量丰富。为发展经济，中部地区加大对自然资源的开发和消耗，破坏了原有生态环境，使中部地区资源环境综合承载能力呈现下降趋势，生态文明建设协调性普遍偏低。东部地区地理位置优越，科学技术实力较强，经济实力雄厚，生态文明建设的内生动力和外部支撑条件优越，更是涌现出浙江安吉、永嘉，江苏高淳、江宁，上海崇明生态文明建设先行示范区，生态文明建设水平相对较高。

2. 环境治理差异较大

环境治理是我国生态文明建设的重要内容，解决区域人民群众反映强烈的突出环境问题是区域生态文明建设的重大任务。然而，东中西部在环境治理目标、制度安排、执行力度等方面强度不一。特别是习近平总书记发表长江经济带重要讲话之后，东部地区"关停转让"等一系列解决突出环境污染问题的举措强度很高、动作很快，制度出台频率高，环境治理效果显著。以长江经济带为例，"上海和浙江在结构优化、创新驱动、开放协调、水资源利用和水生态治理5项上分别居于全经济带11省市的首位"[1]。上海和浙江属于东部发达地区，这些成绩充分显示了东部地区环境治理的显著成效，是全国生态文明建设中的榜样和标杆。而西部地区相对落后的经济发展水平制约了生态环境的建设和投入，使得环境治理水平较低。近年来，随着经济活动向东部沿海地区的不断集聚，各类生产要素的价格被不断提升。在利润最大化和环保压力驱使下，经济先发地区产业结构向合理化和高级化演进，落后污染产业与废物垃圾向经济落后地区转移，低技术水平、高能耗企业和项目向中西部转移，中西部地区成为部分行业和落后产能的"避难所"及环境污染事件的时空热点。正如王金南教授指出："东部地区总体进入工业化后期，环境治理水平较高；中西部地区正处于工业化中后期阶段，环境压力加大。污染企业向中西部地区、向城乡接合部、向农村转移趋势明显。当前，已经出现东部地区环境治理取得成效、中西部地

---

① 湖南省社会科学院绿色发展研究团队. 长江经济带绿色发展报告（2017）[M]. 北京：社会科学文献出版社，2018：99.

区环境开始恶化的现象。"① 由此可见，区域环境治理不平衡已经成为我国区域生态文明建设中的一个新问题。

### 3. 生态保护力度差距较大

加大生态系统保护力度，筑牢我国生态屏障，是我国区域生态文明建设的题中之义。就区域发展而言，区域经济发展水平整体呈东高西低态势。东部发达地区凭借优越的经济优势、人才资金优势和科技优势等，在重大生态修复工程、构建生态廊道等方面逐渐形成了一定格局；在生态红线保护、国土空间规划上产生了明显效果；在生态、生产、生活空间的宜居适度、山清水秀、集约高效等方面成效显著。中西部地区生态条件先天存在不足，后天生态治理过程中由于受到发展水平、生态投入制约，主要依靠中央政府、省级拨款来治理环境、修复生态。相对于自主创新型的财政收支来说，财政拨款具有滞后性，作用效果没有及时性，影响了生态保护效果。据统计，2015年"西部地区森林覆盖率和建成区绿化覆盖率分别为40.78%和38.41%，森林覆盖率低于经济带整体和中部区域，建成区绿化覆盖率低于东部和中部区域。湿地面积占比为2.41%，分别比东部和中部区域低18.44个和3.86个百分点"②。森林覆盖率、绿化覆盖率和湿地面积是生态状况的直观反映，东中西部生态状况不同，正是区域生态文明建设不平衡的重要表现。

### 4. 环境受益与环境补偿不对等

马克思主义充分肯定自然对于人类社会存在和发展的重要价值，也明确指出人们生态环境权益的合法性与合理性。然而，生态危机的爆发以及各类生态环境问题的存在时刻威胁并挑战着人们的这一权益，这就涉及环境受益与环境补偿的问题。"环境受益是指人类生存与发展所获得的环境产品与服务。环境补偿是一种资源环境保护的经济手段，其目的是调动生态建设者的积极性，是促进环境保护的利益驱动机制、激励机制和协调机制的综合性。"③ 一方面，改革开放以来，经济发达的东部地区凭借雄厚的经济基础、发达的科学技术和高素质的人才资源，在我国经济社会发展中起着带头作用。不可否认，国家对发达

---

① 王金南. 科学把握生态文明建设的新形势 [J]. 求是, 2018 (13): 47-48.
② 湖南省社会科学院绿色发展研究团队. 长江经济带绿色发展报告 (2017) [M]. 北京: 社会科学文献出版社, 2018: 62.
③ 曾建平. 环境公正: 中国视角 [M]. 北京: 社会科学文献出版社, 2013: 146-147.

地区环境保护、生态治理的投入远远超过中西部地区。东部发达地区比中西部享受更多的资源能源、环境产品和服务。另一方面，东部地区要环保，中西部地区要温饱，区域间"各取所需"，区域环境治理"各扫门前雪"，忽视区域间连带效应，东中部落后污染产业与废物垃圾向中西部转移。实际上，西部地区默默无闻地"支援"和"扶持"东部地区，甚至牺牲自身利益来支持东部地区的繁荣和发展。西部地区生态环境的恶化虽有其自身原因，但东部地区理应为自身的"索取"买单。另外，我国生态补偿存在区域差异。据沈国舫院士反映，"目前，国家和地方对公益林的生态补偿区域差别很大，多的省份 40~60 元一亩，少的省份 10~15 元一亩"①。而这正是区域环境受益与补偿不平衡的一个重要表现。

（二）城乡生态文明建设不平衡

城市与乡村是人们生产生活的两大空间，城乡发展不平衡是我国发展不平衡的突出表现。在新的形势下，中国城乡二元结构的内容趋于复杂，从经济扩展到政治、文化、社会和生态文明建设等方面。由于多种因素综合所致，城乡生态文明建设差距逐渐拉大。

1. 城乡生态环境失衡

随着我国城市化快速推进，城市自然环境在推土机、大工厂、办公楼、宽马路等外力的强力推移下，出现环境污染、生态退化、资源耗竭等问题。与此同时，"近年来，随着农村经济带的快速发展、小城镇建设和商品流通的加快，农村的环境问题越来越突出，城乡之间环境不平衡越来越尖锐"②。生态环境问题成为城乡无法回避的共同难题。基于城乡可持续发展和改善人居环境的现实需要，我国以解决人民群众反映强烈的环境问题为核心，持续推进生态文明建设，积极开展美丽城市、美丽乡村建设等生态工程和项目，在城市重点实施空气、水、土壤污染防治行动计划，大幅度降低能源资源消耗强度，推进重大生态保护修复工程，不断改善城市生态环境。在农村重点开展人居环境整治行动，加强农业面源污染防治，加大对农业农村污染防治的工作力度和投资力度，着力击破农村农业污染防治中的重点问题与薄弱环节。但是，由于"城市地区产

---

① 沈国舫. 直面社会主要矛盾变化，坚持人与自然和谐共生 生态文明建设按下"快进键" [N]. 人民日报，2017-11-02.

② 曾建平. 环境公正：中国视角 [M]. 北京：社会科学文献出版社，2013：128.

业聚集度高，经济发展迅速，而农村地区主要以农业、畜牧业等第一产业为主，经济发展较为滞后。城市地区聚集了大量高能耗、高污染企业，影响了城市的生态环境"①。随着产业转移，城市高能耗高污染产业、落后产能和生活垃圾等源源不断向农村地区转移和扩散，使得农村面临饮水安全受到威胁、生活垃圾和工业废弃物威胁农民健康、环境风险居高不下等突出问题，拉大了城乡生态文明建设的差距和水平。而这正是城乡生态文明建设不平衡的典型体现。

2. 城乡环境权利与环境责任分配不均

生态环境是人类生存发展最基本的条件，环境问题事关人类基本生存权和生活质量。《人类环境宣言》提出"只有一个地球"的口号，并宣布，"人类有权在一种能够过尊严的和福利的生活中，享有自由、平等和充足的生活条件的基本权利，并且负有保护和改善这一代和将来世世代代的环境的庄严责任"②。自然是人类之母，人都是自然之子，人类不论性别、种族，在平等享有优美环境、满足自身优美生态环境需要的同时，也应当平等公正地履行保护生态环境、呵护地球家园的环境责任和义务。然而，城乡在生态基础设施、生态公共服务、资源利用和环境受益等方面存在不均衡。

一方面，在生态基础设施和生态公共服务方面，由于经济发展水平和硬件设施差异所致，"城乡基础设施和公共服务在规模和质量两方面的差异依然显著，城乡间资源配置不均衡的问题还很明显。城乡之间在污水处理率、生活垃圾无害化处理率、园林绿化、燃气普及率、供水普及率等公共设施水平的差距均较大。特别是，在农村地区的基本生活保障基础设施和公共服务得到较大改善后，环境卫生设施就成为城乡基础设施建设差距最大的领域"③。生态基础设施是为城乡居民提供生态公共服务的基础和保障，生态基础设施的差距，导致城市居民享有较好的生态公共服务。相比之下，农民居民无法享有与城市居民同等的生态公共服务。此外，城乡部分人群或强势人群获得的生态公共服务远高于城乡弱势人群，弱势人群不仅没有享受优质、均衡的生态公共服务，反而

---

① 国洁，罗晓. 哪些"不均衡问题"制约生态文明建设 [J]. 人民论坛，2018 (36)：90-91.

② 刘德海. 绿色发展 [M]. 南京：江苏人民出版社，2016：250.

③ 盛广耀. 中国城乡基础设施与公共服务的差异和提升 [J]. 区域经济评论，2020 (04)：52-59.

成为环境污染的受害者。

另一方面，在自然资源利用和环境受益方面。从自然资源利用来看，在我国自然资源相对短缺、时空分布不均的国情下，城乡自然资源利用不平衡日渐明显。城市是以非农业产业和非农业人口集聚形成的较大居民点，人口的大量集聚和城市发展需要利用大量的资源能源。农村地区是以农业生产和农业人口集聚形成的相对较小的聚居区，相对较少的人口和农业发展在一定程度上减少了对资源能源的需求。人口规模和资源需求的差异，使得城乡资源利用不平衡。在发展过程中，城市化发展尤其是大城市规模化建设和扩展消耗了更多的自然资源，无节制地开发利用了更多不可再生资源，加之粗放式发展，造成了永久性污染积累。从环境受益来看，由于城市高污、高能耗企业向农村转移，本应由城市企业承担的污染排放成本变成由农村地区承担。与城市居民相比，农村地区居民的生态权益得不到应有的保护。在片面追求 GDP 增长政绩观的驱动下，部分地区缺少对"三农"生态维度的考量和对"三农"利益的关注，使得农村地区居民的生态诉求得不到及时回应，生态权益得不到有效保护。这种城市和乡村在生态公共服务、资源利用以及环境权利与环境责任上的差异，既反映了城乡生态资源供需失衡的客观现实，也是城乡生态差距扩大的直观体现，更是城乡生态文明建设不平衡日益突出的真实写照。

### 三、生态文明建设与其他四大建设发展之间不平衡

党的十八大明确提出大力推进生态文明建设，确立了"五位一体"的总体布局。"五位一体"是一个有机整体，是管全局、管方向、管长远的根本遵循。在"五位一体"总体布局中，"生态文明建设是其他建设的自然载体和环境基础，并渗透于、贯穿于其他建设之中而不可或缺，一切发展建设都应该以不损害生态环境为底线"①。然而，从中国特色社会主义总体布局的发展来看，在坚持和发展中国特色社会主义过程中，生态文明建设明显滞后于其他"四大建设"，其他"四大建设"也并未适应生态文明建设要求，甚至存在与生态文明要求相背离之处，生态文明建设与其他"四大建设"之间的不平衡已然存在。

#### （一）生态文明建设与经济建设发展之间不平衡

在"五位一体"总体布局中，经济建设是中心，生态文明建设是基础。二

---

① 国家行政学院. 推进生态文明建设 [M]. 北京：国家行政学院出版社，2013：9.

者的相互关系是：经济建设是生态文明建设的物质基础和发展动力，生态文明建设是经济建设的生态基础和发展前提。生态文明建设与经济建设平衡发展是我国经济社会可持续发展的内在要求。但是，现阶段"资源环境承载能力不足已经成为我国现代化的重大制约，经济增长的资源环境代价过大已经成为我国前进道路上的首要问题，生态与经济的矛盾已经演变为我国经济社会发展的一对基本矛盾"[①]。我国生态文明建设与经济建设的不平衡、不协调问题突出，具体表现在以下两个方面。

1. 产业结构不合理

产业是经济发展的内核，产业结构是影响经济建设和经济发展水平的重要因素。改革开放以来，我国经济发展的速度和成效世人有目共睹。我国产业结构变动总体符合产业结构演变的一般规律，三次产业结构在调整中不断优化，总体呈现由"二一三"向"二三一"，再向"三二一"的演变趋势。然而，由于特殊的国情和历史条件影响，经济发展中"产业科技含量低、项目盲目重复、过度依赖高耗能高排放产业、高耗能工业产业比重偏高、环保产业落后等产业结构不合理的问题逐渐暴露，由此带来的经济增长同资源环境矛盾、冲突的问题也日益显现"[②]。在持续推进生态文明建设和实现经济高质量发展的双重背景下，我国坚持走生态优先的绿色发展道路。历经多年发展，在绿色发展理念的指引下，我国产业结构不断优化调整，第三产业比例以及第三产业在国内生产总值中的比重逐渐增加。但是，产业结构中以高能耗、高污染为特征的传统第二产业依然占据优势地位，以低碳为特征的第三产业和新兴制造业发展则相对落后。(见图4-1)

通过图4-1可以得出，2017年至2021年近五年间，我国产业结构发生显著变化，第一、二产业比重持续下降，第三产业比重及其在国内生产总值中的比重持续上升，2021年我国第三产业在我国国内生产总值中的比重虽然比2020年下降几个百分点，但是占比仍然达53.3%。但是，与世界发达国家相比，"我国制造业服务化水平还不高，生产性服务业发展相对滞后、结构不合理等问题突

---

① 黄娟. 生态文明与中国特色社会主义现代化 [M]. 武汉：中国地质大学出版社，2014：25.

② 张云飞. 辉煌40年——改革开放成就丛书（生态文明建设卷）[M]. 合肥：安徽教育出版社，2018：209.

出，这使得中国制造长期处于全球产业链的中低端。发达国家的产业结构普遍存在'两个70%'现象，即服务业占 GDP 的 70%、生产性服务业占服务业的70%"①，英法美三国的第三产业比重已高达 79%，接近 80%。这些数据和事实表明，我国产业结构虽然升级，但传统工业比例过大，依然是制约我国工业生产绿色升级和造成生态环境问题的主要因素，我国第三产业结构的占比与世界发达国家相比还差十几个百分点。在绿色发展和实现经济高质量发展的驱动下，我国产业结构依然需要进一步优化。

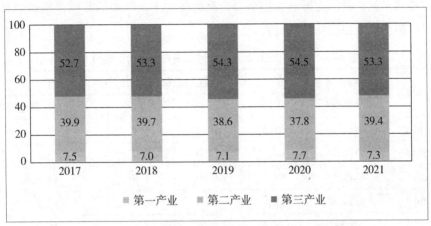

**图 4-1 2017—2021 年三次产业结构增加值占国内生产总值比重图（%）**

图表来源：中华人民共和国 2021 年国民经济和社会发展统计公报

### 2. 经济增长方式粗放

改革开放以来，为解决原有"人民群众日益增长的物质文化需要和落后的社会生产之间的矛盾"，我们坚持以经济建设为中心，经济发展优先于生态环境保护，错置经济发展和生态环境保护的关系，牺牲"绿水青山"换取"金山银山"。"一些地方过度追求金山银山，在经济发展过程中，采取传统粗放型的经济发展模式，造成了资源的过度消耗和环境承载能力的透支。"② 传统型的粗放

---

① 经济日报评论员. 发达国家的产业结构普遍存在"两个70%"现象［N］. 经济日报，2014-08-13.

② 李军，等. 走向生态文明新时代的科学指南：学习习近平同志生态文明建设重要论述［M］. 北京：中国人民大学出版社，2015：28.

型经济发展模式是一种"过度依赖投资和外需、重速度不重质量效益、吃资源环境子孙饭的粗放型增长模式","粗放型发展模式所付出的代价之一就是耗费大量本来就十分稀缺的资源,形成了资源的硬约束。如我国原油的对外依存度已接近60%,铁矿石的对外依存度已超过50%"[①]。从经济要素投入来看,我国经济的增长主要依赖大量资源投入的"量"的积累,经济发展所使用的原料主要是石油、煤炭、矿石能源等物质与能量。这些物质与能量都属于高消耗、高污染、高排放的资源,对生态环境具有极大的污染性和破坏性。从我国能源消费及构成来看,我国能源消费仍然以传统能源为主,新型能源的比例虽然有所提升,但传统能源比例依然过大。

表 4-1 2016—2020 年我国能源消费及构成占比图 (%)

| 年份 | 能源消费总量（万吨标准煤） | 占能源消费总量的比重（%） | | | |
|---|---|---|---|---|---|
| | | 煤炭 | 石油 | 天然气 | 一次电力及其他能源 |
| 2016 | 441492 | 62.2 | 18.7 | 6.1 | 13.0 |
| 2017 | 455827 | 60.6 | 18.9 | 6.9 | 13.6 |
| 2018 | 471925 | 59.0 | 18.9 | 7.6 | 14.5 |
| 2019 | 487488 | 57.7 | 19.0 | 8.0 | 15.3 |
| 2020 | 498000 | 56.8 | 18.9 | 8.4 | 15.9 |

数据来源:《中国统计年鉴2021》,国家统计局官网。

如表 4-1 所示,2016—2020 年我国能源消费总量呈逐年上升趋势。从能源消费的主要构成来看,近五年我国煤炭消费总量呈逐年递减趋势,天然气、一次电力及其他能源呈逐年递增趋势,石油消费量总体稳定、变动幅度不大。《中华人民共和国2021年国民经济和社会发展统计公报》数据显示,"2021年,全年能源消费总量52.4亿吨标准煤,比上年增长5.2%。煤炭消费量增长4.6%,原油消费量增长4.1%,天然气消费量增长12.5%,电力消费量增长10.3%。煤炭消费量占能源消费总量的56.0%,比上年下降0.9个百分点;天然气、水电、核电、风电、太阳能发电等清洁能源消费量占能源消费总量的25.5%,上升1.2

---

① 郑京平. 粗放型发展模式再不转换就走不下去了 [N]. 中国经济时报,2013-08-29.

个百分点"①。分析数据可以发现,尽管我国天然气、水电、核电、风电、太阳能发电等清洁能源的消费量在不断增长,但煤炭占能源总量的比重依然处于绝对领先地位,其他能源占能源总量的比重虽有提升,但变化幅度很小。这表明,我国能源消费依然以传统污染型能源为主,清洁绿色能源尚未成为支撑主体。除此之外,我国重化工业,在"挖煤—修路—水泥—钢材—发电—缺电—再挖煤"的怪圈中逐渐发展和壮大起来,诸多高污染、高能耗、高投入项目长期占据主导地位,这样势必造成资源的过度开采消耗、污染的过量排放以及对生态的严重破坏,甚至将我国经济发展的红利损耗殆尽。

（二）生态文明建设与政治建设发展之间不平衡

在"五位一体"总体布局中,政治建设是方向和保障。生态文明建设需要借助政治建设的力量,依靠政治制度来保驾护航。政治建设要以保护生态环境为重要责任,以不损害生态环境为政治底线。"党的十八大以来,以习近平同志为核心的党中央,反复强调全党上下把生态文明建设作为一项重要政治任务,真抓实干、务求实效"②,把生态文明建设融入政治建设的全过程和各方面,实现生态文明建设和政治建设平衡发展。然而,当前我国政治建设融入生态文明理念、要求和目标有限,现有政治建设存在与生态文明建设不适应之处。

1. 生态民主政治建设需要加强

发展社会主义民主政治是中国特色社会主义的题中之义,中国特色社会主义政治的基本特征就是民主。实现人民当家作主,就要扩大人民有序政治参与,保障人民知情权、参与权、表达权和监督权。同样,在生态文明建设领域,人民享有生态知情权、生态参与权、生态表达权和生态监督权。虽然我国制定相关制度、出台相关政策,依法保障人民在生态方面的权益和权利,但是,在生态表达权方面,我国尚未设立专门的保护人民生态表达权的法律,关于人民生态表达权的法律只是散见于《环境保护法》等其他法律法规中。"作为普遍性意见表达个体即公众,在信息不对称的情况下,受社会地位、信息来源、政治参与能力等因素的影响,往往不能很顺畅地将发现和感受到的环境污染、生态破

---

① 国家统计局. 中华人民共和国2021年国民经济和社会发展统计公报［R/OL］. 国家统计局官网, 2022-02-28.

② 黄承梁. 新时代生态文明建设思想概论［M］. 北京: 人民出版社, 2018: 142.

坏等问题及时反映上去。"① 在生态参与权方面，生态参与有些规定不够明确，尚未形成完善的法治体系，人民生态参与在一定程度上受限。如果不及时纠正和解决这些问题，将会对我国生态文明建设和我国"五位一体"总体布局造成不利影响。这就需要加强生态民主政治建设，通过制定法律、健全制度、广开渠道等，为人民参与生态文明建设提供机会与渠道，从而保障人民群众的生态知情权、生态表达权、生态参与权和生态监督权。

2. 生态文明制度尚有短板

从生态文明制度来看，"党的十八大以来，以习近平同志为核心的党中央蹄疾步稳全面推进生态文明体制机制改革，改革全面发力又纵深推进、多点突破又突出主要矛盾，制度出台频度之密前所未有，执法督察尺度之严前所未有，生态文明建设系统性、整体性、协同性着力增强，重要领域和关键环节改革取得突破性进展"②。我国生态文明建设"四梁八柱"的制度已经建立，我国生态文明建设有了坚实的制度保障。但是，生态文明制度方面还存在一些薄弱环节。例如，"环境保护管理机构不统一、力量薄弱、缺乏系统性"，"我国现行环保体制难以适应统筹解决跨区域、跨流域环境问题的新要求，难以规范和加强地方环保机构队伍建设"③。生态文明制度的薄弱之处，正是今后我国生态文明建设需要着力解决的重要问题。

（三）生态文明建设与文化建设发展之间不平衡

在"五位一体"总体布局中，文化建设是灵魂和血脉。"中国优秀传统文化中蕴藏着解决当代人类面临的难题的重要启示。"④ 推进生态文明建设要从中华优秀文化中汲取营养，文化建设要贯彻生态文明的理念、要求和目标，把生态文明建设融入文化建设的全过程和各方面。"助推生态文明建设的文化力量主要体现在社会有正确科学的生态价值观，民众有较好的生态环境素养、关爱环境

---

① 徐行，张鹏洲. 我国生态文明建设的政治考量与政府职责 [J]. 理论与现代化，2016 (04)：99-104.

② 黄承梁. 新时代生态文明建设的发展态势 [J]. 红旗文稿，2020 (06).

③ 张云飞. 辉煌40年——改革开放成就丛书（生态文明建设卷）[M]. 合肥：安徽教育出版社，2018：258-260.

④ 习近平. 坚持节约资源和保护环境基本国策 努力走向社会主义生态文明新时代 [N]. 人民日报，2013-05-25.

的行为，有环境友好型的社会习俗、生活方式、生产方式。"① 然而，事实上我国文化建设与生态文明建设各自为战，文化建设融入生态文明要求不够，生态文明建设与文化建设之间存在不平衡。

1. 文化建设生态属性尚不突出

文化是民族的血脉，是人民的精神家园，也是政党的精神旗帜。中国共产党是一个高度重视文化自觉和文化自信的马克思主义政党，历来重视文化建设，把建设社会主义文化强国视为实现中华民族伟大复兴的基础和前提。文化建设是指发展教育科学、文学艺术、新闻出版等各项文化事业的活动。党的十八大要求把生态文明建设融入文化建设全过程和各方面，就是要求文化建设适应生态文明建设要求，建设与生态文明相适应的中国特色社会主义文化，充分增加文化建设的生态属性。然而，从现阶段来看，我国文化建设融入和贯彻生态文明理念力度不够，现有文化建设与生态文明要求还有距离。一方面，从生态意识来看，《全国生态文明意识调查研究报告》明确指出，我国公众生态文明意识呈现"认同度高、知晓度低、践行度不够"的状态，公众生态文明意识具有较强的"政府依赖"特征。"我国人口众多，国民文化层次不一，应该说，尚有一部分国民的生态意识还需强化，甚至有些国民的生态意识仍淡薄，有待启蒙。"② 另一方面，从图书出版对生态环境的影响来看，"印刷产业中，由化工原料和废弃物对环境造成的污染在国外已引起人们的重视。印刷产业虽然算不上重污染业，但因其企业数和从业人数较多，所造成的环境污染也是不容忽视的。在我国，印刷企业只重视经济效益而忽视环境保护的问题较普遍。加之印刷产业的科技力量比较薄弱，在环境保护方面与发达国家相比还存在较大差距"③。与此同时，随着图书需求的增多，图书出版社所需要的原材料的需求量就会增加。由于图书出版的原材料来自树木，原材料的增加势必会导致对树木的大量砍伐，这无疑会对森林的生态环境造成破坏，导致森林生态系统稳定性和生物多样性降低，进而对我国气候环境造成不利影响。除此之外，加之党政部门顶层设计不完善、教育系统不健全、社会宣传力度有限，导致我国生态文

---

① 郑晓云. 用文化的力量助推生态文明建设 [N]. 光明日报, 2018-10-29 (06).

② 冯小军, 杨文丰. 生态文学: 生态文明建设的有生力量 [EB/OL]. 黑龙江作家网, 2020-06-15.

③ 当前我国图书出版业对生态环境的影响 [EB/OL]. 中国家电网, 2014-09-18.

明教育实效性不强。在文学艺术方面，虽然近几年与生态文明建设相关的作品和艺术不断涌现，但尚未形成热潮。在各项文化事业中，虽然开始关注生态文明，并且融入生态文明元素，但文化事业的绿色属性亟待增强。

2. 生态文化亟须繁荣发展

建设生态文明关乎民生福祉，关系到每一个社会成员的切身利益。人们必须有基本的生态文化素养才能积极推动生态文明建设的发展，才能为建设生态文明贡献微薄之力。"生态文化是生态文明的文化表现和文化表征，我国生态文化发展是环境压力、发展需要和主观自觉的产物"①，代表了生态文明新时代文化发展的新方向。

发展繁荣生态文化是把生态文明建设融入文化建设的内在要求，也是我国文化建设贯彻生态文明理念的具体表现。《中国生态文化发展纲要 2016—2020年》明确提出："积极培育生态文化，将生态价值观、生态道德观、生态发展观、生态消费观、生态政绩观等生态文明核心理念，纳入社会主义主流价值观，成为国家意识和时尚追求。"②

第一，从生态道德建设来看。近年来，为促进生态文化发展，我国加强生态道德建设。在理论建设层面，以余谋昌为代表的生态伦理学研究队伍，聚焦生态伦理学理论研究，形成了一些具有代表性的理论研究成果。在具体实践层面，我国各大媒体加大对生态道德的宣传，部分学校开展生态道德教育，国家设立生态文化示范基地等，为提升人们的生态道德素质创造条件。但总体来看，目前我国生态道德建设水平还有待提升，大多数人的生态道德素质需要提高。现实生活中，由于生态道德素质欠缺，诸如暴殄天物、猎杀珍稀动植物、肆意浪费资源、破坏生态环境的失范行为时有发生。

第二，从生态消费观来看。随着人民群众物质生活水平的提高，人们的消费方式也随之升级。"互联网+"背景下，"互联网+生活"成了常态，外卖成为人们生活的重要内容。但是，外卖快餐在方便人们生活的同时，外卖餐盒、快递包装、快递垃圾也给生态环境带来了很大压力。"据统计，国内互联网订餐平

---

① 张云飞. 辉煌 40 年——中国改革开放成就丛书（生态文明建设卷）［M］. 合肥：安徽教育出版社，2018：288.

② 国家林业局关于印发《中国生态文化发展纲要（2016—2020 年）》的通知［EB/OL］. 国家林业和草原局政府网，2016-04-11.

台一天使用的塑料餐盒约有 4000 万个，全国每天因外卖产生的餐饮残余多达上千吨。"① 很显然，人们在通过互联网平台叫外卖以及享用外卖的过程中，并没有考虑外卖背后的生态影响，实则反映了人们消费过程中缺乏对生态环境的生态考量，绿色消费理念还没有完全树立。

第三，从幸福观来看。"当前，世界范围内的生态危机、道德危机、心理危机等诸多危机并存是一个不争的事实，原因固然很多，人类精神的失衡尤其是偏离科学的幸福观是不可小觑的诱因。"② 工业文明时代以来，人类形成了利己主义、物质主义和消费主义为主流的幸福观，很多人在过度的物质追求、异化消费中寻找幸福，将人的需求的丰富性、多样化单面化为"物性"，人被视为"单向度"的经济动物。从本质上看，这些非科学的幸福观把过度消费作为幸福的本质，缺乏对人的需要的合理性以及人的消费行为对生态环境产生影响的深度考量，因而它们是反生态的、缺乏生态环境关怀的错误幸福观。故此，在生态文明新时代亟须牢固树立和形成生态文明幸福观，这是生态文明新时代的内在要求，也是实现文化建设与生态文明建设平衡发展的迫切需要。

（四）生态文明建设与社会建设发展之间不平衡

在"五位一体"总体布局中，社会建设是支撑和归宿。社会建设是社会和谐稳定的重要保证，是保障和改善民生的主要途径。推进生态文明建设的最终目的就是建立一个人与自然和谐共生的生态和谐社会。"通过社会生活生态化来建立生态化社会生活，是生态文明的社会内容和社会目的，构成了建设美丽中国的社会要求。"③ 然而，当前我国社会建设还没有完全适应生态文明建设要求，至今存在不少矛盾与冲突。我们提出了生态与经济、经济与社会协调发展，但至今没有提出生态与社会协调发展。

1. 社会建设绿色向度不高

社会建设是"五位一体"总布局的基本构成，建设生态文明要求提高社会建设的绿色化程度。

社会建设坚持服务为先，以保障和改善民生为重点，着力解决人民最关心

---

① 吕晓勋. 让绿色生活成为时代名片［N］. 人民日报，2017-08-16（05）.

② 柴素芳. 大学生幸福观教育论［M］. 北京：人民出版社，2013：1.

③ 张云飞. 生态文明——建设美丽中国的创新抉择［M］. 长沙：湖南教育出版社，2014：289.

最直接最现实的利益问题。把生态文明建设融入社会建设全过程，就是要在社会建设各个领域深入贯彻生态文明要求，着力构建绿色社会。然而，从目前来看，我国社会建设在某些方面并没有很好融入生态文明理念，一些地方还存在与生态文明要求相违背之处。

一方面，从医疗卫生来看。医疗卫生作为社会民生的基本领域，既是社会建设的重要内容，也是生态文明建设的题中之义。把生态文明建设融入社会建设各方面和全过程，首要的是要推动医疗卫生事业的绿色转型，大力发展绿色医疗卫生事业。但是，目前我国医疗卫生事业绿色化程度不高，贯彻生态文明理念不够，医疗废弃物在处理过程中还存在一些问题：除了在一些中心城市和大中型城市以外，很多城市及县乡镇的医疗废弃物管理不完善，多数医院没有将医疗废弃物收集贮存，更没有对一次性用品进行绿色化、科学化和无害化处理，而这些医疗废弃物中存在着大量细菌、病毒及有害物质，在腐败分解时产生多种有害物质，最终成为我国垃圾污染的主要污染源之一。与此同时，部分医院医疗废物贮存运输、焚烧不规范，对大气环境造成影响。生态环境部发布的《2020 年全国大、中城市固体废物污染环境防治年报》数据显示，2019 年 196 个大中城市医疗废弃物产生量 84.3 万吨。虽然这些医疗废弃物都得到了及时妥善处置，但仍然有很多医疗废弃物得不到绿色化和无害化处理，我国医疗废物处置的绿色化程度还需提高。

另一方面，从食品安全来看。民以食为天，让人民群众"吃得放心"是我国社会建设的重要内容，也是生态文明建设所要实现的目标之一。《中共中央国务院关于深化改革加强食品安全工作的意见》指出，"人民日益增长的美好生活需要对加强食品安全工作提出了新的更高要求；必须深化改革创新，用最严谨的标准、最严格的监管、最严厉的处罚、最严肃的问责，进一步加强食品安全工作，确保人民群众'舌尖上的安全'"①。"自 2010 年以来，我国食品抽检总体合格率一直稳定在 95% 以上"②，食品安全呈现总体稳定、趋势向好的良好格局。但不容忽视的是，我国食品安全还有风险。例如，"我国农产品质量不高主要体现在农产品的整个种植过程，从育种、灌溉、施肥、养殖到收割过程中缺

---

① 张凤. 2019 年度食品安全法治十大事件发布［N］. 中国市场监管报，2020-06-04.
② 吴林海. 我国食品安全基本态势与风险治理［N］. 光明日报，2017-06-08（11）.

少农业科学技术和绿色生态理念"①，生产环节并没有真正做到绿色环保。我们市场所提供的部分农产品并非绿色产品。如今，食品安全问题已经成为被广泛关注和亟待解决的社会问题。要确保人们"舌尖上的安全"，必须增强食品领域的绿色系数，大力生产绿色食品，让人民群众吃得放心。

2. 重社会民生轻生态民生

"治政之要在于安民"，安民必先惠民。"人民对美好生活的向往，就是我们的奋斗目标。"② 从民生角度出发，社会和谐稳定、人民安居乐业是党和国家的奋斗目标，保障和改善民生是社会建设的重要任务。加强社会建设，就是要让人民在民主法治、公平正义、诚信友爱、充满活力、安定有序、人与自然和谐相处的和谐社会中享受美好生活。从社会保障体系来看，改革开放以后，我国正式初步建立社会保障体系改革制度。在党的十九大报告中，习近平总书记强调："要加强社会保障体系建设。全面建成覆盖全民、城乡统筹、权责清晰、保障适度、可持续的多层次社会保障体系"③。党的十九大以来，我国不断健全完善社会保障体系，确定了社会保险、社会福利、社会救助、社会优抚和安置等方面的制度。但是，分析这些制度的具体内容可以发现，这些制度紧紧围绕社会民生、人民群众的社会利益，社会保障制度的生态向度不够突出，且具体内容中也尚未涉及人民群众生态利益的保障和生态权益的维护。

从具体的社会救助制度来看，近年来随着生态环境问题的不断凸显，生态环境问题对人民群众身体健康的负面效应日益显现，生态难民也不断增多。然而，绝大部分生态难民由于主客观原因所致，在生态环境问题面前选择隐忍，直到忍无可忍时产生过激行为甚至演变为环境群体性事件。究其原因，在于我国社会救助体系中缺乏对人民生态权益的考量。社会救助体系绿色属性的缺失，使环境难民得不到及时的生态援助和补偿，从而导致社会不和谐因素增加。

---

① 赵丹桂. 我国农业绿色发展的转型升级研究 [J]. 农业经济, 2018 (11)：23-24.

② 吕晓勋. 以"全民"底色绘就改革画卷 [N]. 人民日报, 2016-05-30 (05).

③ 习近平. 决胜全面建成小康社会 夺取新时代中国特色社会主义伟大胜利 [N]. 人民日报, 2017-10-20.

## 第三节 我国生态文明建设不平衡的问题归因

我国生态环境问题产生的原因错综复杂，生态文明建设不平衡也是多种因素综合所致，既有经济发展模式的问题、思想观念上的偏差、生态文明制度的缺陷，也有技术、管理、法律方面的不足。只有找准导致生态文明建设不平衡产生的主要原因，才能对症下药、找到生态文明建设新的突破口与着力点。

### 一、"三生"之间不平衡的成因

生产、生活与生态发展之间的不平衡，归根到底是人的生产方式、生活方式没有建立在保护资源生态环境的基础之上。究其根源，在于我们传统发展观根深蒂固，消费主义生活方式产生负面影响和物质主义幸福观的错误引导。

#### （一）传统发展观根深蒂固

发展是人类社会的永恒主题，始终是党执政兴国的第一要务。发展观是人们关于什么是发展以及如何实现发展等问题的根本看法和观点，对选择发展道路、发展方向和发展方式有重要影响。长期以来，我们把经济发展等同于经济增长，并把经济增长率作为衡量经济发展的唯一指标，把发展问题单纯看成是一个经济问题，把资源、环境问题看成是经济发展的外生变量或外部环境，形成了传统的发展观。传统发展观在发展的内涵认识和发展问题的基本观念上存在着一些非理性的思想倾向，使经济增长与经济发展的目标建立在生态环境被破坏的基础上。随着生态环境问题凸显，我们已经深刻认识到传统发展观的弊端和不可持续性。故此，党的十八届五中全会提出"绿色发展"的新理念，它以人与自然和谐为价值取向，以绿色低碳循环为主要原则，以生态文明建设为基本抓手，指明了我国经济社会发展的正确方向。但传统发展观存在已久，其影响根深蒂固，难以在短期内实现根本转变，绿色发展理念在短期内也难以牢固树立。这是造成我国生产方式粗放、生产过程缺乏绿色向度，最终造成生态危机的主要思想根源。

#### （二）消费主义生活方式影响

生态危机是人与自然矛盾冲突的结果，生活与生态之间的不平衡是人类不合理的生活方式与生态环境矛盾冲突的产物。"生态环境是人类生存最为基础的条件，生活方式是人类存在和生活的方式，生活方式的形成既依赖于生态环境，又对生态环境产生重要影响。"① 随着经济全球化深入发展，我国对外开放程度加深，在中国经济转型升级的同时，西方发达国家制造的"多消费、高消耗、高污染、高浪费"的消费主义生活方式逐渐渗透到我国并被许多人膜拜和推崇。现实中出现的过度消费、奢侈消费、购物盛宴等，都是消费主义生活方式的直观表现。英国经济学教授柯蒂斯·伊顿等提出的相关理论指出："一个国家的生活水平一旦达到某一合理标准，财富的继续增加非但不会给其人民带来更多的益处，相反很可能会让民众感到更不幸。"② 从实质上讲，消费主义生活方式是一种在异化消费基础上形成的生活方式，而异化消费不是为了满足正常的、合理的基本需要，而是"为补偿自己那种单调乏味的、非创造性的且常常是报酬不足的劳动而致力于获得商品的一种现象"③。消费主义生活方式产生的直接后果就是生态系统的有限性和人类消费的无限性发生冲突，造成"大量生产—大量消费—大量排放"的恶性循环。正是这种具有破坏性、不可持续的生活方式带来生态危机和灾难。

（三）物质主义幸福观的错误引导

渴望美好生活、追求幸福生活是人们的共同愿望，"实现人的解放与发展，获取自由和幸福的生活则是生活概念所要达到的终极目的"④。人类所从事的教育、经济、文化等一切实践活动都是为了获得幸福而又美好的生活。然而，从现实生活来看，生活与生产的关系之所以位置颠倒，生产、生活与生态之间之所以出现不平衡不协调，人们之所以遭遇"幸福悖论"，这些都与物质主义幸福观的错误引导有很大关联。物质主义幸福观是以物质追求作为生活的核心、以物质财富来界定成功、以物质追求来实现幸福感的一种幸福观。这种幸福观"将发展本身而不是幸福本身作为发展的终极目的，因而破坏了对人们幸福生活

---

① 崔龙燕，石秀秀，黄娟. 对消费主义生活方式的生态批判［J］. 郑州轻工业学院学报（社会科学版），2018，19（06）：17-25，35.

② 黄承梁. 新时代生态文明建设思想概论［M］. 北京：人民出版社，2018：181.

③ 阿格尔. 西方马克思主义概论［M］. 慎之，等译. 北京：中国人民大学出版社，1991：494.

④ 陈曙光，周梅玲.《德意志意识形态》中的"生活"概念［J］. 湘湖论坛，2017（04）：18-22.

有重要影响的生态环境"①。受物质主义幸福观影响，在发展中我们偏重于经济发展速度和 GDP 增长数量，忽视了资源的合理利用和良好生态环境对幸福生活的有效保护。对经济增长的过度倚重，不仅造成对自然资源的过度掠取，而且破坏了人们赖以生存的自然生态环境，既不利于当代人的身心健康，也殃及子孙后代的幸福生活。在生活中注重物质主义幸福观的人们把物质生活等同于生活的全部内容，宣扬和信奉"物质幸福高于一切"，总是以拥有的金钱和财富作为幸福快乐、彰显社会地位的根本尺度，以消费购物来获得他人的注目、尊敬及自身精神上的满足与快乐。这样必然导致人们对物质金钱的过度追求，而为了满足自己的物欲和金钱欲望，人们不停地工作、加班加点，只为获得更高的报酬。然而，在工作加班加点的过程中，人成为单向度的、机械化的人，淡化了幸福生活的意义和真谛，这正是很多人在工作和生活中产生消极情绪、幸福感弱化的重要原因。

**二、区域城乡生态文明建设不平衡的成因**

区域城乡生态文明建设不平衡的产生不是由单一因素所致的，而是多方面原因共同导致的结果。经济发展水平、产业结构、思想观念、城市化进程以及环境政策的差异是造成区域城乡生态文明建设不平衡的重要原因。

（一）经济发展水平的差距

从环境经济的角度来看，生态文明建设与经济建设之间具有密切关联。"作为一种具有多重结构的整体，生态文明首先是通过一定的物质文明的形式表现出来的。没有强大的物质经济基础和条件，就不可能搞好生态环境治理和建设。"② 生态文明建设是一项系统工程，节约资源能源、开展环境保护、推进生态治理等生态建设活动，都需要投入大量的人力、物力和财力，经济发展是生态文明建设的物质基础，经济发展水平的高低直接影响生态文明建设的进展和成效。就区域而言，根据经济发展水平与地理位置，我国大陆区域整体上可以划分为东、中和西部三大经济地区，且经济发展水平呈东高西低的特点。经济发展水平差异决定了区域生态文明建设的要素投入、外部支撑条件和后劲动力

---

① 柴素芳. 大学生幸福观教育论 [M]. 北京：人民出版社，2013：1.
② 张云飞. 唯物史观视野中的生态文明 [M]. 北京：中国人民大学出版社，2014：288.

的强弱与不同。我国东部地区生态文明建设水平远高于中西部地区，一个重要原因就在于东部地区雄厚的经济实力给该区域生态文明建设提供了强大的财力物力支撑。就城乡而言，城市和农村经济发展水平、科学技术、人力资源等方面差距较大，城市的整体实力要优于农村，这就决定了城市和农村在生态文明建设投入、基础设施建设等方面的巨大差异，其结果是拉大城乡生态文明建设差距。我国区域生态文明建设表现出来的水平分层，首先是区域经济发展水平差距较大导致的结果。

（二）产业结构的差异

众所周知，产业是经济发展的核心和依托，提升产业结构是解决资源与环境问题的主要途径。在推进生态文明建设的过程中，优化区域产业结构对区域生态工业、农业和服务业的发展具有很大的促进作用。从区域来看，东中西部三大经济地区所处的地理位置、所依附的自然条件、所依赖的自然资源不同，各自有着自己的发展和特点，区域产业发展也有所不同。我国中西部地区矿产资源、能源等较为丰富，能源型产业、资源型产业、高耗能产业比例较大；我国东部地区人才高度密集，第三产业、高新技术产业等较为突出。产业发展不同，区域资源利用、环境治理、生态保护等面临不同的硬件和软件条件，差异明显，使得区域生态文明建设解决的问题和成效也截然不同。就城乡而言，"从生产角度来看，城市工业以企业为主，而农村农业则以家庭经营为主；从消费的角度看，农村农业是低成本的循环式，内有任何资源在传统农业中被浪费或成为垃圾；城市和工业是高消耗直线式的，有很大的生产者和消费者，但没有降解者"①。因此，以能源型产业为主的地区资源消耗和环境污染的程度远高于低能耗、低消耗地区，城市和工业造成的环境污染与资源消耗远大于农村。在这点上，产业结构的差异是造成区域城乡生态文明建设不平衡的第二个原因。

（三）思想观念的差异

根据马克思关于经济基础和上层建筑辩证关系的基本原理，经济基础决定上层建筑，上层建筑反作用于经济基础。据此可以认为，生态环境问题的产生既与人的实践活动关系密切，又与人的思想观念有深层关联。"生态环境问题，

---

① 杜受祜. 全球变暖时代中国城市的绿色变革与转型［M］. 北京：社会科学文献出版社，2015：52.

表面上反映的是人与自然关系的冲突，究其实质，最终是人的文化危机。"① 而人的文化危机，归根到底是人的思想观念出现偏差。就城乡而言，我国城乡二元对立的局面尚未根本扭转，城乡在生态文明建设的理念上和对待生态环境的态度上明显不同。"城市环境重如金，农村环境轻如毛"，在生态文明建设的天平上，城市与农村的分量竟然如此不平衡。居住在高楼大厦里的城市人也渴望拥有优美生态环境，有些城市动辄可以耗费巨额资金来改善城市的生态环境。而农村快速城市化、工业化的进程中，承受着城市化和工业化带来的不良后果，接受着城市高污染、高耗能企业和项目乃至城市生活垃圾的转移，曾经拥有山清水秀、田园风光的自然环境，现在却被穷山恶水包围。可以说，农村地区许多的矛盾和冲突，都源自城市对农村地区的"生态掠夺"，有些地方、有些部门、有些领导干部对农村生态环境的改善依然是"纸上谈兵"。由此可见，思想观念的差异，特别是在对待生态环境问题和推进生态文明建设态度和想法上的巨大差异，致使城乡在对待生态文明建设上的认识和行动不同，最终造成城乡生态文明建设不平衡。

（四）财政投入的差异

财政投入是生态文明建设的物质基础和强大后盾，影响生态文明建设的进展和成效。一直以来，国家通过城市偏向政策的实施造成了城乡二元结构的持续存在。在城乡发展过程中，由于城市化快速发展的客观需要，"中国财政预算和固定资产投资偏向于大城市，使得大城市在公共财政支出和公共服务的投入水平上具有明显的优势地位，这种分配上的不平等造成了城乡发展资源和发展水平的不平等"②。这种不平等在生态文明建设领域表现为生态投资的不平等。在现实社会中，城市的生态公共服务财政支出高于农村地区，农村地区获得的生态财政支持明显滞后于城市。虽说近年来进一步加大了对农村生态投资的力度，但城乡生态投资的差距仍未缩小，农村生态公共服务缺失、生态公共产品短缺的现状尚未根本扭转。这就需要持续加大对农村生态投资的数额和比例，使生态财政投入尽可能向广大农村地区倾斜，以此缩小城乡生态投入差距，促进城乡生态平衡发展。

---

① 刘德海. 绿色发展 [M]. 南京：江苏人民出版社，2016：178.
② 戎爱萍，张爱英. 城乡生态化建设——当代社会发展的必然趋势 [M]. 太原：山西经济出版社，2017：96.

### 三、生态文明建设与其他四大建设之间不平衡的成因

党的十八大确立了"五位一体"总体布局，标志着我们党对中国特色社会主义规律认识的不断深化。"五位一体"总体布局是一个有机整体，建设中国特色社会主义，就要五个建设一起抓，五个轮子一起转。但是由于历史和现实原因，生态文明建设最晚进入总体布局，五大建设各自为政，导致生态文明建设与"四大建设"发展失衡。

#### （一）生态文明建设最晚进入总体布局

准确把握中国特色社会主义事业总体布局，是我们党和国家确定工作任务与发展方向的重要依据。"从1979年'两个文明'的概念，到2002年'三个文明'的提出，再到2007年'四个文明'的确立，充分说明了我们党和政府对于全面建设文明社会认识的深化和发展。"① 与此同时，在应对生态危机、贯彻落实可持续发展战略的过程中，中国特色社会主义事业总体布局不断调整和优化。党的十六大提出"四位一体"的总体布局。党的十七大报告从经济、政治、文化、社会和生态五个方面规定了全面建设小康社会的新要求。党的十八大确立了"五位一体"的总体布局。从"三位一体"到"四位一体"再到"五位一体"总体布局的调整变化，体现了党和国家对社会主义现代化建设的总体把握与战略部署。然而，在总体布局之中，虽然与时俱进地提出大力推进生态文明建设，但与其他"四大建设"的提出相比，生态文明建设最晚进入总体布局之中，且排在"五位一体"总体布局末位。

#### （二）生态文明建设滞后于其他建设

中国特色社会主义总体布局的变化，是党从国家发展角度做出的战略调整。从五大建设发展来看，当经济、政治、文化和社会"四大建设"历经多年发展，并且取得重要进展、显著成效之时，生态文明建设才进入总体布局之中，在起步上晚于其他四大建设，发展基础相对薄弱，明显滞后于其他四大建设。例如，在经济发展方面，2017年我国国内生产总值稳居世界第二，对世界经济增长贡献率超过30%。但是，就各国生态文明指数而言，在105个国家中，中国生态

---

① 左亚文，等. 资源 环境 生态文明——中国特色社会主义生态文明建设［M］. 武汉：武汉大学出版社，2014：53.

文明水平排名倒数第二，仅好于巴基斯坦。"与发达国家相比，我们最大差距是在环境质量上，其次是资源利用效率。中国生态文明整体水平在 G20 经济体中排名靠后。"① 中国在国际经济和生态文明水平排名上的强烈反差表明，我国生态文明建设滞后于经济发展。近年来，虽然生态文明建设的地位不断提升，但生态文明建设要取得斐然成就依然任务艰巨、任重道远。

（三）五大建设协同性不够

"五位一体"总体布局虽涉及不同领域，有各自特殊的内容和规律，但它们之间是有机统一、不可分割、相辅相成、相互促进的辩证统一关系。这就意味着，经济、政治、文化、社会和生态文明建设之间应该协同合作、良性互动。然而，事实上，我国传统粗放型的发展方式尚未根本转变，在经济发展过程中，依然偏重 GDP 增长，忽视生态环境保护。虽然随着生态文明建设的持续推进，牺牲生态环境的行为有所遏制，但还未实现经济建设和生态文明建设协调发展。而在其他建设中，我国政治、文化、社会建设绿色属性不强、绿色元素融入有限，绿色政治、文化、社会亟待发展，五大建设之间的协同性和合力都有待增强，这正是造成生态文明建设滞后于其他四大建设的原因所在。

# 小　结

新时代社会主要矛盾转化背景之下，我国生态文明建设的不平衡从生态文明建设内部、生态文明建设空间、生态文明建设外部三个维度来考察，集中体现为生产、生活与生态发展之间的不平衡，区域城乡生态文明建设的不平衡和生态文明建设与其他"四大建设"的不平衡。由于"环境问题并不是一个单纯的经济问题，而是夹杂着政治、经济、文化等多重利益关系的复杂体，必须从人、自然、社会所构成的生态系统中把握人类永续发展的规律"②。同样，我国生态文明建设的不平衡是由多种因素共同导致的综合性问题，造成生态文明建

---

① 金振娅. 中国生态文明建设正快速推进 进步率位居 G20 首位 [N]. 光明日报，2017-11-12.

② 叶琪.《资本论》生态思想的三个层面 [J]. 政治经济学评论，2017，8（06）：154-160.

设不平衡的原因是多方面的、多维度的。经济水平、思想观念、环境政策、财政投入等方面存在的巨大差异，是导致生态文明建设不平衡的主要原因。这就需要我们"对症下药"，积极探寻我国生态文明建设平衡发展的可行之策和重要措施，探索提供更多优质生态产品、满足人民优美生态环境需要的有效途径，这是新时代我国生态文明建设的重要任务，也是满足人民优美生态环境需要的必要途径。

第五章

# 我国生态文明建设不充分的表现与成因

　　党的十九大报告中提出的发展的"不充分"是指发展不全面、待提高，发展要素的活力并未完全释放，发展中还有很多短板和不足。以此为理论依据，生态文明建设的不充分是指生态文明建设的发展还不全面，生态文明建设的水平有待提高，生态文明发展要素的活力尚未完全释放，生态文明建设的某些领域还存在短板和不足。生态文明建设不充分实则说明我国生态文明发展程度不高，离理想目标尚有距离。由于资源、环境、生态是生态文明建设中的三个关键词，生态文明建设的许多内容都紧密围绕这三个方面展开，故此，本节立足我国生态国情，紧密结合我国资源、环境、生态客观现状，主要分析我国生态文明建设的不充分问题，重点分析我国自然资源科学利用、环境污染防治和生态治理中存在的问题和不足，力求深刻把握我国生态文明建设现状。

## 第一节　我国资源科学利用尚不充分的
## 具体表现与问题归因

　　我国幅员辽阔、地大物博，拥有丰富的资源储备。节约利用资源，循环利用、合理利用资源是自然资源得到充分利用的前提和保障。但是，由于人口数量过多、经济增长过快、资源消耗过大、资源浪费等因素，我国大部分自然资源未能得到充分合理的利用。自然资源综合利用率低、科学利用不充分、合理利用不到位已经成为我国资源领域存在的突出问题。

## 一、自然资源的重要性

自然资源是人类社会存在与发展的物质基础和能量来源，在人类社会发展中，自然资源有着决定性意义，主要体现为资源对人类生存、生产和生活的重要意义。

### （一）自然资源是人类生存之源

从人类的起源来看，自然界是人类的母体，人本身是自然演化过程的结果，人在任何情况下都不能脱离自然界而独自存在。"人类的生存发展离不开自然界，人是通过对象化活动，尤其是实践将自身与自然界联系在一起的。以实践为基础和中介的人与自然的关系领域，就是生态文明发生的现实土壤。"① 在这个意义上，人与自然的关系构成生态文明的发生领域和问题领域。要理解这一点，就必须深刻理解马克思对人与自然辩证关系的准确定位和深入阐释。马克思指出："全部历史的第一个前提无疑是有生命的个人的存在。"② "最初，自然界本身就是一座贮藏库，在这座贮藏库中，人类（也是自然的产品，也已经作为前提存在了）发现了供消费的现成的自然产品。"③ 这就是说，人首先是作为一个有生命的自然存在物而存在的。人来源于自然这一事实，决定了人类永远不可能割断自身同自然的联系。正是在这个意义上，马克思多次使用"人本身的自然"这一概念。因此，自然界是人类的营养库和能量来源，人类为了自己的生存发展必须不断地从自然环境中摄取各种物质能量。没有资源，没有自然界提供的自然产品和物质条件，人类生命将无法延续，人类社会将无法实现可持续发展。

### （二）自然资源是人类生产之源

实践是人们把握世界的最基本的方式，生产实践是人类生存与发展的基本活动。马克思、恩格斯高度重视生产实践对于人类社会发展的推动作用，他们认为与生命有机体和自然环境及自然条件的关系一样，人和自然的关系同样是

---

① 张云飞. 唯物史观视野中的生态文明 [M]. 北京：中国人民大学出版社，2014：185.

② 中共中央马克思恩格斯列宁斯大林著作编译局. 马克思恩格斯选集（第1卷）[M]. 北京：人民出版社，1995：67.

③ 中共中央马克思恩格斯列宁斯大林著作编译局. 马克思恩格斯全集（第32卷）[M]. 北京：人民出版社，1998：72.

建立在物质变换基础上的生态关系。但是，人类是通过劳动来实现这种物质变换的。但是，在他们看来，"劳动实践的作用发挥并不取决于劳动实践本身，而要以外部自然界的存在和发展作为前提条件和基础"①。这种前提条件和基础具体表现为自然界在提供给人们生存资料的同时，也提供给人们生产资料。马克思指出外界自然条件在经济上可以分为两类，其中之一就是"劳动资料的自然富源，如奔腾的瀑布、可航行的河流、森林、金属和煤炭等等"②。在人类发展的较高阶段，这类资源起着决定性意义。自然界为人们的生产活动提供四种必需的材料，即劳动加工的对象、劳动的场所、劳动的手段和劳动的条件。人们利用机械的、物理的等方面的手段，把自然提供的生产资料转化为人们需要的物质能量。而生产资料不仅决定着经济发展的布局和方向，而且决定着生产实践的深度和广度，关乎经济社会可持续发展。如果没有自然界提供的生产资料，人类的生产实践就成了无对象的活动，人类经济活动就失去了基础和动力，人类社会也就无法持续。

（三）自然资源是人类生活之源

马克思、恩格斯关于人与自然关系的论述都揭示了一个基本事实，那就是人是自然界长期发展的产物，在自然演化过程中，人作为有自然力的生命存在对自然界有着根本的依赖。自然界不仅提供给人们赖以生存的基础条件，而且是人们生产资料的主要来源，更是人们"生活资料的自然富源，例如：土壤的肥力，渔产丰富的水域等"③。"不同的共同体在各自的自然环境中，找到不同的生产资料和生活资料。"④ 这就意味着，人作为生物意义上的生命有机体，必须从自然界中获取物质生活资料才能够实现生命的延续和发展。在《1844 年经济学哲学手稿》中，马克思把自然界当成人的无机身体，即"自然界是人为了不致死亡而必须与之处于持续不断的交互作用过程的、人的身体。所谓人的肉体生活、精神生活同自然界相联系，不外是说自然界同自身相联系，因为人是

---

① 方世南. 马克思恩格斯的生态文明思想 [M]. 北京：人民出版社，2017：165.
② 中共中央马克思恩格斯列宁斯大林著作编译局. 马克思恩格斯文集（第 5 卷）[M]. 北京：人民出版社，2009：586.
③ 中共中央马克思恩格斯列宁斯大林著作编译局. 马克思恩格斯文集（第 5 卷）[M]. 北京：人民出版社，2009：586.
④ 中共中央马克思恩格斯列宁斯大林著作编译局. 马克思恩格斯文集（第 5 卷）[M]. 北京：人民出版社，2009：407.

自然界的一部分"①。人靠自然界生活，人类生活中的吃、穿、住、行、用都离不开能源、水、土地等资源。自然资源既是人类生活的基石，也是人类更好生活的重要保障。

### 二、自然资源充分利用的丰富内涵

自然资源的重要性表明，要保障经济社会发展的可持续，就必须合理、充分地利用资源，使自然资源的价值得以最大限度发挥。这既是应对资源危机的有效之策，也是我国生态文明建设的题中之义。具体而言，充分利用自然资源是指通过节约、循环、低碳等手段，提高资源综合利用率，使自然资源得到合理利用、物尽其用。

（一）节约利用

节约顾名思义为节俭、节省之意。自然资源中的节约有两重含义：其一，是相对于"浪费"而言，即在利用自然资源过程中坚决反对浪费，这是保障资源高效利用的最低要求。其二，是要求在经济运行中对资源使用减量化，即"在生产和消费过程中，尽可能用更少的资源，创造相同的甚至更多的财富，最大限度地充分回收各种废弃物"②。故此，节约利用自然资源是指基于经济、社会、环境和技术发展水平的综合考量，通过法律法规、资源管理、科学技术和教育等手段，以及优化自然资源供给系统，减少自然资源使用量，降低自然资源的浪费与损失，实现自然资源可持续利用，达到资源、社会和经济效益的一致性与可持续发展。资源节约有助于资源增效，要想提高资源利用率，必须首先节约利用资源，这是保障资源充分利用的重要途径。

（二）循环利用

循环顾名思义为重复、再次之意。自然资源中的循环利用是指对自然资源进行重复利用、再次利用和二次利用。马克思在《资本论》中专门讨论了"生产排泄物的利用"，主张通过反复再使用，使资源或产品以初始的形式被多次使

① 马克思.1844年经济学哲学手稿［M］.中共中央马克思恩格斯列宁斯大林著作编译局，译.北京：人民出版社，2000：56-57.
② 科学发展观丛书编委会.资源节约与环境友好型社会建设［M］.北京：党建读物出版社，2012：21.

用，从源头控制废弃物产生，这实际上表达的正是自然资源循环利用的思想。总体而言，我国是一个资源大国，但是，人均资源占有量相对较小，资源需求远超资源供给。实现资源循环利用，是缓解资源危机的重要手段。故此，循环利用自然资源就是指通过彻底改变"资源—产品—污染排放"的单向流动的经济模式和资源利用模式，运用先进的科学技术、科学的管理手段等，把资源利用组织成"资源—产品—消费—再生资源"的物质循环流动过程，使自然资源得到合理、持久的利用。

（三）低碳利用

低碳为低能耗、低排放和低污染之意。自然资源中的低碳利用是指尽可能使用低碳资源、低碳能源，通过减少碳排放来保护生态环境。从目前来看，在自然资源利用过程中，我国经济发展在传统上过分依赖高能耗、高污染、高排放资源和能源的投入。这些资源和能源在燃烧的同时，伴随着大量的资源浪费和污染产出，并且忽视了自然资源过度开发利用与自然环境退化的关系。这就需要低碳利用自然资源，即在利用自然资源过程中，借助科技、管理、政策等手段，降低资源消耗、资源废物排放和资源浪费，保障资源可持续利用。这是生态文明建设的内在要求，也是高效利用资源的基本前提和有效手段。

## 三、我国促进自然资源充分利用的进展和成效

资源安全是国家安全体系的重要组成部分，维护国家资源安全事关我国经济社会可持续发展。为缓解资源危机，改革开放以来，党中央采取了一系列重要举措，促进我国资源充分、合理和科学利用，并且取得了一定成效。

（一）我国促进自然资源充分利用的进展

为合理、充分利用自然资源，党和国家综合运用经济、行政、法律等手段，促进了资源高效利用和新能源发展。一是出台经济政策。利用经济手段，借助价格杠杆，建立资源价格机制，完善财税政策、信贷政策等，如阶梯式水价制度、《资源税若干问题的规定》《矿产资源补偿费征收管理规定》等，有效地促进了资源高效利用。二是加强资源管理。利用行政手段，通过建立完善的管理政策、制定明确的产权制度、实施资源规划等，积极促进资源高效利用。如出台了《2005—2007年资源节约与综合利用标准发展规划》《节能中长期专项规

划》《全国节水灌溉规划》政策规定等。三是强化资源立法。利用法律手段，积极推进资源领域的立法，如制定了《中华人民共和国节约能源法》《节约用水条例》《中华人民共和国循环经济促进法》等，为资源高效利用保驾护航。四是制定新能源发展规划。为化解资源短缺趋势，我国鼓励发展新能源，在先后出台的《能源发展"十二五"规划》《中国的能源政策（2012）白皮书》《新能源产业振兴和发展规划》《能源发展战略行动计划（2014—2020年）》和《能源发展"十三五"规划》中，对新能源发展做出了全面规划和系统安排。

（二）我国自然资源充分利用的成效

在党中央实施系列举措推动下，我国资源充分利用和新能源发展取得了一定成效。一方面，资源利用率提高。以矿产资源为例。据统计，2017年我国"矿产资源采收率提高6%，煤炭回采率提高6.5%，铁矿回采率提高8%，有色金属回采率、选矿回收率普遍提高1%~6%，金矿回采率提高5%以上，非金属普遍提高5%"①，大部分资源利用率明显提高。另一方面，新能源比例提升。新能源是指传统能源之外的各种能源形式，包括刚开始开发利用或正在积极研究、有待推广的太阳能、地热能、风能、海洋能、生物质能等能源。近年来，由于我国经济增速回升和环保政策推动，新能源发展迅速。《中国能源发展报告（2018）》显示，"2017年全年发电量62758亿千瓦时，同比增长5.7%。其中，火电发电量46115亿千瓦时，同比增长4.6%；核电发电量2481亿千瓦时，同比增长16.3%；风力发电量2695亿千瓦时，同比增长21.4%；太阳能发电量648亿千瓦时，同比增长38%"②。这些数据充分表明，我国新能源发展呈良好态势。

表5-1 矿产资源综合利用示范基地部分建设成果

| 矿种 | 油气 | 煤炭 | 铁矿 | 有色金属 | 稀贵金属 | 非金属 |
|------|------|------|------|----------|----------|--------|
| 基地个数 | 6 | 5 | 4 | 14 | 4 | 6 |

① 中华人民共和国自然资源部. 中国矿产资源报告（2018）［R/OL］. 中华人民共和国自然资源部官网，2018-10-22.

② 中国能源研究会. 中国能源发展报告（2018）［R/OL］. 中国能源研究会，2019-04-20.

续表

| 矿种 | 油气 | 煤炭 | 铁矿 | 有色金属 | 稀贵金属 | 非金属 |
|------|------|------|------|----------|----------|--------|
| 开发利用水平 | 采收率提高6% | 回采率提高6.5% | 回采率提高8%，回收率提高6.2% | 回采率、选矿回收率普遍提高1%~6% | 金矿回采率提高5%以上，选冶回收率提高3% | 普遍提高5%左右 |
| 科技创新 | 建设期间获得国家级科技奖项72项，省部级奖项354项，授权专利1362项，组建国家级重点实验室等科研平台120个，制（修）订标准700项（国家级标准136项） | | | | | |
| 节约资源 | 减少耕地占用2.9万亩，新增绿地4.3万亩，复垦土地4.7万亩，节约能源574.5万吨标准煤，节约用水11.8吨 | | | | | |

图表来源：国家统计局官网

## 四、我国自然资源科学利用尚不充分的具体表征

改革开放以来，尽管我国政府采取相关举措，促进自然资源科学与合理利用，大力发展新能源，在一定程度上缓解了我国资源危机，但就总体来看，我国资源综合利用率偏低，资源需求远超供给，资源消耗速度远超资源再生速度，很多资源存在很多风险和不稳定性。

### （一）资源利用率偏低

资源物尽其用、高效利用、循环利用是生态文明建设的基本要求，也是我国资源可持续利用的重要保障。但是，由于产业结构、工艺技术、设备水平、粗放管理等因素影响，我国很多资源综合利用率偏低，具体表现为：

#### 1. 水资源利用效率低下

水是生命之源、生产之本和生活之要，是我国经济社会发展的重要资源。习近平总书记指出："石油用光有替代能源顶，但水没有了到哪儿进口？"[1] 水资源的重要性决定了我们必须高效利用水资源，才能保证水资源可持续利用。然而，我国水资源存在利用方式粗放、用水效率不高、浪费严重等问题，水资源利用效率总体不高。在工业用水效率方面，"国外发达国家工业用水重复率在

---

[1]　习近平. 石油用光有替代能源顶 但水没有了到哪儿进口 [N]. 新华日报, 2015-03-09.

80%～85%以上，而我国工业用水重复率为60%～65%，比发达国家低15—25个百分点。"① 在农业用水效率方面，我国农业用水占68%，农业消耗水资源最多，"目前我国大部分地区仍采取传统的漫灌方式，农业节水灌溉面积占有效灌溉面积的35%，灌溉水有效利用系数仅为0.45左右，而英国、德国、法国、匈牙利和捷克等国家，节水灌溉面积达到了80%以上，以色列灌溉水有效利用率在0.7～0.8"②。在生活用水方面，我国水资源严重浪费。相关数据显示，"一个滴水的水龙头一个月可以浪费1至6立方米水，一个漏水的马桶，一个月要浪费3至25万立方米的水"③。水资源利用率不高未能使水资源物尽其用，也因此导致水资源大量浪费，使我国水安全亮起红灯。

2. 土地资源利用效率偏低

土地资源是人类社会赖以生存和发展的最基本的物质基础，是创造其他社会财富的主要源泉。马克思在《资本论》中引用威廉·配第的话说："劳动是财富之父，土地是财富之母"④，揭示了土地资源对于人类生存发展的重要意义。据《2017中国土地矿产海洋资源统计公报》，2017年年末，全国耕地面积为13486.32万公顷（20.23亿亩），全国因建设占用、灾毁、生态退耕、农业结构调整等减少耕地面积32.04万公顷，通过土地整治、农业结构调整等增加耕地面积25.95万公顷，年内净减少耕地面积6.09万公顷；全国建设用地总面积为3958.65万公顷，新增建设用地53.44万公顷。但是，截至2021年我国人口规模已达14.13亿人。长期以来，我国被冠以"幅员辽阔、地大物博"的美誉，很多人以为我国的土地取之不尽、用之不竭，于是过度开发土地资源、粗放利用土地资源。加之我国人口规模巨大，我国人均耕地不到世界的1/2，人多地少矛盾突出。目前，我国人多地少的基本国情尚未根本改变，在土地资源利用过程中仍然存在粗放利用土地的现象。在城市建设用地方面，随着城市化快速推进，城市规模迅速扩张，城市建设用地规模也随之增长，农村土地粗放利用现

---

① 张维真. 生态文明：中国特色社会主义的必然选择 [M]. 天津：天津人民出版社，2015：20.

② 刘国新，宋华忠，高国卫. 美丽中国生态文明建设政策解读 [M]. 天津：天津人民出版社，2014：100.

③ 阮建芳. 生活与生态 [M]. 北京：同心出版社，2013：149.

④ 中共中央马克思恩格斯列宁斯大林著作编译局. 马克思恩格斯全集（第23卷）[M]. 北京：人民出版社，1995：57.

象也较为普遍。目前我国城市用地集约化水平偏低，尤以中小城市较为严重，中小城市往往会出现用地指标不够的现象。相关数据显示，"我国城镇低效用地达到40%以上，农村空闲住宅达10%～15%之多，处于低效利用状态的城镇工矿建设用地也有5000多平方千米"①。土地资源的粗放利用、低效使用，不仅造成土地面积减少，而且进一步加剧了人地矛盾。

3. 能源利用效率低下

能源是国民经济的命脉，是支撑我国经济社会发展的重要战略资源。国家能源局发布的数据显示，"截至2021年年底，我国可再生能源发电装机达到10.63亿千瓦，占总发电装机容量的44.8%。其中，水电装机3.91亿千瓦（其中抽水蓄能0.36亿千瓦）、风电装机3.28亿千瓦、光伏发电装机3.06亿千瓦、生物质发电装机3798万千瓦，分别占全国总发电装机容量的16.5%、13.8%、12.9%和1.6%"②。数据表明，2021年我国可再生能源利用率持续上升，多种可再生能源利用率有所提升，可再生能源发展迈上了一个新台阶。但必须承认的是，从能源的利用率来看，我国能源系统的总效率仅为9%，能源总回采率仅为30%，比世界平均水平低20个百分点；我国能源利用效率，包括加工、运输和使用，只有32%左右，比先进国家低10多个百分点；如果再乘上32.1%的能源开采效率，总的能源利用效率只有10.3%，不到先进国家的1/2。我国主要用能产品的单位产品能耗比先进国家高25%～90%，加权平均高40%。很显然，与世界发达国家相比，我国能源利用效率偏低。由于资源能源高效利用不充分，不仅造成巨大的资源浪费，而且能源燃烧过程中产生污染排放成为空气污染的主要来源。

（二）资源短缺严重

我国虽然地大物博，自然资源种类较多，很多资源储量在世界上位居前列，但是，若将"资源丰富"与"人口众多"相对接，却是另一种结果。改革开放以来，我国经济以前所未有之势快速发展并取得显著成绩，但是，由于传统发展道路尚未根本转变，我国经济发展方式依然粗放，使得我国经济发展主要依

---

① 张维真. 生态文明：中国特色社会主义的必然选择 [M]. 天津：天津人民出版社，2015：21.

② 国家能源局. 2021年我国可再生能源装机规模突破10亿千瓦 [EB/OL]. 国家能源局官网，2022-01-29.

靠资源投入和消耗。资源需求过大、消耗过大，加之资源再生速度较慢，甚至一些资源不可再生，导致我国资源日趋短缺。这里重点探讨石油和水资源的短缺现状。

1. 石油资源短缺

石油被称为"工业的血液"，是经济发展尤其是工业发展的命脉和动力，也是国际竞争的焦点和重点。我国石油资源丰富，但可利用的石油资源相对较少。据中国国土资源经济研究院所预测，中国现有的 45 种主要矿产资源的储量，能够保证 2020 年供给的只有 6 种，其中最短缺的是油、气资源。在石油资源方面，目前我国已经探明的石油储量为 220 亿吨，但可进行工业开采的储量只有 65 亿吨，人均 5 吨。即使目前可开采的石油全部开采出来，也难以满足我国经济社会可持续发展的需要。《中国统计年鉴 2021》的数据显示，2017—2019 年，我国石油可供量分别为 60811 万吨、63727 万吨、66901 万吨。其中，生产量分别为 19151 万吨、18932 万吨、19101 万吨；进口量分别为 49141 万吨、54094 万吨、58102 万吨。分析数据可以发现，这三年间石油可供量、生产量、进口量总体呈增长趋势。但是，进口量远远超于生产量。这就表明，目前我国石油资源还没有实现自给自足，尚不能较好满足我国经济社会发展需要，石油资源短缺已经成为我国经济发展的重要制约。

2. 水资源短缺

水资源是人类生存与发展的基本条件和生产活动最重要的物质基础，水资源供给直接关系到人类生存、社会进步与经济发展。不断扩张的城市，不断凸显的污染以及不断扩大的需求，使我国近半数的水资源受到严重污染，导致水资源短缺。根据国际公认的标准，人均水资源 3000 立方米以下为轻度缺水，2000 立方米以下为中度缺水，1000 立方米以下为重度缺水，500 立方米以下则为极度缺水。据相关统计，"中国目前有 16 个省（区、市）人均水资源量（不包括过境水）低于重度缺水线，有 6 个省份（宁夏、河北、山东、河南、山西、江苏）人均水资源量低于 500 立方米，为极度缺水区"[①]。"在全国 668 个城市中，有 400 多个城市面临缺水难题，有 114 个城市严重缺水，工业年缺水达 60

① 中华人民共和国水利部. 2017 年中国水资源公报 [R/OL]. 中华人民共和国水利部官网，2017-01-19.

亿立方米。"① 此外，我国农村缺水问题也不断凸显。水资源短缺不仅难以满足人民群众日益增长的干净饮水需要，而且加剧了水资源供需矛盾。

### 3. 资源对外依存度较高

自然资源丰富、多种资源储量居于世界前列，为我国经济社会发展提供了强大动力和支撑。但是，在中国处于历史上资源短缺的最严峻状况和承载着历史上最大人口群的关键时刻，我国部分重要资源对外依存度较高，甚至呈逐年攀升趋势。

一方面，从石油资源来看，我国石油进口量加大。据《中国统计年鉴2021》的数据，2015—2019 年五年间，我国石油资源进口量分别为 39749、44503、49141、54094、58102 万吨。分析数据可以发现，2015—2019 年五年我国石油资源进口量逐年增加，年增量分别为 4754、4638、4953、4008 万吨。石油进口量的逐年增加反映了我国石油资源偏重于进口，说明石油资源的对外依存度较高，并且 2020 年我国石油资源对外依存度已经升至 73%，中国已经成为全球第一大石油进口国。

另一方面，从矿产资源来看，《中国矿产资源报告（2021）》数据显示，截至 2020 年年底，中国已发现 173 种矿产，其中，能源矿产 13 种，金属矿产 59 种，非金属矿产 95 种，水气矿产 6 种。目前，我国部分矿产资源自给充足。但是，在我国矿产资源消费中，80% 的铁矿石、铬和锰，50% 的铜均来自进口。《全国国土规划纲要（2016—2030）》指出："近十年间，我国矿产资源供应量增速同比提高 0.5—1 倍，高出同期世界平均增速 0.5—1 倍，对外依存度不断提高，石油、铁矿石、铜、铝、钾盐等大宗矿产资源的国内保障程度不足50%。"②近年来，由于我国主要矿产品产量出现下降或增速减缓，战略性新兴产业发展所需要的钴、镍、锂等矿产对外依存度比较高。在经济全球化背景下，加之世界经济发展的不确定性和不稳定性日趋明显，我国从国际上获取能源资源的难度也不断加大。

故此，从国际竞争的角度来看，无论是大国博弈还是小国较量，石油和矿产资源都是国际竞争的关键要素，谁占有绝对的资源优势，谁就能在国际竞争

---

① 黄娟. 生态文明与中国特色社会主义［M］. 武汉：中国地质大学出版社，2014：13.
② 全国国土规划纲要（2016—2030）［N］. 人民日报，2017-02-05（01）.

中占领制高点。随着新型工业化、信息化、城镇化、农业现代化同步推进，作为"工业粮食"的矿产资源需求总量仍将保持高位，一些战略性矿产的稀缺性上升到新高度。但由于我国矿产资源开发利用方式粗放、矿产资源综合利用效率不高，导致矿产资源对外依存度攀升。正如中国工程院院士邵安林指出的："我国矿产资源消费将在相当长一段时间内保持高位运行，但由于我国资源禀赋差，近半数矿产资源国内供应严重不足，高度依赖进口，严重受制于人。"① 石油和矿产资源对外依存度不断攀升，说明我国石油和矿产资源供给难以满足经济发展需要，实则揭示了我国矿产和石油资源存在极大风险。这样势必产生两种结果：一种是我国石油和矿产资源依赖国际进口，往往会"受制于人"，使我国在国际竞争中丧失主动权，这对我国将有害无益。另一种是石油和矿产资源对外依存度越高，说明我国石油和矿产资源产量越低，如此将导致我国资源性产品短缺，造成我国经济发展动力不足。

**五、我国自然资源科学利用尚不充分的主要成因**

当前我国自然资源利用不充分是多种因素共同导致的结果。资源节约意识淡薄、资源管理不到位、科学技术落后等是造成资源利用效率低下的主要原因。

**（一）资源节约意识淡薄**

人的资源需求无限，但资源容量有限。无论是再生资源还是可再生资源，都有自身的生态阈值，即使资源再生也需要经历一定周期。美国学者鲍尔丁提出的"宇宙飞船理论"，揭示了资源的有限性以及我们对待资源的正确态度和方式，那就是要节约资源。但是，从现实来看，正是"地大物博"的美誉让很多人产生"资源取之不尽用之不竭，可以随意索取、肆意浪费"的错误想法，从而在生产生活过程中过度浪费资源。从生产环节来看，我国很多资源在生产过程中被大量浪费，未能实现循环利用。例如，我国大中型矿山43%未被综合利用，多种矿产资源浪费严重；煤炭中的煤结石未能转化为其他资源，被随意丢弃、堆放等。从生活领域看，在人们日常生活的衣食住行用等领域，存在大量资源浪费现象，其中水资源浪费最为严重。生活中，自来水管发生漏水或爆管

---

① 吴长锋，张蕴. 我国矿业集中攻克关键性技术破解资源难题［N］. 科技日报，2019-08-14（01）.

未得到及时修理；用过量水洗车，洗车的水未能循环使用；直接用自来水冲洗道路；在公共浴室洗澡后"人离水未关"等，是我国最为典型的水资源浪费现象。据相关统计数据，"一个滴水的水龙头一个月可以浪费 1 至 6 立方米水，一个漏水的马桶，一个月要浪费 3 至 25 万立方米的水"①。此外，我国土地资源、矿产资源、煤炭资源方面也存在不同程度的浪费现象。

（二）资源管理不到位

资源的珍贵性和有限性决定了合理、有效的资源管理是防止资源浪费、资源滥用的重要手段。当前，我国资源高效利用不充分、资源浪费严重，在很大程度上与资源管理不到位有关。在水资源管理方面，"我国水资源管理体制滞后；暂时还没有针对水资源管理的收费标准，很多水资源管理制度处于空白状态；缺乏先进的水资源管理技术和高质量的人才队伍"②。加之传统的水资源管理部门的弊端主要是以条条为主、块块为辅，条块分割严重，缺乏综合管理，从而导致水资源不合理利用。在土地资源管理方面，城乡土地管理缺乏系统规划。就城市而言，存在"圈地运动"和形象工程、扩建开发区、盲目扩大广场、修建大马路等项目，功能分区不科学，布局不合理，重复建设现象普遍，土地资源浪费严重。就农村而言，农村土地规划及管理存在薄弱环节，大多农村没有制定更加详细、专项的土地规划，多数按照缺乏科学依据的自创规划去执行，从而导致农业用地结构不合理，利用率下降，土地退化严重等问题。在矿产资源管理方面，对各种矿产证件的管理不够严格、系统，很多矿主在无证件情况下实施开工勘探，实施越界开发、非法开发，结果不仅造成人员伤亡，而且破坏采矿系统，对矿区周围生态环境造成严重破坏。因此，资源管理不到位是导致我国资源高效利用不充分的直接原因。

（三）科学技术落后

在生产力发展过程中，科学技术是重要的推动力。科学技术能够应用于生产过程、渗透在生产力诸基本要素之中而转化为实际生产能力。先进的科学技术为劳动者所掌握，可以极大地提高劳动生产率。然而，在自然资源利用过程中，科学技术落后、先进技术缺乏，已经成为制约我国自然资源高效利用的主

---

① 阮建芳. 生活与生态 [M]. 北京：同心出版社，2013：149.
② 宋明新. 当前水资源管理中存在的问题及对策研究 [J]. 黑龙江科学，2017（22）：18.

要因素。以矿产资源为例，我国矿产资源储量丰富、种类较多，但是矿产资源富矿和大规模的矿脉相对较少，总体开发难度较大。由于新的矿产开采技术难以被采用，新的设备采用率低，矿产提纯技术和冶炼技术落后，导致矿产资源难以达到综合利用的标准，造成总体矿产资源综合利用程度较低，多种矿产资源浪费严重。故此，要促进自然资源充分利用，必须借助科学技术的力量，大力发展先进的提纯技术、冶炼技术、开采技术等，通过发挥先进科学技术的推动作用为促进自然资源充分利用提供强大的技术支撑。

## 第二节 我国环境污染防治尚不充分的具体表现与问题归因

自然环境是人类生存发展的基本条件，优美的生态环境是满足人民优美环境需要的重要条件。但是，我国长期积累的环境问题尚未根本解决，新的环境问题又不断出现。近年来，虽然我国积极推进环境污染防治，但仍存在很多短板和不足，我国环境污染防治任务艰巨。

### 一、自然环境的重要性

人是自然界的产物，自然环境是人类生存发展的必要条件，也是影响人民幸福的重要因素。在人类社会发展过程中，自然环境关系人的基本生存权，关乎人的幸福生活，对人的生存发展和民生福祉具有重要影响。

（一）环境是人类活动的基本前提

大自然是资源系统、环境系统和生态系统构成的有机整体，自然环境是人类社会存在与发展最为基础的条件，人类生存与发展须臾离不开自然环境，体现为人对自然环境的摄取和人向自然环境的输出。一方面，人类必须不断地从自然环境中获取物质资料，如空气、水、阳光等，将这些自然环境要素转化为自己的物质能量，以此来维持生命有机体的延续。正如普列汉诺夫所言："人是从周围自然环境中取得材料，来制造用来与自然斗争的人工器官。"① 另一方

---

① 赵家祥. 马克思主义哲学教程（上卷）[M]. 北京：北京大学出版社，2009：353.

面，人在生命活动中产生的各种排泄物以及生命终止后的有机组织必须返到大自然，被自然环境容纳和吸收，完成一个完整的物质变换过程，由此建立起人与自然环境的密切关系。人类只有保持与环境的良性互动，才能维持生活的正常运行，才能顺利开展各种实践活动。

（二）环境是民生福祉的影响因素

人是在环境中和环境一起发展起来的，环境状况与民生福祉密切相关。一方面，从正向来看，优美自然环境是人民幸福的基本元素。习近平总书记指出："良好生态环境是提高人民生活水平、改善人民生活质量、提升人民安全感和幸福感的基础和保障，是重要的民生福祉。"① 这就是说，人民群众向往的幸福生活，不仅表现为收入增加、餐桌丰富、居住宽敞、出行便捷等，更重要的是拥有优美的生态环境。蓝天常在、青山常在、绿水常在是人们追求人与自然和谐发展、渴望自然环境生态化再现的诉求表达。优美生态环境不仅能陶冶人的情操，而且有益于人的身心健康和全面发展，是人民幸福的"催化剂"和必备元素。另一方面，从反面来看，生态环境恶化会弱化人民的生活幸福感。当前，我国各类环境污染高发频发，不仅使居民身体健康受损、经济遭受损失、引发群体性事件，而且带来严重的社会后果，对人们幸福生活造成巨大冲击。"癌症村"就是一种典型的由于生态环境问题危害人民身体健康而导致的一种群体疾病现象。身体健康受到损害，人们必然会不惜一切代价去治愈疾病，其结果不仅是金钱的巨大消耗和心灵的严重创伤，幸福感也随之降低。可以说，恶劣的生态环境是人民幸福生活的"绊脚石"，优美生态环境是人民幸福生活的基本条件和可靠保障。

**二、环境污染防治的核心内容**

从人与自然环境的关系来看，"生态环境的发展帮助塑造了人类的历史进程，而人类也在很大程度上改变了他们赖以生存的生态环境"②。改革开放四十多年的经济发展在给中国人民带来现代物质文明的同时，也让我们付出了沉重的环境代价。为确保我国环境安全，必须坚持预防为先、保护为主、治理为重，

---

① 张云飞. 辉煌 40 年——改革开放成就丛书（生态文明建设卷）［M］. 合肥：安徽教育出版社，2018：69.
② 史军. 发展的代价：环境与发展的伦理审视［M］. 北京：科学出版社，2015：21.

通过环境污染预防、保护自然环境、治理环境污染，有效防范环境风险和全面改善环境质量，这是应对环境危机的重要举措。具体而言，环境污染防治具有如下几方面内涵：

（一）空气污染防治

按照国际标准化组织（ISO）的定义，"空气污染通常是指由于人类活动或自然过程引起某些物质进入大气中，呈现出足够的浓度，达到足够的时间，并因此危害了人类的舒适、健康和福利或环境的现象"①。空气污染防治，即综合运用各种防治污染的技术措施，充分利用生态环境的自净能力，对已经被污染的空气进行治理，以改善大气质量。空气污染防治是生态文明建设的基本内容，是满足人民干净空气需要的重要途径。

（二）水污染防治

水污染是指由于人类活动或自然过程引起某些有害物质进入水体中，污染水体环境，造成水的使用价值降低或丧失，导致水质恶化并因此危害人体健康的环境污染现象。水污染防治是指综合运用各种手段和措施，对未被污染的水体进行保护和预防，对已经被污染的水体进行重点治理，不断优化环境，以改善水的质量。水污染防治是生态文明建设的重要内容，是满足人民干净饮水需要的首要途径。

（三）土壤污染防治

土壤污染是指"人类活动产生的污染物进入土壤并积累到一定程度，引起土壤生态平衡破坏、质量恶化，导致土壤环境质量下降，最终危及农作物、人体健康甚至威胁人类生存发展的现象"②。土壤污染防治是指运用各种手段，优先预防与保护未被污染的土地，重点治理被污染的土地，以改善土壤质量。土壤污染防治是生态文明建设的题中之义，是满足人民食品安全需要的重要保障。

（四）垃圾污染防治

垃圾污染是指人类生产及消费活动所产生的不需要的、无用的各种废弃物大量堆积，并且侵占土地、堵塞湖泊、影响景观，并对农作物及人体健康造成

---

① 杨刚，沈飞，宋春. 环境保护与可持续发展［M］. 长春：吉林大学出版社，2018：85.

② 程发良，孙成访. 环境保护与可持续发展［M］. 北京：清华大学出版社，2002：155.

巨大危害的现象。垃圾污染防治是指采取多种措施，综合治理垃圾污染，解决垃圾乱堆乱放以及由此导致的二次污染，从而改善人居环境。垃圾污染防治是生态文明建设的内在要求，是满足人民宜居环境需要的有效手段。

### 三、我国推进环境污染防治的进展与成效

21世纪以来，我国因经济发展带来的环境污染问题逐渐突出。为应对环境污染，党和国家确立了环境保护的基本国策，采取一系列有效措施，积极推进环境保护，开展环境污染防治和综合治理，在一定程度上缓解了环境危机。

#### （一）我国推进环境污染防治的进展

自环境污染问题显现以来，党和国家高度重视环境保护和污染治理。在环境保护方面，把环境保护确立为我国的一项基本国策。2005年党的十六届五中全会明确提出建设资源节约型和环境友好型社会。2014年《中华人民共和国环境保护法》修订，重申了环境保护作为基本国策的合法地位，既为我国环境保护和环境友好型社会建设提供了刚性保障，也赋予环境保护以重要战略地位。在污染防治方面，我国有序推进污染源普查工作，重点对"天然气污染源、大气污染源、人为污染源、交通污染源、生活污染源和工业污染源等进行普查，并从污染源的分类、治理方法、监测方法、调查取样等方面形成了科学的调查监测治理体系"①，为环境污染治理奠定了重要基础。在综合治理方面，党的十八大以来，在推进生态文明建设的过程中，国家启动环境治理系列工程，加快实施大气、水、土壤污染防治三大行动计划，全面打响蓝天、碧水、净土三大战役，持续开展城市环境综合治理，推进农村环境综合整治等，在很大程度上为环境污染治理提供了政策引导和保障措施。

#### （二）我国推进环境污染防治的成效

党的十八大以来，我国"生态文明建设取得显著成效，进入认识最深、力度最大、举措最实、推进最快，也是成效最好的时期"②。其中，污染治理力度之大前所未有。以习近平同志为核心的党中央立足生态国情和生态民情，积极

① 张云飞. 辉煌40年——中国改革开放成就丛书（生态文明建设卷）[M]. 合肥：安徽教育出版社，2018：107.
② 李干杰. 十八大以来，生态文明建设取得五个"前所未有" [EB/OL]. 新华网，2017-10-23.

回应人民群众的生态诉求，以深厚的民生情怀和强烈的责任担当坚定不移地推进环境污染防治。"各地区各部门深入贯彻落实以人民为中心的发展思想，补齐民生领域生态产品供给短板，着力推进重点行业和重点区域大气污染治理，着力推进颗粒物污染防治，着力推进流域和区域水污染防治，着力推进重金属污染和土壤污染综合治理，大气、水、土壤污染防治三大行动计划深入实施，生态环境治理明显加强，环境状况得到改善。"① 通过环境污染防治，影响人民群众生产生活的突出环境问题有所缓解，人们切实感受到了生态环境的改善和优化带来的幸福感与获得感。"十三五"期间我们坚决打赢蓝天保卫战，2020年"十三五"规划纲要确定的生态环境9项约束性指标均圆满超额完成。从具体数据来看，在大气环境质量方面，世界环保组织相关报告显示，从2017年到2018年，我国PM2.5的平均浓度下降了12%。在首都北京，自2013年以来，PM2.5的数据下降了40%以上，"北京蓝"逐渐增多。生态环境部相关统计数据显示，全国地级及以上城市优良天数比例提高到87%，"2020年，未达标地级及以上城市PM2.5平均浓度比2015年下降28.8%，全国优良天数比率比2015年上升5.8个百分点，完成率分别超出'十三五'目标的60%、76%"②。在水环境质量方面，"十三五"期间我们深入开展集中饮用水源地规范化建设，着力消除城市建成区黑臭水体，加大重点流域水污染综合整治，加强地下水生态环境保护。"截至2020年年底，全国10638个农村'千吨万人'水源地，全部完成保护区划定。全国地级及以上城市建成区黑臭水体消除比例达98.2%。全国地表水优质断面比例提高到83.4%，劣Ⅴ类水质断面下降到0.6%。"③ 全国主要河流水质明显改善。从治污减排来看，在"碳中和""碳达峰"双碳目标的驱动下，我国单位国内生产总值能耗下降31%，我国碳强度较2005年降低约48.1%，节能减排成效明显。这些数据都真实反映了我国环境污染防治取得的显著成效。

### 四、我国环境污染防治尚不充分的具体表征

自大力推进环境污染防治以来，我国环境污染防治工作取得重大进展和显

---

① 黄承梁. 新时代生态文明建设的发展态势 [J]. 红旗文稿，2020（06）：40-42.
② 生态环境部."十四五"我国空气质量将持续改善 [N]. 法制日报，2021-03-11.
③ 中华人民共和国生态环境部. 2020中国生态环境状况公报 [R/OL]. 中华人民共和国生态环境部官网，2021-05-26.

著成效。但是，"发达国家在上百年工业化过程中分阶段出现的环境问题，在我国已集中出现。长期积累的环境矛盾尚未解决，新的环境问题又陆续出现"①。现阶段，我国环境污染防治尚不充分，很多方面仍然存在一些短板和不足。

（一）环境污染防治设备需要改进

环境污染防治是一个系统工程，既需要加强顶层设计，对环境污染防治做出整体部署和具体安排，也需要投入大量的人力、物力和财力共同推进，更需要借助先进设备为改善生态环境提供支持。目前，我国在大气污染治理设备、水污染治理设备和固体废物处理设备三大领域已经形成了一定的规模和体系。但是，与世界发达国家相比，我国环境污染防治的设备还有待改进。总体来看，"近5年，我国环保装备领域的专利成果数量已位居世界首位，部分领域（如大气污染防治装备）已经达到国际领先水平，但装备整体技术水平与国外先进水平还存在5—10年差距。在水污染防治方面，高盐有机废水深度处理技术与装备等方面与发达国家相比仍有一定差距，整体上处于'并跑''跟跑'地位。土壤污染控制方面，技术成果开发起步较晚，进口替代趋势显现，处于'跟跑'地位；环境监测仪器仪表方面，整体技术水平尚不够高，特别是实验室检测仪器等高端市场仍然被国外品牌占据，国内技术成果主要集中于中科院等研究机构，处于'跟跑'地位"②。具体而言，我国环保设备在成套化、系列化、标准化、专业化方面还有很大不足，一些急需的污染治理设备存在严重短缺之势。对于环境污染防治来说，顶层设计和总体规划是软件设施，而环保装备和污染防治设备则是硬件设施。水污染、空气污染、土壤污染等的预警、检测和修复，都需要借助先进设备的力量。很显然，现阶段我国环保装备和污染防治设备还存在不足，而这种不足在很大程度上会制约我国环境污染防治成效的提升。这就意味着，改进环境污染设备，不断研发和创新环境污染防治技术，将是我国环境污染防治今后理应着力解决的重要问题。

（二）环境污染防治存在薄弱环节

由于我国环境问题错综复杂、类型多样，因此我国环境污染防治涉及内容

---

① 黄承梁. 新时代生态文明建设思想概论［M］. 北京：人民出版社，2018：62.
② 我国环保装备制造业哪些方面实现"领跑"，哪些还在"并跑""跟跑"？［N］. 潇湘晨报，2022-03-01.

广泛。从空间来看，环境污染防治重点聚焦城市和农村环境污染问题。从类型来看，环境污染防治重点解决空气环境、水环境和土壤环境中存在的主要问题。党的十九大以来，我们着力打赢打好蓝天保卫战、碧水保卫战和净土保卫战，三大污染防治攻坚战成效显著。但在环境污染防治过程中，仍有很多薄弱环节。

（1）在大气污染防治层面，进入 21 世纪后，我国城市化进程不断加快，高速发展的城市群交通和汽车产业带来了日趋严重的机动车排放污染。在发展模式仍旧粗放，能源消费不断攀升、工业化城市化进程持续推进等大背景下，各种大气污染物排放量居高难下，我国各地区特别是东部经济发达地区大气复合污染问题日益突出。在大气污染治理过程中，我们着力解决燃煤污染问题、全面推进污染源治理、强化机动车尾气治理、有效应对重污染天气和严格环境执法和督查问责。但是，现有的监测技术和手段已经难以全面反映污染特征，特别是在污染物防控和污染源解析方面。现实中，我国煤烟型污染尚未根本解决，仍然有部分地区、部分产业大量使用煤炭；机动车污染已成为中国空气污染的重要来源，是造成灰霾、光化学烟雾污染的重要原因，机动车污染防治的紧迫性日益凸显。

（2）在水污染防治层面，虽然我国已经就水污染防治出台了多项制度政策，比如：《环境保护法》《水污染防治法》等多项制度政策。但细观却发现，这些法律法规只在水污染防治方面给出了大体的方向，而具体涉及一些操作实施方案，却并没有明确的说明，这也就导致在水污染防治工作进展过程中，并没有详细的法律依据，对水污染防治工作的开展造成了严重阻碍。此外，我国水污染防治还存在具体工作落实难，污水处理基础设施落后的问题。

（3）在土壤污染防治层面，在工业密集和经济发达的中南地区，土壤污染仍然严重，重金属污染尤为突出，土壤污染地域化差异明显。在农村地区，农业用地是土壤污染的重灾区。农业用地中的复合污染和污染扩散现象仍较普遍，特别是土壤污染中的有机固体污染、有机废水无机污染和重金属污染依然严重。与此同时，农业污染向农业扩散、城市污染向农村扩散、地表污染向地下扩散，在一定程度上增加了土壤污染防治的难度。

（三）垃圾污染防治成效有待提升

随着经济社会发展和物质消费水平大幅提高，我国生活垃圾产生量迅速增长，环境隐患日益突出，很多城市和农村正在承受"垃圾围城""垃圾围村"

之痛，不断增长蔓延的城市垃圾、农村生活垃圾和无法忍受的垃圾恶臭，日益成为我国环境污染防治中的棘手问题。由于垃圾污染与空气污染、水污染、土壤污染具有密切的关联性，因此垃圾污染防治构成我国环境污染防治的基本内容。为解决垃圾污染问题，我国出台垃圾分类相关政策和文件，不断加大垃圾污染防治力度。

一方面，从垃圾分类来看，2017年3月30日，《国家发展改革委住房城乡建设部生活垃圾分类制度实施方案的通知》明确指出："遵循减量化、资源化、无害化的原则，实施生活垃圾分类，可以有效改善城乡环境，促进资源回收利用，加快'两型社会'建设，提高新型城镇化质量和生态文明建设水平。"① 然而，目前整体来看，"我国城市生活垃圾分类收集、分类运输系统仍不完善，普遍存在混收混运现象，许多城市分类收运设施难以满足生活垃圾清运量及分类情况要求，收集运输体系与居民分类投放需求不匹配，尚不能做到有效分类收集转运。多数县城还没有条件实行有效的分类收集转运，建制镇基本不具备分类收集转运能力"②。这就表明，虽然国家在积极推动垃圾分类，但我国垃圾分类成效不太明显，垃圾分类能力亟待提升。

另一方面，从垃圾处理来看，虽然我们国家城市生活垃圾无害化处理率达到了98.2%，城市的生活垃圾已经进入规范的处理设施——卫生填埋场、焚烧发电厂，包括一些生物处理的工厂当中去了。但是，目前我国还有部分县城生活垃圾焚烧处理率不到20%，仍有很多城市和县城垃圾焚烧处理能力有缺口。同时，"垃圾填埋场还面临渗滤液、填埋气收集处理等难题，环境污染风险较高，生活垃圾填埋处理能力仍然不足。截至目前，尚未形成可复制可推广的厨余垃圾处理模式，厨余垃圾处理后的肥料消纳途径也存在障碍，进一步制约了厨余垃圾无害化处理"③。此外，我国塑料袋、白色污染的问题也未根本解决。我国垃圾污染防治中存在的短板和不足，在很大程度上影响我国环境污染防治效果的提升。这就需要针对我国垃圾污染防治中的主要问题，针对长期以来垃

---

① 国家发展改革委住房城乡建设部生活垃圾分类制度实施方案的通知［EB/OL］.国家发展改革委住房城乡建设部官网，2017-03-30.
② 生活垃圾分类处理问题重重 补齐垃圾分类和处理设施短板势在必行［EB/OL］.全国能源信息平台，2020-08-12.
③ 生活垃圾分类处理问题重重 补齐垃圾分类和处理设施短板势在必行［EB/OL］.全国能源信息平台，2020-08-12.

坂污染存在的难点堵点问题，提出切实可行的处理措施和实施方案。

### 五、我国环境污染防治尚不充分的主要成因

环境污染防治是我国生态文明建设的重中之重。由于"我国环境问题原因复杂，有产业结构、能源结构、技术水平、监督管理、气象条件等多方面的因素"①，因此，环境问题的复杂性加大了我国环境污染防治和环境综合治理的难度。追根溯源，是由以下几方面原因共同导致的。

#### (一) 重经济发展轻污染防治

正确处理好经济发展和生态环境保护之间的关系是我国经济社会可持续发展的内在要求，也是我国生态文明建设的必然要求。然而，在经济发展过程中，单纯追求经济增长，各级政府唯"GDP"论政绩的现象还很普遍。为了实现经济快速发展、创造政绩，很多地方的政府紧盯 GDP 指数，城市建设中重视高楼林立、街道宽阔、商业繁华等"面子工程"，轻视环境保护与污染治理。在工业化和城市化发展过程中，许多地方企业大规模建设冶炼厂、造纸厂、印染厂、服装厂、皮革厂等。这些行业为地方财政做出了积极贡献，但是这些企业同时也是环境污染的主要来源，约占当地总工业污染总负荷的 70%。企业是地方财政的主要来源，治理环境污染必然需要投入大量的资金，势必影响地方收益。

基于此类心理，一方面，从政府监管职责来看，"在经济增长与污染治理之间，当地政府往往选择睁一只眼闭一只眼，地方环保部门受政府领导，无法正常履行环境职责"②。传统的政府监管往往是事件爆发后进行经济裁决，缺乏事前调查、事中跟踪以及对于突发事件的应急管理，对污染环境的行为视若无睹、得过且过。另一方面，从企业发展来看，许多企业以经济效益为核心，在生产经营中只注重经济效益，缺乏必要的生态环境保护意识和社会责任感，对于环保设施建设、环保设备投入、污染综合防治等方面的费用"偷工减料"、能省则省，从而形成"违法成本较低、守法成本很高"的错误观念，致使企业在环境污染方面肆无忌惮，不惜牺牲生态环境换取经济发展。正是政府和企业重经济发展、轻污染防治的错误思想和行为，造成环境污染的恶性循环。

---

① 解振华. 推进生态文明建设 [M]. 北京：国家行政学院出版社，2013：32.
② 戎爱萍，张爱英. 城乡生态化建设——当代社会发展的必然趋势 [M]. 太原：山西经济出版社，2017：119.

## （二）城市化建设违背生态文明要求

城市化是指城市不断发展完善、乡村人口不断向城市人口转变、乡村型社会不断向城市型社会转变的历史过程。与英国、澳大利亚、德国等世界发达国家相比，中国的城市化起步较晚。改革开放以来，随着我国综合实力不断提升，城市化的步伐逐渐加快。在城市化快速推进过程中，生活、生产要素向城市集中，工业聚集和人口聚集从生产与生活两个方面加剧了城市的环境污染。经济增长长期依赖的粗放发展模式使得经济总量与总体素质、城市化速度与生态环境质量之间出现巨大反差。

一是城市规模扩张浪费自然资源。由于城市建设和发展偏重于数量和规模，发展经济优先于生态环境保护，重视城市建设，忽略城市资源和生态环境保护，其结果是城市化建设在改善人民居住生活条件的同时，导致自然资源被严重浪费。这里以土地资源为例。土地是农民生存发展之本，是不可再生的重要资源，拥有了土地也就意味着具备一定的原始资本积累。因此，适应城市化建设需要，很多农民的土地被征收另作他用。大部分被征用的土地，用于豪华办公大楼、广场等面子工程以及富豪别墅的建造，相反诸如医院、学校、公园等一些重要的公共场所的占地面积很小。在城市建设过程中，由于规划不合理、决策失误等原因，出现了许多闲置的房地产用地或工业用地，最终造成土地资源的低效利用与浪费。二是城市化发展造成污染聚集。伴随着城市化快速发展而来的乡村人口，因务工需要向城市流动，城市人口比重上升。城乡人口的大量流动与聚集，使得城市居住、出行、资源消耗等方面的需求不断上升。与此同时，与城市化相伴而生的是一系列城市生态环境问题，如过度的污染排放、过度的资源消耗、过量的生活垃圾以及交通拥堵等。这些问题的客观存在不仅不利于人民美好生活的实现，而且佐证了城市化建设与生态文明相违背的客观事实。

## （三）环境治污技术滞后

科学技术是一把双刃剑，既可能成为环境问题的制造者，也可以是环境问题的解决者。当今世界，西方一些环境问题突出的国家，生态环境之所以得到改善，无不得益于先进的治污技术。与世界发达国家相比，我国环境治污技术相对滞后。

在土壤污染治理方面，我国现有土壤修复技术落后，"一些地方政府注重土壤修复，不注重地下水污染治理；只关注土壤的治理，不关注对周边环境的影响等。而且国内的检测手段与国际先进检测手段有差距，基层检测设备落后。化工企业产生的污染物太多，很多的确都不在国家标准检验范围之内"①。在垃圾处理方面，欧美和日本等发达国家城乡一体化程度比较高，在生活垃圾处理方面起步较早，垃圾处理技术较为先进。其中，德国在垃圾处理上提出了一个先进理念，即减量化—资源化—处理。在处理垃圾过程中，分别使用垃圾分类回收利用技术、堆肥生化技术，使生活垃圾得到科学化处理。日本在汲取"先污染后治理"的惨痛教训后，及时调整垃圾治理思路，实现了由"末端治理"向"减量化、资源化"的华丽转身。日本自动封闭式、自动加压式的垃圾运输车，极大提高了垃圾处理率。反观我国，虽然近年来垃圾科学化处理率不断提高，但垃圾处理方式主要以填埋为主，在卫生填埋过程中，由于没有将垃圾与周围环境隔绝，不可避免地对周围环境造成了污染与破坏。此外，在现阶段我国空气污染治理、水污染治理技术还相对滞后，在很大程度上也制约了我国环境污染治理的水平和成效。

## 第三节　我国生态综合治理尚不充分的
## 具体表现与问题归因

正如自然资源和自然环境为人类的生存与发展提供物质条件一样，自然生态也是人类存在与发展的前提和基础，人民日益增长的优美生态环境需要包括对良好生态、安全生态的需要。但是，经济社会发展的实践活动显著加剧了生态危机，生态系统退化使我国生态安全受到威胁。我国虽然持续推进生态综合治理，在恢复自然生态系统、增强生态系统稳定上取得了显著成效，但生态综合治理尚不充分，生态治理中仍存在很多问题亟待解决。

### 一、自然生态的重要性

就人类社会生存发展而言，良好生态是人类社会可持续发展的重要根基，

---

① 戎爱萍，张爱英. 城乡生态化建设——当代社会发展的必然趋势［M］. 太原：山西经济出版社，2017：111.

决定着文明的兴衰更替和人类的生存发展。

### (一) 自然生态决定人类文明兴衰

人类文明的兴衰与生态环境紧密相关。习近平总书记指出:"生态兴则文明兴,生态衰则文明衰。"① 这就深刻揭示了生态环境与人类文明的深层关联。在人类社会发展的进程中,"协调人与自然的关系是社会发展和文明演进过程中的基本问题,自然生态环境的变迁直接影响着人类文明的兴衰更替,这是社会发展和文明演进的基本规律"②。从世界文明来看,四大文明古国的兴起无不起源于生态良好、植被茂盛、水草肥美的大河流域。例如,诞生于尼罗河流域的古埃及文明、诞生于美索不达米亚平原的巴比伦文明、发祥于印度河流域的古印度文明、发源于中美地区的玛雅文明和黄河流域的中国古老文明。由于这些发源地有肥沃的土地、茂盛的森林、温和的气候、良好的生态等得天独厚的天然条件,在历史上的某个时期都曾出现过繁荣景象。

然而,这几个古文明之所以衰落,皆与资源枯竭、生态恶化等问题紧密相关。在经济社会发展过程中,无休止地砍伐森林、毫无顾忌地开垦土地和草原,造成水土流失,生态环境遭到严重破坏、生存环境急剧恶化,变得贫瘠的土地无法再承受不断增多的人口,最终使这些文明走向衰落。对此,恩格斯曾在《自然辩证法》中引用美索不达米亚、小亚细亚等地的惨痛教训和事例来警示世人,提出自然报复的理论。从我国历史来看,盛极一时的丝绸之路、辉煌一时的楼兰古国、敦煌文明、黄土高原、渭河流域、太行山脉等,也曾森林遍布、山清水秀、生态良好,但由于人类不合理的实践活动,"塔克拉玛干沙漠,湮没了盛极一时的丝绸之路;河西走廊沙漠的扩展,毁坏了敦煌古城"③。古今中外的生态教训就是生态决定文明兴衰的最好证明。由此可见,生态环境可载文明之舟,也可覆文明之舟。要想实现人类文明的永恒延续,就必须切实保护生态环境。只有筑牢人类生存发展的生态根基,才能夯实人类社会的文明根基。

---

① 中共中央宣传部. 习近平新时代中国特色社会主义思想学习纲要 [M]. 北京:人民出版社, 2019:167.
② 张云飞. 辉煌 40 年——中国改革开放成就丛书 (生态文明建设卷) [M]. 合肥:安徽教育出版社, 2018:54.
③ 张云飞, 李娜. 开创社会主义生态文明新时代 [M]. 北京:中国人民大学出版社, 2017:21.

（二）自然生态影响人类生存发展

在马克思主义的理论体系中，系统自然观是其重要内容。"马克思主义前瞻性地揭示了自然界及其运动规律的整体性和系统性，形成系统自然观。"① 马克思、恩格斯认为，人是自然存在物，自然是人的无机身体，人对自然的根本依赖性决定了人与自然是共生共荣的生命共同体。"我们所接触到的整个自然界构成一个体系，即各种物体相联系的总体，而我们这里所理解的物体，是指所有的物质存在。"② 在这个自然体系中，人同各种生态条件相互依存、彼此作用，共同维持整体生态平衡。生态系统一旦失衡，生态系统的生态功能就会弱化或丧失，继而加剧洪涝、干旱、泥石流、沙尘暴、森林毁坏等自然灾害，影响人的身体健康、生产生活，给人民造成无法估计的经济损失，甚至严重威胁人民生命安全。关于这一点，恩格斯在《英国工人阶级的状况》中早有揭示。恩格斯在该书中揭露和批判了资本主义机器大生产体制，特别是资本家对工人正常的生活和工作的生态条件的剥夺，充分揭示了工业革命所导致的生态环境问题，不仅包括工人居住之地与工作场所的恶劣状况以及各类环境污染问题对工人身心健康造成的巨大伤害，而且指出了大机器生产对生态系统造成的负担和破坏。故此，从自然生态与人类社会的密切关联来看，人类社会要想实现可持续发展，就必须筑牢生态根基。

**二、生态综合治理的主要任务**

自然生态是人类存在与发展的根基。长期以来，我们在经济社会发展过程中，由于违背生态学规律和自然规律，对生态环境资源进行不适当的、过度的开发，结果造成生态系统的退化与破坏。为确保国家生态安全，必须对退化的生态进行恢复和重建，这是应对生态危机、建设生态文明的基本前提。从目前来看，我国生态综合治理，主要包括以下几方面内容：

（一）森林生态治理

森林是大自然生态系统的基本构成，是"陆地上面积最大、结构最复杂、

---

① 张云飞，李娜. 开创社会主义生态文明新时代［M］. 北京：中国人民大学出版社，2017：15.

② 张云飞，李娜. 开创社会主义生态文明新时代［M］. 北京：中国人民大学出版社，2017：16.

生物量最大、初级生产力最高、功能最完善的自然生态系统，对维持地球陆地生态平衡起着决定性的支撑作用"①。然而，由于主客观因素综合所致，我国森林生态系统不安全因素增多，森林质量下降。森林生态治理就是要借助生物、生态以及工程的技术与方法，对森林生态进行保护和修复，以增强森林生态系统稳定性。

（二）湿地生态治理

湿地被誉为"地球之肾"，其所具有的生态功能在维持大自然生态平衡中发挥着积极作用。然而，由于人类活动，我国湿地退化和丧失的速度超过了其他类型生态系统退化和丧失的速度。这就需要进行湿地治理，即按照生态学原理，通过一定的生物技术、生态工程、制度管理等手段，保护原生态湿地、修复已破坏湿地，不断扩大湿地面积，逐渐修复湿地生态。

（三）荒漠化治理

"土地荒漠化是人类面临的最严重的生态危机，直接威胁着人类的生存空间和文明的延续。"② 就我国而言，土地荒漠化已经成为我国生态问题中的突出问题，并对人民群众的生产生活产生一定的消极影响。荒漠化治理是指针对我国土地荒漠化的严峻现实，积极开展荒漠化防治行动，综合运用各种手段和措施，修复被破坏和退化的土地，这是我国生态治理的重要内容。

（四）草原生态治理

草原是生态系统的基本元素，是牧区人民生存发展的根本所在。然而，在自然因素和不合理人类活动的影响下，草原出现面积减少、功能退化、稳定性降低、抗逆力减弱等问题，不仅影响生态平衡，而且给牧区人民群众造成一定的经济损失。当务之急，是要加大草原生态治理，即借助国家政策、科学技术、生物工程等手段，加大对退化草场的拯救和修复，同时借助人工手段，不断扩大草场面积，恢复草场植被，从而使草原生态系统结构和功能尽快恢复。此外，水土流失治理、生物多样性拯救等也是我国生态综合治理的重要内容。

---

① 国家行政学院. 推进生态文明建设［M］. 北京：国家行政学院出版社，2013：60.
② 国家行政学院. 推进生态文明建设［M］. 北京：国家行政学院出版社，2013：60.

### 三、我国推进生态综合治理的进展与成效

人类生存境遇的恶化，直观地表现为生态环境的恶化。21 世纪以来，我国生态系统退化严重。为确保我国生态安全，我国稳步推进生态安全风险防控，加大生态系统保护力度，实施了一系列生态治理的举措，生态退化形势有所缓解，生态系统稳定性不断增强。

#### （一）我国推进生态治理的进展

随着现代化的加速推进，在经济社会发展的同时，我国森林、草原、湿地、生物多样性等自然生态出现不同程度退化。为应对森林锐减趋势，我国主要实施了天然林保护工程、退耕还林工程、京津风沙源治理工程、"三北"防护林和长江中下游重点防护林体系建设工程以及野生动物自然保护区建设工程等。党的十八大以来，习近平总书记高度重视森林的保护，强调"森林关系国家生态安全"①。我国在已有生态工程基础上，又实施了新一轮生态工程，同时加强森林城市、森林公园、城乡绿化等工程，对我国生态安全做出了安排部署。为遏制草原生态退化，我国实行草原政策、生态补偿制度、草原生态保护奖励制度，实施退耕还草、退牧还草等重点生态工程。近年来，我国大力实施了"退牧还草工程、京津风沙源治理工程、西南熔岩地区草地治理试点工程、草原自然保护区建设、三江源生态保护和建设工程等"②。这些生态工程为治理草原退化做出了积极贡献。为治理水土流失，我国积极探索治理水土流失的有效路径和模式。2014 年国家发改委等 12 部门联合印发《全国生态环境保护规划（2013—2020 年）》，提出强化我国森林安全、草原生态、水土流失治理、荒漠化治理的重要任务，为维护我国生态安全提供了重要保障。

#### （二）我国生态治理取得的成效

面对生态系统退化威胁我国生态安全的严峻现实，党的十八大以来，我国为应对生态系统退化实施了系列举措，这些举措在一定程度上增强了我国生态系统的稳定性。从森林面积来看，"2020 年全国森林覆盖率为 23.04%。森林蓄

---

① 中共中央文献研究室. 习近平关于社会主义生态文明建设论述摘编 [M]. 北京：中央文献出版社，2017：70.

② 张云飞. 辉煌 40 年——中国改革开放成就丛书（生态文明建设卷）[M]. 合肥：安徽教育出版社，2018：133.

积量为 175.6 亿立方米，其中天然林蓄积 141.08 亿立方米、人工林蓄积 34.52 亿立方米。森林植被总生物量为 188.02 亿吨，总碳储量为 91.86 亿吨"①。这些数据表明，经过生态治理，我国森林面积和森林覆盖率不断增加，森林质量得到精准提升。从草原建设情况来看，2018 年"完成退化草原改良 17.3 万公顷，围栏封育面积 228 万公顷，人工种草 29 万公顷"②，草原退化趋势有所改善。从湿地保护来看，2019 年"全国湿地总面积稳定在 0.53 亿公顷，恢复退化湿地 7.3 万公顷，湿地保护率达 52.19%"③，湿地保护管理成效明显。从沙漠化治理来看，2019 年"全国完成防沙治沙任务 226 万公顷，荒漠化土地面积连续减少。其中，京津风沙源治理二期工程完成营造林 20.8 万公顷，石漠化综合治理工程完成营造林 24.75 万公顷"④。我国沙漠化程度有所降低。这些真实数据表明，我国森林、草原、湿地保护与生态治理取得一定成效，对缓解我国生态系统退化形势起到了积极的促进作用。

### 四、我国生态综合治理尚不充分的具体表征

"生态脆弱、缺林少绿"是习近平总书记对我国生态形势的总体评价。改革开放以来，我国对自然生态系统进行了前所未有的改造，使我国生态系统发生了前所未有的变化。尽管多年来我国实施了系列生态保护与治理的相关举措，客观上对维护我国生态安全发挥了重要作用，但是，我国生态问题由来已久，解决生态问题并非一日之功，我国生态系统退化形势尚未根本扭转，生态风险和隐患不断增多。目前，我国生态综合治理中还存在短板，仍有很多问题亟待进一步解决。

### （一）生态风险防范力度有待加强

生态系统是一个由生物与环境共同构成的统一整体。在这个统一整体中，生物与环境之间相互影响、相互制约，并在一定时期内处于相对稳定的动态平衡状态。生态安全是国家安全的重要组成部分，是经济社会持续健康发展的重要保障。生态风险是未来可能发生的生态问题及其影响后果。要确保我国生态

---

① 2020 中国生态环境状况公报 [R/OL]. 中华人民共和国生态环境部官网，2021-05-26.
② 2019 年中国国土绿化状况公报 [N]. 人民日报，2020-03-12 (14).
③ 2019 年中国国土绿化状况公报 [N]. 人民日报，2020-03-12 (14).
④ 2019 年中国国土绿化状况公报 [N]. 人民日报，2020-03-12 (14).

安全，必须有效防范生态风险。从森林生态来看，森林是大自然生态系统的重要构成，被称为"地球之肺"，具有涵养水源、保持水土、调节气候、净化空气等生态功能。经过多年努力，我国森林覆盖率不断提高，但与我国世界第二大经济体的排名相比，森林覆盖率远低于世界上很多国家。我国森林生态系统十分脆弱，森林资源总量不足、分布不均、结构不合理、质量不高，西北地区森林植被更为稀少。加之生物灾害、森林火灾、滥砍滥伐等原因，我国森林安全面临极大危险。风险之一，就是森林和草原火灾。《2020 中国生态环境状况公报》统计数据显示："2020 全国共发生森林火灾 1153 起，其中重大火灾 7 起，受害森林面积约 8526 公顷。全国共发生草原火灾 13 起，受灾草原面积约 11046公顷。"① 森林和草原火灾的发生，除了受自然因素，特别是气候条件的影响外，乱扔烟头、使用明火等人为因素也是导致火灾发生的一个原因。除火灾以外，滥砍滥伐也对森林生态安全造成威胁。近年来，我国森林滥砍滥伐现象屡禁不止。例如，2018 年英山森林公安破获一起滥砍滥伐林木案件，2019 年始兴县查处一起滥砍滥伐林木案，2020 年藤县公安局森林公安成功再破获 2 起滥伐林木案。而滥砍滥伐林木的后果就是导致森林生态系统服务功能受到损伤、生态系统稳定性降低和全球变暖等问题加剧。这些数据和现象表明，当前我国生态系统存在风险和隐患，而这些风险和隐患的背后也反映出我国生态监管、生态保护以及生态立法、生态守法方面存在漏洞。为了维护我国生态系统平衡，必须加大生态保护、监管和执法力度，不断提升我国生态防范能力和成效。

（二）生态监测能力有待提升

当前，我国自然生态面临外部风险和隐患，生态监测是预知生态风险和生态隐患的基本前提。时至今日，我国生态环境监测已经走过了四十多年的历史，实现了由记录环境历史到以支撑考核排名为业务重心的阶段再到智慧监测阶段的转变和迈进。目前，我国已经初步建立起了监测体系，为我国生态系统管理提供重要数据和决策依据。但是，现有监测体系还存在一些问题。《生态治理蓝皮书》，即《中国生态治理发展报告（2019—2020）》指出："在生态文明战略布局下，建立准确、及时和具有可比性的监测体系是生态治理中的一项基础性工作。然而，准确评价全国生态系统的变化，是我国生态治理能力现代化进程

---

① 2020 中国生态环境状况公报 ［R/OL］. 中华人民共和国生态环境部官网，2021-05-26.

面临的挑战。目前，我国生态治理中仍面临着基础监测数据的准确性、及时性、可比性等问题。"① 一方面，从生态监测的准确定性来说，包括草原、湿地、林地在内的陆地生态系统，容易受到自然气候变化的客观影响，加之人为因素的干扰和破坏，这些自然生态要素存在此消彼长的现象，这在一定程度上加剧了生态监测的统计难度；另一方面，从生态监测的及时性来看，虽然我国对森林、草原、土地荒漠化等情况进行数据统计，但是，草原面积数据仍是1990年全国第一次普查的结果，尽管不乏科学考察和定位定点观测数据，但并不足以支撑对全国草原面积变化的反映。故此，一方面，需要我们对陆地生态系统的重点要素进行年度调查，特别是要对草原、湿地、林地的面积与数量进行年度统计，确保生态监测的准确性；另一方面，在生态文明战略布局下，需要加快构建准确、及时和具有可比性的生态监测体系，不断提高我国生态监测能力，为筑牢我国生态安全提供技术支持。

### （三）生态修复成效有待强化

坚持生态学原理的科学指导，综合运用各种物理修复、化学修复以及工程技术措施对已退化生态进行修复是我国生态治理的核心内容。为修复退化或被破坏的自然生态，党中央实施系列生态修复工程，我国生态修复取得一定成效。但是，由于技术、观念、人才等原因，我国生态修复成效有待进一步强化。在森林生态方面，我国森林覆盖率虽然提高，但森林总量相对不足、质量不高、分布不均的状况仍未得到根本改变。随着城市化进程的加快，生态建设的空间与生产、生活空间相互挤压，局部地区毁林开垦问题依然突出，各类建设违法占用林地现象依然普遍，严守林业生态红线面临巨大压力。与此同时，生物灾害的频发、高发，不仅使森林面积减少，而且加剧了森林生态系统的脆弱性。在湿地修复方面，我国采取了一系列保护和恢复湿地的措施，湿地保护体系已初步形成，湿地保护的相关法律法规日益完善，湿地退化现象有所减少。但是，我国湿地保护工作起步较晚，湿地保护工作存在政策落实不力、资金短缺、保护意识淡薄、制度约定不明等问题。"在中国现行的法律中，有8部法律明确提及'湿地'一词，有2部基础性法律和20部环境资源类法律涉及滩涂、滩地、江河、湖泊、水域和沼泽地等与'湿地'相关的概念。中国湿地法律保护存在

---

① 我国生态治理存在哪些问题，如何解决？[N]. 经济日报，2019-12-19.

诸多不足，例如，没有针对湿地保护的专门性法律，有关湿地保护的规定散见于其他法律中，湿地法律概念模糊不清；现有法律更侧重于湿地的经济功能（重点在湿地的开发利用），未对湿地的生态功能给予重视；土地利用分类粗放，忽视了湿地的生态属性，将部分自然湿地划分为未利用地；现有的单项资源要素立法模式难以满足湿地整体保护的需要。"[1] 现有湿地保护工作和相关法律中存在的问题，在一定程度上影响了我国湿地保护工作。在荒漠化治理方面，我国已采取一系列行之有效的举措成功遏制了荒漠化扩展的态势，草原生态得到恢复。但是，我国土地荒漠化面积波动性较大，全面遏制土地荒漠化扩展需要一个长期的过程。在草原生态治理方面，随着中西部地区城镇化、工业化、农业现代化的加快，加之城镇扩张、产业发展、基础设施建设对土地需求急剧增加，草原生态保护与工矿业发展的冲突仍未得到根本解决。除此之外，我国在生物多样保护、海洋生态保护等方面仍需加大力度。

### 五、我国生态综合治理尚不充分的主要成因

我国生态系统脆弱，生态系统退化严峻，生态治理不够充分，既有自然条件的客观制约，也有人为活动的现实影响，是主客观因素共同导致的结果。

（一）生态治理缺乏系统性

自然生态系统是一个有机整体，是一个极其复杂的多成分大系统。习近平总书记提出"山水林田湖是一个生态共同体"的系统思想，并指出，"要用系统的思想方法看问题，生态系统是一个有机生命躯体，应该统筹治水和治山、治水和治林、治水和治田、治山和治林等"[2]。这一思想揭示了生态系统的系统性，要求我们重视不同生态要素、生态系统的关联性，按照生态系统的系统性和内在规律系统推进生态治理。然而，在生态治理过程中，我们常常缺乏系统思维，往往就森林问题解决森林问题，就湿地问题解决湿地问题，就草原退化解决草原问题等，没有意识到森林、草原、湿地、生物多样等是一个有机整体，导致植树造林、修复湿地、退耕还草等生态工程各自为政、缺乏协同合作。尤

① 刘瑞婷，李媛辉. 中国湿地法律保护的不足与完善 [J]. 湿地科学，2021，19（05）：567-576.

② 中共中央文献研究室. 习近平关于社会主义生态文明建设论述摘编 [M]. 北京：中央文献出版社，2017：56.

其是"现在对自然生态系统保护的管理比较分散，造成'生态'与'环境'两张皮，水质与水量分头管理，割裂了生态保护与污染治理的关系，割裂了环境要素综合保护与自然生态系统管理的关系"①。这是造成我国生态系统脆弱、风险增大的主要原因。

（二）经济社会发展与生态保护不协调

经济社会发展与生态保护的关系是我国生态文明建设必须处理好的基本关系。推进生态文明建设，要求实现经济社会发展与生态保护共建共促、互利共赢。然而，很多地区在经济社会发展过程中，依然坚持经济社会发展优先于生态保护。

一方面，发展经济破坏生态。在城市，大工厂、厂房无限扩张，开发风能、太阳能等新能源，设备占用生态空间，例如，光伏发电虽然是利用太阳能电池将太阳能转换成电能，但其转换使用的光伏电板严重破坏生态。在农村、山区、偏远地区，虽然也注意到了生态保护问题，但是生态工作往往跟不上经济发展的步伐。有些地区依靠当地的自然资源如煤炭、石灰石等，采取粗放型、资源消耗型经济发展方式，没有采取有效的生态保护措施，造成土地塌陷、水土流失等一系列生态问题。另一方面，为了生活破坏生态。在城市化进程中，随着人们对大面积住房要求的日益增长，生活空间严重侵占生态空间。例如，习近平总书记多次批示的秦岭别墅事件，就是一个典型例子。秦岭是我国南北方气候的分界线和重要的生态安全屏障。然而，近年来，某些房地产开发商违规违章建筑别墅，不仅把秦岭很多山坡削为平地，而且还随意圈占林地，对秦岭山体造成巨大破坏。由此可见，经济社会发展与生态保护不协调是我国生态系统退化、生态治理不充分的主要原因。

（三）生态执法力度不够

改革开放以来，在经济社会发展过程中，随着生态环境问题日益凸显，计划经济时代所形成的人治化生态环境管理方式的弊端逐渐暴露。"将生态环境保护纳入法制化轨道，实现生态管理和治理方式从人治向法治转变，成为我国生态环境保护工作的中心任务。"② 生态执法是指环保行政执法机关根据法律的授

---

① 王金南，孙秀艳. 生态文明建设需建跨部门协调机构 [N]. 人民日报，2013-11-23（10）.

② 张云飞. 辉煌40年——改革开放成就丛书（生态文明建设卷）[M]. 合肥：安徽教育出版社，2018：271.

权，对单位和个人的各种影响或可能影响环境的行为和事件进行管理的活动，是保护生态环境的重要手段。虽然我们国家很早就提出"谁开发，谁保护；谁污染，谁治理"的生态环境保护原则，运用法律手段促进生态保护，但是，在经济发展过程中，不少企业为了降低成本，无视法律法规，对当地生态肆意开发、破坏或者将污染物直接悄悄违规排放到自然环境中，严重危害了当地的生态环境。在一些野生动植物较多的地区，一些民众或者偷猎或者大肆捕猎珍贵野生动植物，造成当地生态系统的破坏。在生态修复过程中，弄虚作假、谎报军情、敷衍了事的现象较为普遍。一个重要原因就是生态执法监管不到位，生态执法监管效率低下，没有及时惩处生态违法行为，更未形成生态执法的长效机制，从而弱化了生态执法的效力。加之"由于历史和现实的各方面原因，我国环境保护行政执法目前仍存在种种问题和困难，部分地方领导环境意识、法制观念不强，对保护环境缺乏紧迫感，给环境执法和监督管理设置障碍，导致不少企业游离于环境监管之外"[1]，使生态执法效果大打折扣。这就需要重点盯住中央高度关注、群众反映强烈的突出环境问题，进一步加大生态执法力度和效力，不断增强生态执法的实效性。

## 小　结

资源、环境和生态是生态文明建设的三个关键词，也是我国生态文明建设的主要领域。改革开放以来，面对我国资源短缺、环境污染和生态退化的严峻形势，党和国家采取系列重要举措，大力促进资源合理、高效和充分利用，积极开展环境污染防治和生态治理等工作。这些举措在很大程度上为应对我国生态危机做出了积极贡献。然而，我国传统发展方式尚未根本转变，牺牲"绿水青山"换取"金山银山"的发展模式未根本扭转，我国经济社会发展与资源环境生态的冲突依然尖锐，加之思想观念的错误、管理制度的缺位、科学技术的薄弱等原因，我国资源、环境和生态等方面依然存在诸多亟待解决的突出问题，资源、环境和生态领域风险隐患还有很多。面对我国自然资源利用、环境污染

---

① 黄承梁. 新时代生态文明建设思想概论［M］. 北京：人民出版社，2018：140.

防治和生态系统治理过程中存在的诸多问题，要大力推进生态文明建设，推进生态文明建设充分发展。这就需要通过促进自然资源充分利用、提升环境污染防治水平、增强生态综合治理成效，并借助管理、制度、科技等手段，有效防范和化解我国资源、环境和生态风险，努力构建资源安全型、环境安全型和生态安全型社会，努力走向生态文明新时代。

# 第六章

# 新时代我国生态文明建设平衡发展的
# 重要举措

新时代社会主要矛盾的转化，为我们深刻认识生态文明建设提供了新思路。人民日益增长的优美生态环境需要和不平衡不充分的生态文明建设之间的矛盾，既揭示了新时代我国生态文明建设面临的新挑战，也指明了我国生态文明建设所要解决的关键问题和所要完成的重要任务。针对我国生态文明建设不平衡的问题，需要探索我国生态文明建设新路，坚定走生态优先的绿色发展道路，努力实现"三生"共赢发展；坚持协同论和共享理念的科学指导，促进区域生态文明建设协同发展、城乡生态文明建设共同发展；坚持整体论和系统论，统筹生态文明建设与"四大建设"平衡发展，以化解经济社会发展与生态环境保护的"两难悖论"，为全面提升我国生态环境质量、扩大更多优质生态产品供给提供有利条件。这是新时代化解我国生态文明建设主要矛盾的根本出路，也是提升生态文明建设水平的必然选择。

## 第一节　促进生产、生活与生态之间平衡发展

人与自然是生命共同体，生态文明的核心是人与自然和谐共生。生态环境问题的症结归根到底是人的生产方式和生活方式的问题，生态问题的解决最终依赖生产方式和生活方式的绿色转型。"生态文明是协调人与自然关系的新型文明形态，紧密围绕人类整体的可持续生存和社会总体的永续性发展这一基本问题。当代人及子孙后代以何种态度、采取何种方式、运用何种策略来对待自然

进而实现人与自然之间合理的物质变换是建设生态文明必须解决的关键问题。"① 当务之急是"坚持生态优先、绿色发展，推进资源总量管理、科学配置、全面节约、循环利用，协同推进经济高质量发展和生态环境高水平保护"②。具体而言，就是要坚持走生态优先的绿色发展道路，使人的生产、生活建立在保护资源生态环境的基础上，通过构建绿色生产方式、形成绿色生活方式、树立绿色幸福观等促进生产、生活与生态之间平衡发展，努力实现"三生"共赢。

**一、促进生产与生态之间平衡发展**

工业是国民经济的主导，不合理的工业生产方式是造成资源浪费、环境恶化的主要原因。坚持生态优先，形成绿色生产方式，既是破解当代中国环境污染与经济发展矛盾的根本途径，也是促进生产与生态平衡发展的重要手段。

（一）构建绿色工业生产方式

改革开放以来，我国工业化快速发展。然而，以过度消耗资源、过量排放污染为特征的工业生产方式造成了极大的资源浪费和环境污染。现阶段，我们深入贯彻绿色发展理念，坚持走生态优先的绿色发展道路，其中之一就是要促进工业生产方式的绿色化，积极构建绿色工业生产方式。对此，要从以下几个方面着手：

1. 优化顶层设计

依据文明演进的历史规律以及现实国情，我国工业发展的最新方式是绿色工业，即"通过实现生产方式、科技、制度创新的生态化转向，转变传统工业发展模式，走新型工业生态化道路"③。这就需要依托《中国制造2025》，按照《工业绿色发展规划（2016—2020）》要求，走高效、清洁、低碳、循环的工业绿色发展道路，将规划重点领域作为加快工业绿色转型的突破口，鼓励钢铁、

---

① 崔龙燕，崔楠. 生态文明视角下农村低碳经济发展路径探新 [J]. 生态经济，2019（03）：216.

② 新华社. 中华人民共和国国民经济和社会发展第十四个五年规划和2035年远景目标纲要 [EB/OL]. 新华网，2021-03-13.

③ 薛建明，仇桂且. 生态文明与中国现代化转型研究 [M]. 北京：光明日报出版社，2014：88.

有色、化工等重点行业实施绿色化改造。在工业领域全面推行"源头减量、过程控制、纵向延伸、横向耦合、末端再生"的绿色生产方式，减少自然资源消耗和环境损害。

2. 实现清洁生产

"清洁生产是关于产品的生产过程的一种创新的、创造性的思维方式。对于生产过程，清洁生产意味着节约原料和能源，不使用有毒原材料，在生产过程排放废物之前降低废物数量和毒性。"① 实现清洁生产，首先要使用清洁的原料与能源，在生产过程中要降低煤炭、石油、矿产资源的使用比例，尽量使用低污染、低排放的原料或用其他原料代替有毒有害的原料，如生物能、太阳能、氢能、地热能、海洋能等。其次，生产过程要环保。要发挥高素质人才的作用，充分使用少废、无废工艺和高效的设备，降低消耗、减少损失和污染物排放、制止浪费，实现生产过程绿色化。最后是资源循环利用。当前我国工业生产模式是一种"资源—产品—污染排放"的线性生产模式，这类生产模式造成巨大的资源浪费。构建绿色工业生产方式，要实现废物循环利用，这就要求在生产过程中将流失的物料加以回收，经过科学化、无害化、绿色化处理后作为原料二次利用，从而提高资源利用率，减少资源浪费，实现生产绿色化。

3. 发展绿色经济

"绿色经济是充分体现生态文明本质属性与可持续发展要求及相应的自然关怀与人文关怀，能够实现人与人和人与自然和谐相处，能够有效利用各种资源以满足人类各种合理需要的一种经济形式。"② 绿色经济紧密围绕改善生态环境而发展，核心问题是要实现人与自然的和谐，经济与生态环境的协调发展。与工业文明时期的经济发展相比，绿色经济属于工业文明的范畴。新时代构建绿色工业生产方式，要以满足人民日益增长的工业产品需要为出发点和落脚点，要实现食品加工业、服装业、建筑业、家电业等的绿色转型，壮大节能环保、清洁生产、清洁能源、生态环境、基础设施绿色升级、绿色服务等产业，通过扩大绿色工业产品供给，满足人们日益增长的绿色饮食、绿色居住、绿色出行等需要。

---

① 薛建明，仇桂且. 生态文明与中国现代化转型研究 [M]. 北京：光明日报出版社，2014：93.

② 杨文进. 绿色生产 [M]. 北京：中国环境出版社，2015：2.

## (二) 构建绿色农业生产方式

农业是国民经济的基础，是关系国计民生的大事。"推进农业绿色发展，关系我国绿色发展的基础，关系国家食物安全、资源安全和生态安全，关系美丽中国建设，关系人民福祉和子孙后代的切身利益。"① 改革开放以来，我国农业现代化取得了举世瞩目的成就，但也付出了沉重的生态代价。生态文明建设背景下，推动农业绿色发展、构建绿色农业生产方式迫在眉睫、刻不容缓。

### 1. 大力发展绿色农业

"我国是一个农业大国，农业是农村经济的命脉。绿色是农业的本色，实现农业绿色发展是农业供给侧结构性改革的基本要求。"② 随着经济快速发展和物质生活水平不断提高，人民群众基本的饮食需要得到较大满足。但是，由于生态环境问题引发的负面效应，我国食品安全受到威胁，人民群众的绿色饮食需要与日俱增。要满足这一需求，就必须大力发展绿色农业，提供更多优质的绿色农产品。2018 年农业农村部发布的《关于深入推进生态环境保护工作的意见》明确了绿色农业发展的重大行动，即实施果菜茶有机肥替代化肥行动、实施了畜禽粪污资源化利用、东北地区秸秆处理、农膜回收、以长江为重点的水生生物保护等"农业绿色发展五大行动"。《中国农业绿色发展报告 2020》报告显示，总体来看，我国农业绿色发展水平稳步提升。2012—2019 年间，全国农业绿色发展指数从 73.46 提升至 77.14，提高了 5.01%，具体表现为农业生产绿色化稳步推进、农业资源用养结合协调发展、农业产地环境保护成效明显、农村人居环境明显改善和农业绿色发展试验示范深入开展。这些事实和数据反映了我国绿色农业发展的总体水平、重大行动和重要进展，为我们持续推进绿色农业发展奠定了重要基础。故此，构建绿色农业生产方式，要以《"十四五"全国农业绿色发展规划》为指南，将重点加强农业资源保护利用、农业面源污染防治、农业生态保护修复和打造绿色低碳农业产业链作为未来我国绿色农业发展的重点任务和着力点。与此同时，相关部门也要加大对绿色农业的扶持力度、资金投入、技术支持等，扩大绿色农业发展规模；要依托农业生物科技、信息科技等先进科技提高农业绿色化程度以及绿色食品的安全度；要积极探索绿色

---

① 南塬. 农业发展观的一场深刻革命 [N]. 人民日报, 2017-10-01 (03).
② 崔龙燕, 崔楠. 生态文明视角下农村低碳经济发展路径探新 [J]. 生态经济, 2019 (03)：220.

农业发展新模式，加快绿色种植业、绿色养殖业、绿色水产业等产业的融合发展，以提供更多优质、安全、丰富的绿色农产品，从而更好满足人民群众对绿色农业产品的需要。

2. 提高农民生态文明素养

"生态环境问题，表面上反映的是人与自然关系的冲突，本质上却反映了人自身的生存方式——文化的问题。"① 农民是农业生产方式变革的直接参与者和主要受益者，农业生产中不合理的生产方式与农民落后的思想观念密切相关，发展绿色农业需要强化农民的生态文明意识。"只有先进的农业发展观念，才能成为传统农业向现代农业转变的指导理念。没有农民生态文化素质的提高，生态农业建设就缺乏根本支撑。"② "对于农民而言，生态文明素养就是把握和尊重农业、农村发展规律，把生态知识和生态思维贯穿于生产、生活之中，形成绿色发展方式和生活方式，实现乡村可持续发展，建成生态宜居的美丽家园。"③ 故此，提高农民的生态文明素养，要从生态意识的培养和生态文明的行为入手。一方面，相关部门要组织专职人员通过理论宣讲、专题培训等形式，引导农民树立"绿水青山就是金山银山"的理念，加强对农民生态文明理念，特别是绿色农业理念的培训，逐步增强农民的生态文明意识，提高他们对绿色农业的认知水平，使他们掌握生态农业的基本知识和理论；另一方面，要切实加强对农民绿色农业技能的培训，把更多的资金和项目转到"智力支持"上，使农民掌握测土配方施肥、病虫害绿色防控、种养结合综合利用等农业技术。生态学家小约翰·柯布曾经说过，中国的生态文明必须建立在农业村庄的基础之上。只有不断强化农民的生态文明素养，提高农民的绿色农业技能，农业绿色生产才能成为广大农民的自觉行动，从而实现为绿色农业发展提供强大助力。

3. 加强绿色农业科技创新

构建绿色农业生产方式，就要实现农业生产过程对生态环境的零污染和零破坏，不断提高农业生产水平和土地产出率。习近平总书记多次强调，"要寄托

---

① 崔龙燕，崔楠. 生态文明视角下农村低碳经济发展路径探新 [J]. 生态经济，2019 (03)：217.

② 薛建明，仇桂且. 生态文明与中国现代化转型研究 [M]. 北京：光明日报出版社，2014：147.

③ 吴珍平. 如何培育农民的生态文明素养 [N]. 中国县域经济报，2021-01-21 (07).

科技提高，走中国特色现代化农业道路"，科技创新是破解农业绿色发展难题的关键所在。科技是第一生产力，通过科技创新可以变废为宝，打造农业绿色发展的原动力。这就需要不断提高农业尤其是生态农业中的科技含量，在农业绿色发展过程中，"一是加强农业基础及应用基础研究，抢占现代农业科技发展制高点。二是加快科技创新服务平台、基地建设。加强农业科技园、创新示范区、科技小院和农业嘉年华等高水平的'顶天立地'的乡村科技创新服务平台与基地建设。三是推进农业科技成果转化，围绕农业现代化科技需求，征集农业先进适用技术、乡村绿色技术和高新技术成果，加强集成应用和示范推广。四是提升科技创新和推广应用主体的能力，全面激活农业产业链和价值链的创新创业活动。五是发展农业高新技术产业。围绕现代畜牧业、农机装备、智慧农业、有机旱作农业、特色高效农业等主题培育建设国家农业高新技术产业示范区"①。与此同时，要重点加大绿色农业技术的研发，主要包括对化肥、农药、农膜新品种、优良品种及高效利用技术的研究开发以及对生物工程研究等农业基础的科学研究。除此之外，相关部门有必要建立完善的监管体系，对农业生产所使用的原料、工具、化肥、农药以及农产品等进行质量监管，坚决杜绝含有大量农药残留的农产品的销售，确保生态农业源头、过程和终端的绿色化，全面提高农业生产的绿色化程度。

## 二、促进生活与生态之间平衡发展

生活方式是人们消费物质资料的方式，对生态环境有重要影响。现代人们所膜拜的高消费、高浪费、高污染的生活方式"从自然取走的多，还给自然的少；而且取之自然的是'有序'，还给自然的是'无序'，因而是一种'反自然'的生活"②。"面对消费主义生活方式对生态环境造成的污染与破坏，构建绿色生活方式是应对生态危机的根本之策。"③ 建设生态文明要求人的生活以保护生态环境为前提，形成有利于生态环境和子孙后代可持续发展的绿色生活方式。这种生活方式是促进生活与生态之间平衡发展的重要途径。

---

① 杜洪燕，龚晶. 加快农业科技现代化，助推乡村产业振兴 [EB/OL]. 光明网，2021-12-31.
② 黄承梁. 新时代生态文明建设思想概论 [M]. 北京：人民出版社，2018：178.
③ 崔龙燕，崔楠. 生活方式的生态影响与绿色重构 [J]. 林业经济，2019（06）：27.

（一）奉行绿色饮食方式

民以食为天，饮食是维持人类生命延续的主要方式，绿色饮食方式是绿色生活方式的基本内容。"生态文明新时代，绿色饮食是益于人体健康和保护生态环境的最佳饮食方式。绿色饮食主张在消费食品的过程中减少二氧化碳排放量，以达到保护生态环境的目的。"①绿色饮食方式是指一种以健康、自然、环保、适度为基本特征的饮食方式，它的提出是生态文明建设的内在要求。养成绿色饮食方式，要重点养成两种自觉行为：

1. 形成合理、健康的膳食结构

在不健康饮食威胁人类生命健康的情况下，我们的膳食结构应该以植物性产品为基础，并以肉类产品作为适当补充，追求"三高"即高蛋白质、高纤维素、高维生素，坚持"四低"即低胆固醇、低脂肪、低糖、低盐，合理配膳，营养平衡，形成既健康又丰裕、有益于人类健康的绿色、健康饮食方式。

2. 爱惜粮食、勤俭节约

浪费粮食是一种可耻行为，节约粮食是每一个公民应尽的义务，"锄禾日当午，汗滴禾下土，谁知盘中餐，粒粒皆辛苦"是每个人理应深刻体会的人生道理。我们要爱惜粮食，根据自身需要适量用餐，不剩饭菜，用餐时点菜要适量，积极实施光盘行动。在烹饪食物过程中，尽可能节能降耗，循环利用水资源，从而养成良好的绿色饮食和绿色烹饪习惯。在购买食材时，要尽可能选购低碳商品等。生态文明新时代的饮食方式是绿色饮食方式，只有这种方式才能引导人们过上绿色生活。

（二）形成绿色出行方式

人的生活离不开出行，如果为了减碳而停止出行活动是不现实的，我们能做的是坚持绿色出行。绿色出行就是采用对环境影响最小的出行方式，既节约能源、提高能效、减少污染，又有益于健康、兼顾效率的出行方式。绿色出行的最大优点是节能环保，以减少环境污染、降低资源消耗为核心，有助于保护生态环境、节约资源，是生态文明新时代的最佳出行方式。现实生活中，我们可以以下几种方式为绿色出行贡献力量。

---

① 崔龙燕，崔楠. 生活方式的生态影响与绿色重构 [J]. 林业经济，2019（06）：28.

1. 选择低碳汽车

近年来，汽车已经逐渐融入普通家庭的生活，成为最大的代步工具和人们出行的主要方式。如今，中国拥有私家车的家庭也越来越多，汽车出行在方便人们的同时，也增加了资源环境的负荷。日常出行产生的碳排放，主要来自交通工具的使用。化石燃料燃烧产生的碳排放和汽车尾气的排放是碳排放和空气污染的主要来源。基于保护生态环境的时代诉求和资源可持续发展的需要，我们应该坚持低碳、环保原则，尽可能选购低油耗、低污染、低排放的汽车，而新能源汽车、电动汽车、氢能汽车就是绿色出行的最佳选择。据国家发改委、商务部等部门联合举行的关于促进绿色消费的新闻发布会介绍，据数据显示，"2021年，我国新能源汽车保有量达到784万辆，占我国汽车总量的2.6%，占全球新能源汽车保有量的一半左右。相比传统燃油乘用车，现有新能源乘用车每年在使用环节减少碳排放1500万吨左右"①。因此，在购买汽车时，我们可以优先选择新能源汽车、电动汽车和氢能汽车，在方便自己出行的同时，减少碳排放，从而保护生态环境，助力绿色出行。

2. 选用"共享"和"公共"交通

公共汽车和地铁是城市居民出行的主要交通工具，形成绿色出行方式提倡使用公共交通工具。因为"各种交通工具产生的二氧化碳占温室气体排放量的30%以上，减少此类排放量的最好办法之一就是乘坐公交车"②。目前，我国很多城市出现了共享单车，其目的在于引导和鼓励公众出行时优先选择低碳环保的交通工具。共享单车和公共交通不仅能减少碳排放，而且可以实现交通资源的集约化和节约化利用。因此，我们应积极响应绿色出行号召，多选择公共交通工具和绿色交通工具，推动出行的绿色转向，使绿色出行成为主流出行方式。

3. 选择"低碳旅游"

随着人们生活水平的提高和交通工具的便捷，旅游成为人们放松身心的共同选择。旅游作为一种综合性的人类活动，涉及人们生活相关的吃、住、行、用和环境等层面。但与污染环境、破坏生态的自驾游相比，低碳旅游是一种保护生态环境的旅游方式。选择低碳旅游的出行方式，是绿色出行的重要体现。

① 发改委. 我国2021年新能源汽车保有量达784万辆 占汽车总量的2.6% [EB/OL]. 发改委官网, 2022-01-21.

② 朱翔，贺清云，等. 绿色低碳生活 [M]. 北京：中国环境出版社，2015：121.

在旅游过程中，我们尽可能选择公共交通，住宿时优先选择带有绿色标签的酒店住宿，在进餐时优先考虑绿色食品。与此同时，我们应增强环境保护意识，尽量选择"低碳旅游"，例如，浪漫的自行车旅行和悠闲的徒步旅行，这两种方式是生态利益和身心健康双赢的旅游方式，我们应积极倡导和推广，使其成为生态文明时代的旅游新风尚。

（三）倡导绿色居住方式

居者有其屋是人们的基本需求，拥有舒适的安身之所是人们的共同愿望。"伴随着温饱问题的解决和住房装修对生态环境造成的污染和破坏，人们对住房有了新的需求，越来越注重住房的绿色属性，越来越追求绿色居住。"① 所谓绿色居住就是指居住时充分考虑生态环境因素，采用对生态环境破坏最小的居住方式，具体表现为合理安排住房面积、简约装修住房、使用节能环保建材、循环使用家具等。"绿色居住不是以大为美，也不是以奢华为品味，而恰恰是以小为美，以简约为美，以精致为美。"② 形成绿色居住方式，要重点做到两点：

一是购买适宜面积住房。如今，随着物质生活水平不断提高，越来越多的人把大面积住房与经济地位、社会身份相关联。殊不知大面积住房在方便人们生活的同时，装修过程、家用电器也容易产生环境问题。我们应树立正确的价值观、人生观和消费观。根据经济收入、购买能力、人口数量，购买合适面积的住房，充分考虑环境因素，争取空间合理化，避免资源过度浪费。二是追求简约、环保装修。简约风格是家装节能中最为合理的关键因素，通透的设计在坚持通风和空气流通的同时，在很大程度上减少了资源、能源、建材的浪费。在住房装修方面，我们应避免重复装修、豪华装修，积极适应生态文明建设要求，厉行并倡导健康实用、绿色环保的简约装修，反对奢华装修、重复装修。在装修住房时应充分考虑环境安全因素，尽可能选择和合理使用"绿色"建材，不断增加居住的绿色属性。

**三、科学布局"三生空间"**

优化空间布局是我国生态文明建设的内在要求，实现生态空间、生产空间、

---

① 崔龙燕，崔楠. 生活方式的生态影响与绿色重构 [J]. 林业经济，2019（06）：28.
② 刘德海. 绿色发展 [M]. 南京：江苏人民出版社，2016：188.

生活空间平衡发展是生态文明建设平衡发展的应然之义。中共中央国务院《关于建立国土空间规划体系并监督实施的若干意见》指出："国土空间规划是国家空间发展的指南、可持续发展的空间蓝图，是各类开发保护建设活动的基本依据。整体谋划新时代国土空间开发保护格局，综合考虑人口分布、经济布局、国土利用、生态环境保护等因素，科学布局生产空间、生活空间、生态空间，是加快形成绿色生产方式和生活方式、推进生态文明建设、建设美丽中国的关键举措。"① 这充分揭示了科学布局生产空间、生活空间、生态空间对于生态文明建设和建设美丽中国的重要意义。现实生活中，之所以存在生产空间、生活空间挤占生态空间的现象，一方面源于经济发展优先于生态环境保护的错误做法，另一方面在于空间布局的不合理规划。

科学布局"三生空间"，要根据《关于建立国土空间规划体系并监督实施的若干意见》的指示和要求，重点依托发展规划和国土空间本底条件，在生态、农业、城镇"三类空间"和生态保护、基本农田和城镇开发"三条红线"划定的基础上，进行生产、生活、生态"三生空间"要素的科学规划。

具体来说，科学布局"三生空间"：一是要严守生态空间。自然生态环境是人类社会存在发展的必备条件，生态空间是人类生产空间和生活空间的基础。对于人类生活发展而言，良好生态环境和生态空间是人类社会的根基。人类社会要实现可持续发展，生态空间必须巩固。因此，严格落实区域生态格局构建的要求，优先划定生态空间；将生态空间划分为用于农业生产和用于生态保护两类，并对应建立差异化的资源使用和生态补偿制度；要加大生态立法和生态执法力度，对侵占生态空间的行为予以严肃处罚。二是优化生产空间。生产空间是人类从事生产活动的主要空间，事关人类社会经济发展。但是，生产空间的扩大不得以挤占生态空间为代价，而是应该在已有生产空间的基础上，不断优化生产空间，提高生产要素在空间上的配置效率。就需要对城市功能进行整体评价，对城市产业结构和发展现状进行分析，在综合考虑城市空间布局、功能和产业结构的基础上，实现产业与相应空间的合理布局。三是美化生活空间。生活空间以居住功能为主，包括必要的公共服务和商业商务功能。要以"保护生态、有利生产、方便生活"为原则，根据城市的规模和所处地域的特征，对

---

① 中共中央国务院关于建立国土空间规划体系并监督实施的若干意见 [N]. 新华日报，2019-05-24（01）.

城市各类空间进行合理配置和组合，不断美化生活空间，不断改善人民群众居住环境，努力形成均衡、高效、协调的空间布局，实现"三生空间"科学布局、均衡发展。

### 四、促进"三生"之间平衡发展

面对生产、生活与生态之间发展不平衡的现实问题，要通过牢固树立绿色发展理念、积极培育绿色消费模式、树立生态文明幸福观，来实现生产发展、生活富裕和生态良性循环、"三生"共赢。这既是生态文明建设的题中之义，也是促进"三生"平衡发展的根本途径。

（一）牢固树立绿色发展观

改革开放以来，中国四十多年的经济建设取得辉煌成就。但是，在传统发展观指导下的生产方式、经济发展方式，对自然资源过度索取，忽视了人们对赖以生存的自然资源的保护，导致生产与生态之间的不平衡，加剧了我国的生态危机。破解经济发展、传统生产和生态环境的"两难"悖论，促进生产与生态平衡发展，首要的是树立绿色发展观。

"绿色发展指的是在发展的基础、发展与生态环境保护的关系和发展的考核评价上必须树立的绿色理念"①，其核心要义是要解决好人与自然的和谐共生问题。与传统发展观"唯GDP论英雄"，过度追求经济增长不同，绿色发展观突破了传统发展观单一追求经济效益、注重GDP指标的发展思路，它更加关注经济、环境和社会协调发展的多元目标，更加强调遵循生态规律、生态资本优先和生态效益优先。所以，在生态文明价值体系下，绿色发展的目标追求不再是物质财富积累的无限扩大或者GDP的无限增长，而是寻求生态繁荣、社会和谐、人与自然和谐共生的可持续性。因此，绿色发展观与传统发展观的根本区别在于坚持生态优先，将生态环境保护置于经济发展的首位，强调在从事生产、发展经济过程中优先保护生态环境，旨在推动自然资本大力增值，使良好生态环境成为我国经济发展的内生动力。从这个意义上讲，绿色发展观是引领绿色发展的重要引擎，牢固树立绿色发展观将推动传统生产方式的绿色变革。这就要求我们"以节约资源和保护环境为导向，在促进物质生产和财富积累的同时，

①　黎祖交. 生态文明关键词［M］. 北京：中国林业出版社，2018：252.

在生产、流通、消费以及废弃后的处理和再生的全过程中，坚持低消耗、低排放，把自然资源与环境承载力作为一种刚性约束，作为发展的物理边界"①。要在生产、生活的各个环节深入贯彻绿色发展理念，唯有如此，才能不断提升生产生活的绿色属性，推动发展方式的绿色转型，从而促进生产、生活与生态之间平衡、协调发展。

### （二）积极培育绿色消费模式

消费是人们日常生活的基本内容。从人类生活的意义上讲，消费是通过不断满足人的需要来促进人的自由全面发展，消费只是人们的生活的重要手段而并非生活的最终目的。然而，消费主义生活方式错置了生活与消费的关系，把消费当作生活的目的，淡化生活的意义和本质，这是造成生活与生态不平衡的主要原因。"当不适当的消费模式引领生产模式并带来环境污染和资源紧缺危及人类的生存之时，人类开始追问工业文明形态及其物质消费主义的弊端并着手自觉更新和有效转换文明范式。"② "绿色生活方式能否成为生态文明新时代的主导生活方式，在某种程度上取决于我们能否做出与消费主义生活方式相反的绿色生活的选择。"③ 这就需要我们实现消费的绿色转型，积极培育绿色消费模式。

首先，政府要通过舆论宣传、思想教育、政策引导等方式，加大绿色消费在全社会的广泛宣传，营造绿色消费的浓郁社会氛围，提升人民群众绿色消费的认知水平，引导人们自觉进行绿色消费。其次，绿色企业要积极开展绿色营销，扩大绿色产品生产规模，提升绿色产品质量，加强绿色产品管理，探索绿色产品流通渠道，扩大绿色产品供给，促使绿色供给和绿色需求相平衡。再次，相关政府部门要加强对绿色产品的市场监管，严格打击假冒伪劣、以次充好的绿色产品；完善绿色产品认证标准，增强绿色产品标准的科学性；合理调节绿色产品价格，确保居民正常消费。只有积极培育绿色消费模式，才能在促进消费绿色转型的同时，减少异化消费、过度消费等对生态环境造成的严重破坏，从而实现生活与生态之间的平衡发展。

---

① 周磊，李沁柯. 绿色发展是发展观的一场深刻革命 [N]. 湖北日报，2018-04-29.
② 李娟. 中国特色社会主义生态文明建设研究 [M]. 北京：经济科学出版社，2013：132.
③ 崔龙燕，崔楠. 生活方式的生态影响与绿色重构 [J]. 林业经济，2019 (06)：29.

### （三）树立生态文明幸福观

幸福是人类社会的永恒追求，但人们追求幸福的方式千差万别，不同的幸福观则产生不同的生态影响和思想引导。"在现代化进程中，如果国民的心理观念和精神文化还被牢固地锁在传统意识之中，就构成对经济社会发展的严重思想障碍，再完善的现代制度和合理方式，再先进的技术工艺，也会在一群传统人手中变为废纸一张，而根本无法促进社会价值的思想。"① 长期以来，"物质主义幸福观使人们把物质商品消费当作是幸福和自由的体验；把人类与自然的关系对立起来，使人类因为对商品的无止境追求和消费而走向对自然的过度掠夺，并必然导致人类与自然关系的异化和生态危机"②，也因此成为造成生产与生活之间不平衡的思想根源。生态文明新时代，要摒弃和超越物质主义幸福观，开启幸福观的绿色向度，树立以绿色生态幸福、绿色生产幸福和绿色生活幸福为核心的生态文明幸福观。但是，这种幸福观不会自觉生成，而是要通过理论学习、舆论宣传、文化涵养、社会实践等途径加以培育才能形成。故此，一是要加强对《关于加快生态文明建设的意见》等文件的理论学习，了解文件中关于生态文明价值观、幸福观等的深刻内涵；二是要加强生态文明宣传教育，传播生态文明学、人类幸福学、后现代教育学的学科知识，重点传播绿色文化、绿色道德、绿色哲学、绿色文艺等理念，不断提高人们的绿色情感、绿色道德和绿色素养，为生态文明幸福观的培育和形成奠定良好的思想基础。

## 第二节　推进区域城乡生态文明建设平衡发展

针对我国区域城乡生态文明建设不平衡的客观现实，要坚持"协同论"和共享发展理念的指导，推进区域生态文明建设协同发展和城乡生态文明建设共同发展，不断增强区域城乡生态文明建设的协调性和平衡性。

---

① ［美］阿历克斯·英格尔斯. 人的现代化［M］. 殷陆君，译. 成都：四川人民出版社，1985：4.

② 王雨辰. 西方马克思主义对物质幸福观的批判［N］. 光明日报，2019-03-25（15）.

## 一、推进区域生态文明建设协同发展

1976 年德国物理学家赫尔曼·哈肯创立了"协同论"。"协同论认为，千差万别的系统，尽管其属性不同，但在整个环境中，各个系统存在着相互影响、相互合作的关系。"① 生态文明建设已经不是一个局部性问题，而是一个整体性问题。各地区的生态文明建设不能采取各自为政的做法，而是要树立"造福八方"和"合作守土"的区域协同发展思维，实现区域生态文明建设协同发展。

### （一）落实区域协调发展战略

区域协调发展是党中央的一贯主张和要求。"党的十八大以来，以习近平同志为核心的党中央，提出和确立了津京冀协同发展战略、三江源国家生态保护区、长江经济带生态优先战略等。"② 这些战略在我国生态文明建设中起到了积极作用，有力地促进了区域的生态文明建设。但是，不同区域在生态环境条件、生态文明建设基础、生态文明制度等方面存在差异。虽然有的区域生态文明建设取得显著成效，但还有很多区域生态环境问题繁多、生态文明建设任务艰巨、生态文明建设水平偏低，制约了我国生态文明建设整体水平。习近平总书记强调，"要深刻理解实施区域协调发展战略的要义，各地区要根据主体功能区定位，按照政策精准化、措施精细化、协调机制化的要求，完整准确落实区域协调发展战略"③。这一重要指示为我国区域生态文明协调发展提供了思想指导。不同区域要根据主体功能区定位，立足区域发展阶段和生态实情，树立全局意识，制定区域生态文明协调发展总体规划，探索区域生态合作模式，实现区域生态文明共建共促共享；完善纵横交错的生态补偿机制，确保区域环境受益的公平性；建立完善的推进机制，构建高效的协调机制，不断增强区域生态文明建设的协调性，最终形成区域生态文明建设合力。

### （二）构建区域生态合作体系

"无论是从自然界还是从社会领域来看，融洽、和谐、协同、合作乃是各方

---

① 刘峥，刘冬梅，等. 生态文明与区域发展 [M]. 北京：中国财政经济出版社，2011：24.
② 黄承梁. 新时代生态文明建设思想概论 [M]. 北京：人民出版社，2018：96.
③ 习近平在深入推动长江经济带发展座谈会上的讲话 [N]. 人民日报，2018-04-26 (02).

面获得发展、取得进步的必要条件。"① 生态环境的整体性、关联性表明，生态文明建设是一项整体性事业，任何一个地区都不可能独善其身。"跨区域交流与合作是大势所趋、发展潮流。区域协作有利于整合资源、优势互补，有利于实现集约发展、协调发展。"② 当前，我国区域生态文明建设水平分层明显，产业结构、发展水平、思想观念的差异，致使不同区域在生态文明建设过程中，秉持"各人自扫门前雪，莫管他人瓦上霜"的心态，只关注本区域的生态环境，忽视区域间的关联性、协同性和连带效应。这就需要"正确把握自身发展和协同发展的关系，在各自发展过程中一定要从整体出发，树立'一盘棋'思想，把自身发展放到协同发展的大局之中，实现错位发展、协调发展、有机融合，形成整体合力"③。故此，推进区域生态文明平衡发展，要坚持习近平总书记区域协调发展思想的指导，确立统筹区域生态共同体意识，加大区域生态治理组织机构、生态补偿机制、资源价格机制、税费制度和主体队伍的创新。既要促进生态要素的跨区域流动，推动区域生态的互动合作，也要从区域角度，引导政府规划跨区域生态目标衔接，注重跨区域生态合作建设，更为重要的是建立起区域对话关系，从思想文化、人才技术等方面加强交流和合作，实现资源共享、互补，形成生态要素流动、生态产业互促、生态服务互享、生态环境平衡的生态文明建设新格局。

（三）探索区域生态文明协同发展新模式

东、中、西部三大区域处于不同的经济社会发展阶段，地区间存在较大的经济差异，致使不同地区之间缺乏共同的生态利益诉求，生态文明建设普遍各自为政、自谋发展，使得过于分散的生态文明建设要素难以在更大空间中流动、集聚和优化组合。"由于各省环境规制力度不同，污染密集型产业正从环境规制力度大的东部省份向环境规制力度小的中西部省份转移，中西部正在沦为污染密集型产业规避高环境规制的'污染天堂'"④，从而加大了东、中、西部生态差距。鉴于此，要从区域生态文明协同发展的角度出发，一方面，政府应该发

① 刘峥，刘冬梅，等. 生态文明与区域发展［M］. 北京：中国财政经济出版社，2011：24.
② 张文台. 生态文明建设论——领导干部需要把握的十个基本关系［M］. 北京：中共中央党校出版社，2010：204.
③ 习近平在深入推动长江经济带发展座谈会上的讲话［N］. 人民日报，2018-04-26（02）.
④ 王春益. 生态文明与美丽中国梦［M］. 北京：中国社会科学出版社，2014：61.

挥主导作用，特别是在生态文明建设速度、规模、资源配置上发挥调控作用，根据不同区域生态文明建设实际情况，加大不同地区的生态基础设施投资力度，促进生态公共服务均等化；加大生态执法力度，对不同地区生态违法行为"一视同仁"；加大生态监管力度，全方位排查不同区域生态污染源以及区域间连带污染的潜在污染因素，做到"有备无患"。另一方面，东、中、西部要按照共建共享、互利互惠的基本原则，破除行政区划、行业界限，扩大生态要素流动范围，拓展区域资源整合空间，建立跨区域的生态预警机制、联合执法机制、生态信息共享机制，搭建生态信息发布的网络和平台，统筹生态功能区和环境资源开发利用，共同构建一体化的生态文明建设构架，实现优势聚集、互利共赢。此外，还要"抽肥补瘦、劫富济贫"，加强东部对中西部地区的生态帮扶力，强化中部地区贯通中西重大生态项目建设，推动东部地区生态人才、生态资金、生态技术、生态设备等向中西部地区流动，不断缩小区域生态文明建设差距。

**二、推进城乡生态文明建设共同发展**

　　城市和乡村是我国生态文明建设的主要阵地。美丽城市和美丽乡村应共同建设，优美生态环境理应由城乡居民共同享有。城乡生态文明建设共同发展，就是要关照我国生态文明建设大局，实现城乡经济—生态—社会复合生态系统的整体协调和城乡物质、能量、信息的高效利用，最终实现城乡社会系统与自然系统和谐发展。针对城乡生态文明建设不平衡的问题，要深入贯彻《关于建立健全城乡融合发展体制机制和政策体系的意见》的精神和要求，推动城乡生态文明建设一体化发展，逐步缩小城乡生态差距，促进城乡生态环境共同繁荣。

（一）共同推进美丽城市和美丽乡村建设

　　尽管在生态文明建设水平、环境利益和环境责任的分配上，城市和乡村存在分歧和对立，但需要我们扪心自问的是，离开了城市，或者离开了乡村，何以成为美丽中国？"只有将城市与乡村看作是一个完整的社会生态系统，才能结合方方面面，挖掘自身特点，创造出一个和谐、高效、绿色、城乡共荣的人类栖居环境。"① 近年来，生态环境部、住房和城乡建设部共同启动美丽城市、美

---

① 九溪翁，王龙泉. 再崛起：中国乡村农业发展道路与方向［M］. 北京：企业管理出版社，2015：70.

丽乡村建设工程，时至今日我国美丽城市、美丽乡村建设取得重大进展，但美丽城市和美丽乡村建设各自为政，缺乏有机联动，忽视了城乡之间的生态联系和影响，出现了"城市只管城市、乡村只管乡村"的局面。为创造城乡居民期待的美丽家园，要把城乡生态文明建设作为一个整体来看。

一方面，要纵深推进城市生态文明建设，持续开展美丽城市、生态城市、绿色城市、智慧城市、森林城市、海绵城市等的建设，重点解决城市的突出生态环境问题，着力破解城市生态难题，减少城市生态环境问题向农村的扩散和蔓延之势；另一方面，要持续推进美丽乡村建设，全力打造环境优美、生态宜居的美丽乡村、生态乡村。党的十八大提出了"建设美丽中国"的战略目标，我国从 2013 年开始实施"美丽乡村"建设计划。时至今日，"美丽乡村无疑是美丽中国的基本内容，更是推动农村生态文明建设的重要抓手，同时也是提升农村居民社会福祉的重要体现"[1]。这就需要在生态环境部已开展的生态市、生态镇、生态村试点的基础上，构建融"城市—小镇—生态"于一体的"三位一体"的生态示范联动机制，打破城乡二元对立的界限和格局，"以城市区域为中心，以下属各乡镇为支撑，以各村为节点，构建区域整体、城乡联动的绿色环境、低碳社区、生态村落、生态基础设施和生态城镇体系"[2]，为城乡人民创造和谐、静谧、美丽、舒适的生态家园。当务之急是要实现城乡生态文明建设一体化，要从城乡环境保护机构一体化，环境监测城乡全覆盖，构建资源节约、环境友好、生态安全的现代农业生产体系和工业生产体系，从发展清洁生产、保证食品安全等方面着手，深入推进环境治理、生态保护的城乡统筹。只有实现城乡生态文明建设一体化，美丽乡村与美丽城市才能相得益彰，城乡人民才能共享生态红利。

（二）建立城乡一体化的环境治污体系

环境污染是我国城市和乡村共同面临的现实难题，由于发展水平、思想观念、制度体系、科学技术等条件的差异性，城市和乡村环境问题爆发的程度和范围有所不同。就城市而言，城市是我国经济社会发展的重点区域，也是人口

---

① 陈锡文. 走中国特色社会主义乡村振兴道路 [M]. 北京：中国社会科学出版社，2019：210.

② 史丹. 中国生态文明建设区域比较与政策效果分析 [M]. 北京：经济管理出版社，2016：275.

高度密集、产业高度集聚、污染集中排放的主要区域，工业生产造成的空气污染、水污染、垃圾污染、土壤污染等是城市面临的主要环境问题。从农村来看，饮水安全受到威胁、生活垃圾和工业废弃物威胁农民健康、环境风险居高不下、农业面源污染严重、耕地污染触目惊心是农村环境面临的突出问题。城市和农村地理位置、经济发展以及环境问题的关联性决定了建立城乡一体化的环境污染治理体系是应对城乡环境污染的主要手段。这就需要同步实施城市环境治理工程，纵深推进农村人居环境综合整治。一方面，要在城市实施一大批污染治理工程，重点解决城市工业污染问题，在治理城市污染的同时关照农村，防止城市污染向农村转移，"采取多种措施避免由城市包围农村带来的农村生态环境问题，最终演变为农村包围城市的城市生态环境问题"①；另一方面，大力推进乡村生态振兴。"垃圾遍地、污水横流不是美丽乡村，生态美丽是乡村人民幸福生活的基本前提，生态宜居是乡村振兴的基础。"② 城乡一体化发展的"生态"既包括纯自然的小生态，还包括环境、资源、经济、社会和文化复合共生的城乡大生态。故此，要逐步加大农村环境综合治理的程度和范围，加强城市对农村污染治理的帮扶力度，使城市优质的科技、人才、管理、设备等向农村地区融入。在治理农村污染时，尤其加大对农业面源污染、土壤污染、水源污染的治理，不断提升农村环境质量，避免城乡环境的恶性循环，使城乡环境同步改善。

（三）建立覆盖城乡的生态文明制度体系

制度是指一定社会范围中的社会成员共同遵守的准则和规范，它规定了社会行为的框架，对人们的行为具有约束性和引导性。"生态文明制度，是指在全社会制定并实行的一切有利于建设、支撑和保障生态文明的各种指导性、规范性和约束性的准则和规范。"③ 推动城乡生态文明建设共同发展，必须用生态文明制度保驾护航。

一是建立健全环境补偿机制。"生态保护补偿的主要目的是整治并恢复已被

---

① 黄爱宝. 后工业社会的城乡生态公正论 [J]. 南京师大学报（社会科学版），2014（01）：29-37.

② 刘志博. 推进乡村生态振兴离不开村民的主动参与 [N]. 光明日报，2018-10-18（14）.

③ 黎祖交. 生态文明关键词 [M]. 北京：中国林业出版社，2018：51.

伤害或破坏的环境。在工农业生产活动中，不科学的行为会对自然环境造成一定的伤害或破坏，进而影响人类社会的可持续发展。因此建立生态保护补偿机制，促进生态系统的良性循环，显得尤为重要。"① 要积极落实环境损益补偿措施，加大对乡村的政策补偿、资金补偿和技术补偿，为乡村生态文明建设提供政策、资金和技术支持，着力解决城乡环境权利和环境责任分配不均等问题。二是共建城乡生态应急机制，"坚持预防为主、综合治理，以解决损害群众健康突出的环境问题为重点，强化大气、水、土壤污染防治，以稳定生态安全格局，确保优质环境质量，防范城市生态环境风险向农村转移"②。三是建立城乡生态文化传播机制，加大生态文明理念在城乡的传播力度，扩大生态文明理念的影响力，厚植生态文明理念的融入力，从思想上影响城乡居民的价值观，消除人类中心主义的负面影响。四是建立城乡生态基础设施一体化机制。要"统筹规划城乡污染物收运处置体系，严防城市污染上山下乡，因地制宜统筹处理城乡垃圾污水，加快建立乡村生态环境保护和美丽乡村建设长效机制"③，为城乡生态基础设施建设提供重要保障。除此之外，还要建立健全城乡生态环境保护的政策体系和长效机制，将城乡生态文明建设，特别是美丽城市和美丽乡村建设作为持久性工程加以推进。只有改善城乡生态环境，优化城乡生态空间，才能在提高城乡生态环境质量的同时，不断提升城乡居民在优美生态环境中的幸福感和获得感。

（四）推动乡村生态振兴

解决城乡生态文明建设不平衡问题，缩小城乡差距，除了推进城乡生态文明协同发展之外，最关键的问题是要推动乡村生态振兴。党的十九大报告提出实施乡村振兴战略的重大决策，对乡村振兴战略的核心内容、具体实施做了详尽部署。作为一项事关社会主义现代化建设全局的发展战略，乡村振兴内容丰富、范围广泛、要求多元。从基本内涵来看，乡村振兴是一个涵盖领域广泛的

---

① 崔龙燕，张明敏. 生态保护补偿中政府角色定位与权力配置 [J]. 地方财政研究，2019（02）：101.

② 史丹. 中国生态文明建设区域比较与政策效果分析 [M]. 北京：经济管理出版社，2016：2.

③ 中共中央国务院. 关于建立健全城乡融合发展体制机制和政策体系的意见 [N]. 光明日报，2019-05-06（01）.

系统工程，乡村振兴包括乡村产业振兴、人才振兴、文化振兴、生态振兴、组织振兴五个方面。这五个方面擘画了新时代农村发展的宏伟蓝图，指明了乡村振兴的主攻方向和关键要点。在五大振兴中，生态环境对于人类社会生存发展的基础性和重要性，决定了生态振兴是乡村振兴的基本内容。因此，对于乡村振兴来说，绿色是乡村振兴的底色，生态宜居是乡村振兴的关键。推动乡村振兴，一是要加强农村生态环境保护。要在已有美丽乡村建设成果的基础上，按照《生态文明体制改革总体方案》的要求，大力加强农村生态环境保护，全面提升农村生态环境质量，努力促进城乡生态文明建设协调发展。二是要全面提升农民的素质。乡村生态振兴是一个艰巨复杂的系统工程，需要汇聚社会各方之力。农民既是乡村生态振兴的主体，也是乡村生态振兴成果的受益者，其自身素质高低事关农村生态振兴成败。这就需要综合运用各种形式，加大对农民的教育和培训，特别是在生态文明建设方面和乡村生态振兴方面的教育和培训，不断增强农民群众的自我发展能力，培养和引导他们做乡村生态振兴的参与者和贡献者。三是要大力引进优秀生态人才。相关部门要以农村生态振兴作为根本出发点和落脚点，通过实施各种优惠政策，吸引和引进生态文明相关专业的优秀人才，集聚生态人才的智慧和力量，为农村生态振兴提供人才支撑和智力支持。

### 三、推进空间生态文明建设平衡发展

从空间层面来看，针对我国区域城乡经济发展、产业结构、思想观念、财政投入存在差异，从而导致区域城乡生态文明建设不平衡的客观现实，要通过推动区域城乡经济发展、积极优化产业结构、加强生态文明教育、合理配置财政收入等措施，推进区域城乡生态文明建设平衡发展。

#### （一）推动区域城乡经济协调发展

鉴于经济物质基础在生态文明建设中的支撑作用以及区域城乡经济发展水平差异造成的生态文明建设不平衡，有必要以经济建设为中心，进一步解放和发展生产力，推进区域城乡经济协同发展，为区域城乡生态文明建设提供发展动力。一方面，推进区域经济协调发展。区域经济发展水平的巨大差异，导致区域生态文明建设的动力和支撑有所不同。这就需要落实区域协调发展战略，统筹协调区域自然资源、经济要素的配置，推动经济要素、科技要素、人才要

素等由发达地区向落后地区转移集聚；强化财税、金融等政策的区域指向，加快落后地区产业、技术、动能等要素的创新发展；通过对口协作等方式，推动先进地区对落后地区创新资源的对接应用与新型经济的联动发展，缩小区域经济差距。另一方面，推进城乡经济协调发展。统筹城乡经济协调发展是缩小城乡经济差距的关键举措。解决城乡经济发展不平衡问题，除了依靠城市对农村地区的经济援助之外，更重要的是让农村地区"自力更生"。农村地区要在充分利用外部有利条件的基础上，通过大力发展生态农业、生态旅游业、生态服务业、生态观光业，依托地方企业发展等，不断促进农村经济发展，为农村生态文明建设提供坚实的物质基础。

（二）积极优化产业结构

产业结构是国民经济中全部资源在各产业间的配置，优化产业结构对促进区域城乡生态文明建设具有积极作用。就区域而言，我国东、中、西部地区在产业结构上，要根据自身的发展阶段、自然禀赋和产业发展情况，实现产业的绿色转型和优化升级。特别是以资源型、能源型产业为主的地区，要重点推动产业的绿色转型，通过资源、能源的绿色发展，降低生产过程中的排放和污染，从而保护当地生态环境。就城乡而言，一方面，在城市地区要优化工业产业结构，大力拓展环保生态工业。生态工业是与传统工业相对应的工业形态，是生态文明新时代工业发展的新方向。生态工业的最大特点就是具备高效的经济功能以及和谐的生态功能，以低污染、低排放为特征。我们要以新兴生态工业为基础，合理调节工业内部轻工业比例关系，大力发展环境污染小的战略性新型产业，扩大生态环保产业规模，通过工业绿色转型助力城市生态文明建设。另一方面，在农村地区要以生态文明理念为指导，运用现代化经营方式管理农业，着力加强生态农业发展的科技创新力度和应用水平，构建有利于生态环境保护的农业产业化发展布局。

（三）加强生态文明教育

生态文明建设是一项整体性和全民性事业，任何地区、任何个人都不能置身事外。推进生态文明建设，建设拥有蓝天白云、鸟语花香、鱼翔浅底美丽景象的美丽中国，是全社会共同参与、共同建设、共同享有的伟大事业。然而，在对待生态文明建设的态度和认识上，人们的思想观念存在差异。有些人认为发达地区、城市地区的生态环境比落后地区、农村的生态环境更为重要，因此高度重视发达地区、城市地区的生态文明建设，严重忽视落后地区、农村地区生态文明建设。要解决人们思想观念上的差异，就要强化人们共同参与生态文明建设的思想意识。故此，加强生态文明教育，一是要强化生态文明宣传教育，坚持正确的舆论导向，加大生态文明建设正面报道和宣传，特别要在全社会扩大美丽中国的宣传力度，引导人们深刻认识到：美丽中国由美丽东部、美丽中部、美丽西部、美丽城市和美丽乡村共同组成，缺少任何一个都不能称之为美丽中国。二是要发挥各级学校教育的基础性作用，把生态文明教育融入育人全过程，通过教育之力，不断提高全社会的生态文明意识。三是要构建政府主导、全社会参与的宣教格局。"政府部门要切实承担主要职责，做好生态文明教育的内容设计、规划制定和导向把握，大力提供相关公共产品和基本服务，增强主流渠道传播影响的能力，利用新兴媒体为生态文明建设服务。社会力量要积极参与其中，发挥自身优势，丰富宣传教育的多样性，构筑与网络、动漫、影视、新媒体相结合的创新宣传模式，最终形成制度化、多元化、系列化、全方位、持久性宣传教育，提升宣教效果。"① 唯有克服思想观念上的巨大差异，使人们树立起人人参与生态文明建设的思想，并将这种思想转化为实际行动，才能形成生态文明建设的强大社会合力，最终推动美丽中国早日实现。

## 第三节　统筹生态文明建设与"四大建设"平衡发展

在处理人与自然关系时，唯物辩证法要求把自然界、自然运动、自然运动的规律、人与自然的关系看作是一个复杂的有机整体。"五位一体"总体布局是由五大建设共同构成的大系统，五大建设是"五位一体"中的子系统。新时代，我们必须把生态文明建设融入各项建设之中，使"四大建设"适应生态文明建设要求，统筹五大建设平衡发展。

**一、统筹生态文明建设与经济建设之间平衡发展**

经济建设是党和国家一切工作的中心所在，良好生态环境是我国经济建设

---

① 朱永新. 加强生态教育 助力美丽中国 [N]. 人民日报，2018-08-17（05）.

的重要基础。解决我国生态文明建设与经济建设不平衡的问题，要坚持习近平总书记"两山论"的科学指导，牢固树立经济发展和环境保护相统一的理念，将经济价值、经济效益建立在生态价值、生态效益的基础上，给经济建设增加绿色限制。这就需要通过生态经济化、经济生态化，把生态财富转化为物质财富，在创造物质财富的过程中保护生态财富，最终实现"绿水青山和金山银山"互利共赢。

## （一）推动经济生态化

所谓经济的生态化是指"要保护生态和修复环境，经济增长不能再以资源大量消耗和环境毁坏为代价，引导生态驱动型、生态友好型产业的发展"①。推动经济生态化要以绿色经济为基石、以绿色产业为动力、以绿色企业为载体。

### 1. 加快发展绿色经济

绿色经济是指"可以改善人类福祉和社会公平，同时显著降低环境风险与生态稀缺的经济"②。它是一个广义的概念，代表了人类经济发展的新方向。"绿色经济的发展不是唯经济指标的发展，而是经济指标、生态指标及人的获得指标相统一的经济，绿色经济强调经济发展的关键在于资源环境的永续性、可持续性，子孙后代能够永续享用，即具有代际公平性、生态永续性的特点。"③从基本内容来看，生态农业、生态工业、生态旅游、环保产业和绿色服务业等，都属于绿色经济的范畴。在当前形势下，迫切需要在经济与社会发展综合决策中，特别是在环境与经济发展综合决策中融入绿色经济的理念、目标、措施和行动。对此，一方面，要加强绿色经济的顶层设计。各级政府部门要制定高层次、全局性、战略性的绿色经济发展规划，通过营造绿色经济发展的良好政策环境和社会环境，建立完善的碳排放市场体系，建立绿色经济的统计、跟踪和评价体系，建立绿色经济的运行机制等，推动国民经济的绿色化。另一方面，要持续推进绿色经济发展。各级政府部门要继续加大对生态农业、生态工业、生态旅游、环保产业和绿色服务业的扶持力度，通过合理化的优惠政策和综合化的策略举措，全面提升绿色经济发展水平。

---

① 黄承梁. 新时代生态文明建设思想概论 ［M］. 北京：人民出版社，2018：96.
② 黎祖交. 生态文明关键词 ［M］. 北京：中国林业出版社，2018：331.
③ 陈健，龚晓莺. 绿色经济：内涵、特征、困境与突破——基于"一带一路"倡议视角 ［J］. 青海社会科学，2017（03）：20.

2. 培育壮大绿色产业

绿色产业是指将资源节约和环境保护理念贯穿其中，积极采用清洁生产技术，采用无害或低害的新工艺、新技术，大力降低原材料和能源消耗，实现少投入、高产出、低污染，尽可能把对环境污染物的排放消除在生产过程之中的产业。从产业类型来看，绿色产业主要包括环保产业和新能源产业。2019 年 3 月，国家发展改革委、生态环境部等多个部门联合印发了《绿色产业指导目录（2019 年版）》，为各地区、各部门明确绿色产业发展重点、制定绿色产业政策、引导社会资本投入等提供了主要依据，对统一各地方、各部门对"绿色产业"的认识，确保精准支持、聚焦重点提供了思想指导。近年来，我国加大对绿色产业的扶持力度，绿色产业发展较为迅速。《中国环保产业发展状况报告（2020）》统计数据显示，2019 年全国环保产业营业收入约 17800 亿元，较 2018 年增长约 11.3%，其中环境服务营业收入约 11200 亿元，同比增长约 23.2%。2004—2019 年，我国环保产业营业收入与国内生产总值（GDP）的比值从 2004 年的 0.4% 逐步扩大到 2019 年的 1.8%。2004—2011 年，我国环保产业从业人员年均增长率为 6.8%，2011—2019 年年均增长率为 13.6%。2019 年环保产业从业人员占全国就业人员年末人数的 0.33%，比 2011 年提高 0.21 个百分点，比 2004 年提高 0.25 个百分点，对全国就业的贡献呈逐步扩大的趋势。[①] 从涵盖领域来看，环保产业主要覆盖水污染防治、大气污染防治、固体废物处理处置与资源化、环境监测等领域，这些领域集聚了约 90% 的环保企业和 95% 的行业营收与利润。因此，我们要继续实施各种绿色产业激励政策，推动产业部门的"绿色化"。既要推动传统"三高两低"粗放型发展产业的绿色化，还要着眼于绿色产业的发展和优化，以新能源、新材料、环保产业等为切入点，培育新兴绿色产业和新的经济增长点，促进绿色产业规模化，使绿色产业成为经济生态化的重要依托和动力。

3. 鼓励发展绿色企业

企业是市场的主体，发展绿色企业是经济生态化的重要表现。"绿色企业是指以可持续发展为己任，将环境利益和对环境的管理纳入企业经营管理全过程，

---

[①]《中国环保产业发展状况报告（2020 版）》发布 [N]. 中国环境报，2020－10－15（07）.

并取得成效的企业。"① 生产绿色产品、使用绿色技术、开展绿色营销是绿色企业的基本特征。随着生态文明建设持续推进，我国对企业的"绿色标准"不断提高，对绿色企业的扶持力度也不断加大，绿色企业呈蓬勃发展之势。其中，光伏、风电企业数量已经大幅增长。据相关数据统计，目前，我国储能相关企业 3.9 万家，2021 年新增注册企业 6400 余家；从地域分布来看，广东、江苏、湖南三地，储能相关企业排名前列，分别拥有 7600 余家、4700 余家、3600 余家相关企业；从成立时间来看，成立于 5 年之内的企业占比 64.82%。与此同时，在绿色企业发展过程中，涌现出许多典范和标杆。例如，中航惠腾风电设备有限责任公司是我国风电产业的引领者，引领着中国风电产业的发展；天威英利有限公司是国内唯一全产业链多晶硅太阳能电视生产企业，引领着我国太阳能产业的发展；风帆集团是中国规模最大、技术实力最强的企业，引领着我国储能设备产业的发展。故此，我国政府应加大对此类绿色企业的政策支持和资金支持，使更多绿色企业参与到生态文明建设的实践之中来，凝聚起生态文明建设的企业合力，让更多绿色企业在生态文明建设中发挥积极促进作用。

（二）推动生态经济化

所谓生态经济化是指"要把优质的生态环境转化成居民的货币收入，根据资源的稀缺性赋予它合理的市场价格，尊重和体现环境的生态价值，进行要价有偿的交易和使用"②。生态农业、绿色旅游是将生态财富变成物质财富的重要形式。

1. 发展生态农业

"生态农业是指在保护、改善农业生态环境的前提下，遵循生态学、生态经济学规律，运用现代科学技术和现代管理手段，将农业生态系统同农业经济系统综合统一后形成生态上与经济上两个良性循环，并实现经济、生态、社会三大效益统一的农业发展模式。"③ 随着我国生态文明建设持续推进，中国农业也开始绿色转型，生态农业、生态农业园、生态观光农业等日渐兴盛。生态农业

---

① 张文台. 生态文明建设论——领导干部需要把握的十个基本关系 [M]. 北京：中共中央党校出版社，2010：157.

② 黄承梁. 新时代生态文明建设思想概论 [M]. 北京：人民出版社，2018：96.

③ 薛建明，仇桂且. 生态文明与中国现代化转型研究 [M]. 北京：光明日报出版社，2014：147.

在促进农业绿色转型的同时，也产生了巨大的经济效益。例如，北戴河集发生态农业观光园、寿光蔬菜高科技示范园、青岛市蔬菜科技示范园、多利农庄等，这些生态农业园区在发展生态农业的同时，也成为观光旅游和学习的重要基地。故此，在现有生态农业发展基础上，各级农业部门要继续加大生态农业在农村的宣传力度，逐步培养农民的生态文明意识，倒逼农业生产方式的绿色转型；"期间，可以让科技人员向农民传授新知识、新技术、新技能，也可以借助多种措施，提升农民的整体素养。当然，更为长远的办法是通过筹措资金加强对农民的教育和培训。"① 要根据区域生态环境和社会经济特点，遵循生态规律，因地制宜，探索适合本区域的生态农业发展模式；要加大生态农业科技创新，借鉴国外先进农业技术，如以色列在种子研发、温室应用、种植养殖、农业大规模机械化等方面的先进技术。"日本一直注重发展高科技农业，近些年重点推进现代信息与通信技术在家庭农场中的应用。"② 我们要引进这些国家的经验和技术，通过提高生态农业科技含量，提高生态农业发展水平。

2. 发展绿色旅游

旅游是人类实践活动的重要内容。"生态旅游是以可持续发展理念为指导，以保护生态环境为前提，采取生态友好的生态方式开展的旅游方式。生态旅游是将绿水青山变为金山银山，把生态生产力转化为经济竞争力的重要途径。"③ 生态旅游的关键是在旅游的过程中，正确处理好旅游和生态环境保护之间的关系。发展生态旅游，可以大力推广以下两种形式：一是鼓励浪漫的自行车旅游。骑自行车是锻炼身体的一种较好的方式，既不消耗资源，也有助于环保。在德国、芬兰、法国、荷兰等欧美国家，自行车旅行是一种极受欢迎的旅游方式，很多国家都会举办丰富多彩的自行车活动。自行车旅游不仅可以锻炼身体，而且可以欣赏路途中优美的自然风光，有助于保护生态环境。二是倡导悠闲的徒步旅游。徒步旅游是真正的零排放旅游方式，是生态利益和身心健康双赢的旅游方式。在瑞士，徒步旅行已经司空见惯，甚至成为一项"全民运动"。我国幅员辽阔、山河秀美，拥有大量的名胜风景区、自然保护区、森林公园等，这些

---

① 崔龙燕，姚翼源. 乡村振兴视角下民族地区庭院经济发展模式研究［J］. 农业经济，2019（04）：25.

② 徐华亮. 发展生态农业的三个着力点［N］. 光明日报，2018-12-22（09）.

③ 黎祖交. 生态文明关键词［M］. 北京：中国林业出版社，2018：346.

地方都是徒步旅游的最佳去处，如漓江、西湖、黄山等地。在徒步旅游中，人们不仅可以回归大自然，感悟人与自然的和谐氛围，而且可以在享受自然和文化遗产的同时，陶冶情操、放松心情、增进健康，保护生态环境。

### 二、统筹生态文明建设与政治建设之间平衡发展

人与自然的矛盾，实质上反映的是人与人、人与社会之间的利益问题。"我们不能把加强生态文明建设、加强生态环境保护、提倡绿色低碳生活方式等仅仅作为经济问题。这里面有很大的政治问题。"① 这就要求把生态文明建设融入政治建设的全过程和各方面，充分增加政治建设的绿色属性，通过发展生态政治和完善生态制度，实现生态文明建设与政治建设平衡发展。

### （一）发展绿色政治

21 世纪以来，随着全球生态危机的不断凸显，世界各国从单纯关注生态环境问题到关注可持续发展，生态问题开始进入政治理论的视野。统筹生态文明建设与政治建设平衡发展，就要促进政治的生态化，发展绿色政治。"发展社会主义生态政治是将生态文明融入政治建设的基本体现，是在政治建设领域贯穿落实生态文明理念和绿色发展理念的政治认识和政治实践。"② 对此，需要重点做好两个方面的工作。

#### 1. 树立绿色政绩观

工业文明以来，生态环境问题的产生与政治密切相关。"生态危机主要是由政治问题引起的。长期以来奉行的那种见物不见人、见人不见生态环境的不科学的发展观和政绩观，是导致生态灾难的直接原因。"③ 新时代，人民对美好生活的需要日益广泛，在生态环境方面的要求日益增长。发展绿色政治，就要使广大党员干部改变长期以来政绩考核的唯"GDP"倾向，走出靠污染和牺牲生态环境为代价促进经济增长的黑色"GDP"误区，树立"保护好生态环境就是

---

① 习近平在十八届中央政治局常委会会议上发表的讲话 ［N］. 人民日报，2013-04-25 （01）.

② 张云飞. 辉煌 40 年——改革开放成就丛书（生态文明建设卷）［M］. 合肥：安徽教育出版社，2018：243.

③ 方世南. 环境友好型社会呼唤绿色政治文明 ［J］. 南京：江苏行政学院学报，2006 （04）：75-79.

大政绩，改善生态环境是创造政绩"的绿色政绩观，把生态文明建设、改善地区生态环境、为人民创造绿色福利作为重大职责，切实履行好保护生态环境的责任义务，既要增强人民的物质获得感，也要提升人民的生态幸福感。

2. 建设生态型政府

政府是生态文明建设的决策者、实施者，在生态文明建设中占据主导地位。"政府则应发挥自身功能，构建顶层设计和上层建筑，更多地以干预者的身份行使职权。"① 政府要适应生态文明建设要求，增加政府服务的绿色属性，要制定和执行生态导向性的国家政策，实现生态效益、经济效益和社会效益的内在统一；加大生态文明建设人财物的投入，合理配置和完善资源节约、环境治理和生态保护的基础设施，确保生态文明建设高效运行；坚持群众路线，坚持生态为民、生态利民、生态惠民的基本原则，不断改善人民群众的生态环境状况；要建设高素质领导干部队伍，选好人、用准人，增强各级领导班子在生态文明建设中的领导能力和执政能力，使执政效能体现在生态文明建设效果上。

（二）完善生态制度

"生态文明建设是一项系统工程，涉及利益关系的协调和调整，离不开制度建设的约束、规范和保障。"② 随着党和国家对生态文明制度建设重要性和必要性认识的不断深化，我国生态文明制度建设取得一定进展。但是由于多种原因，生态制度方面还存在成效不彰，生态环境领域违制、违法现象屡禁不止等问题。这就需要进一步完善生态制度，为生态文明建设提供刚性约束。

1. 完善制度

推进生态文明建设是一个长期的过程，依赖于一个规范的、长期的、稳定的制度环境，形成"硬约束"的长效机制。对此，要进一步完善政府环境绩效评估机制，不能单纯把地区生产总值及增长率作为考核评价政绩的主要指标，选人用人也不能以 GDP 论英雄，要建立融资源消耗、环境损害、生态效益于一体的多维指标考核评价体系；建立国土空间开发保护制度，完善最严格的耕地保护制度、水资源管理制度、环境保护制度等，以生态红线约束人们行为；建

---

① 崔龙燕，张明敏. 生态保护补偿中政府角色定位与权力配置［J］. 地方财政研究，2019
（02）：106.

② 张云飞. 辉煌 40 年——改革开放成就丛书（生态文明建设卷）［M］. 合肥：安徽教育
出版社，2018：250.

立和完善监管所有污染物排放的环境保护制度，完善污染物排放许可制度，实行企事业单位污染物排放总量制度，健全生态环境保护责任追究制度和环境损害破产制度以及完善公开环境信息，健全举报制度、公众参与制度等，强化制度约束功能，构筑起生态文明的制度屏障。

### 2. 实现联动

生态文明建设是一项系统工程和整体事业，涉及多种要素、多个方面、多个部分、多个领域，不同的要素、部门、领域之间密切关联，相关部门之间的职能也有所交叉。因此，在推进生态文明建设的过程中，不同部门之间要加强协同合作。这就需要从生态文明制度的顶层设计把关，在制定并实施生态文明制度时，加强不同制度之间、制度实施的不同部门之间的协作关系，实现部门联动、制度联动，不断增强生态制度实施的联动性、协调性，确保生态文明制度实施的规范性和科学性。

### 3. 严格执法

法律是国之重器，良法是善治的前提。法律的生命力在于执行，良法必须善治，执法不严无异于法律虚设。环境执法部门要秉承"执法必严"的原则，"加大执法力度，对破坏生态环境的要严惩重罚。要大幅增加违法违规成本，对造成严重后果的要依法追究责任"①。各地执法部门应审时度势，加大跨区域联合执法力度，推进重点区域生态监察执法标准化建设，推进执法队伍规范化管理，逐步理顺体制、健全机制、强化法制、增强能力，切实加大生态执法力度，为生态文明建设提供法律保障。

### 三、统筹生态文明建设与文化建设之间平衡发展

人与人之间存在着一种认识与被认识、反映与被反映的理论关系，文化是人类特有的生存方式。生态环境问题的根源，归根于人的文化观念和价值取向问题，是人类对如何处理人与自然关系的价值判断发生了严重失误。"将生态文明建设融入文化建设是生态文明建设的重要方向和基本途径。"② 培育社会主义生

---

① 中共中央文献研究室. 习近平关于社会主义生态文明建设论述摘编 [M]. 北京：中央文献出版社，2017：103.

② 张云飞. 辉煌40年——改革开放成就丛书（生态文明建设卷）[M]. 合肥：安徽教育出版社，2018：243.

态文明观、推进文化建设生态化是生态文明建设与文化建设平衡发展的重要手段。

（一）培育社会主义生态文明观

人的社会活动是合规律性和合目的性统一的实践活动，不仅要在客观上合规律性，而且要在主观上合目的性。这种合目的性暗含着价值观的指导作用。价值观是文化的核心内容，是决定文化性质和方向的最深层次要素。习近平同志强调，"推进生态文明建设，既是经济发展方式的转变，更是思想观念的一场深刻变革"①。党的十九大报告提出"牢固树立社会主义生态文明观"的要求，昭示着中国共产党在生态价值理念和生态价值实践上的认识达到了一个新的高度。统筹生态文明建设与文化建设平衡发展，当务之急是培育社会主义生态文明观。

1. 加强舆论引导

价值观是人们思想的内核，社会主义生态文明观是生态文明理念的核心。党的十九大报告指出，要"牢牢掌握意识形态工作领导权，建设具有强大凝聚力和引领力的社会主义意识形态，坚持正确舆论导向，高度重视传播手段建设和创新，提高新闻舆论传播力、引导力、影响力、公信力"②。这就意味着，培育社会主义生态文明观，舆论宣传是手段，正确导向是根本。只有把握好舆论导向，增强舆论导向的正确性，才能实现社会主义生态文明观的广泛渗透和有效传播。故此，各级宣传部门要树立起政治意识、大局意识，坚持以正面宣传为主，新闻宣传紧密围绕和服务于生态文明建设大局。要综合运用大众传媒、网络新媒体、各种公众号、手机 APP 等多种渠道，及时宣传党和国家关于生态文明建设的决策部署、伟大实践、显著成效等，把社会主义生态文明观融入人民生活的方方面面，增强社会主义生态文明观的社会影响力和感召力，不断增强人们的生态自信。

2. 整合文化资源

文化是一个国家、一个民族的灵魂，中华文化博大精深、内容丰富，蕴含丰富的生态理念和智慧，是社会主义生态文明观的思想沃土和精神营养。培育社会主义生态文明观，要充分发挥中华文化怡情养志、涵育文明的重要作用，既要深入挖掘中华文化中的生态资源，特别是中国优秀传统文化中的生态思想，

---

① 孙春兰. 加快生态文明建设 着力打造美丽家园 [N]. 人民日报，2013-09-11 (07).

② 习近平. 决胜全面建成小康社会 夺取新时代中国特色社会主义伟大胜利 [M]. 北京：人民出版社，2017：4.

从中华文化的宝库中吸收和借鉴有利于培育社会主义生态文明观的生态智慧，也要充分发掘中国特色社会主义现代文化中的生态资源，从中国特色社会主义现代文化中汲取主流的、绿色的和有影响力的生态文化，更要积极发展和弘扬生态文化，注重生态道德的培养，明确生态道德的基本内容，充分发挥生态道德在生态文明建设中的作用。唯有努力挖掘、传承、保护和利用绿色文化资源，才能使社会主义生态文明观成为全民共同的价值追求，才能为培育社会主义生态文明观奠定深厚的思想基础。

3. 营造社会氛围

社会主义生态文明观要在全社会牢固树立、真正发挥价值引领作用，就必须融入人们的现实生活之境，将社会主义生态文明观由理念化为实践。各级政府、相关部门、各类组织等，要借助各种生态纪念日，广泛开展以生态文明建设为主题或与生态文明相关的征文比赛、演讲比赛、歌唱比赛、文体娱乐活动以及绿色家庭、绿色校园、绿色社区创建等绿色活动，鼓励人们积极参与其中。依托各类生态文明教育基地，充分调动各类生态文明教育主体的积极性和主动性，深入推进各种生态文明建设相关的教育宣传活动。通过形式多样、主题多元、内容丰富的各类绿色实践活动，营造学习和认识生态文明建设的浓郁社会氛围，使社会主义生态文明观"落实、落细、落小"，在实践之境中落地生根，使人们将社会主义生态文明观内化于心、外化于行。

（二）繁荣发展社会主义生态文化

为充分增加我国文化建设的生态属性，适应生态文明建设要求，把生态文明建设融入文化建设全过程，就要大力发展健康向上、蕴含生态元素的生态文化。生态文化是指以崇尚自然、保护环境、促进资源永续利用为基本特征，能使人与自然协调发展、和谐共进，促进实现可持续发展的文化。生态文化的形成，意味着人类统治自然的价值观念的根本转变，这种转变标志着人类中心主义价值取向到人与自然和谐发展价值取向的过渡。因为"生态文明本质上归结为人的文明，只有人的文明，才能促进生态文明。离开了人以及人的文明，无所谓生态文明"①。要想实现生态文明建设与文化建设平衡发展，就要大力发展

---

① 方世南. 从生态小康社会到生态文明社会的价值和路径选择［J］. 学习论坛，2017，33（12）：47-51.

生态文化。生态文化蕴含的价值观念与生态文明理念具有内在一致性。建设生态文明要积极弘扬生态文化，充分发挥生态文化的思想力量。

1. 发展生态文化事业

自推进生态文明建设以来，党中央十分重视生态文明建设和生态文化工作。2016年国家林业和草原局关于印发《中国生态文化发展纲要（2016—2020年）》，对我国生态文化发展做出了统筹安排和具体部署。近年来，随着生态文明建设持续开展，在党中央的领航定向、相关部门共同推动和社会公众大力参与下，我国生态文化事业取得重要进展。中国生态文化协会统计数据显示，2017年浙江省有21个生态文明教育基地，2020年浙江省新增28个生态文明教育基地。贵州生态文化示范村有35个。2019年全国生态文化村有132个。生态文化村和生态文明教育基地的遴选，是《中国生态文化发展纲要（2016—2020年）》中的内在要求和主要目标。该纲要明确规定到2020年在全国建设生态文化村1000个、建设全国生态文化示范企业50家和建设全国生态文化示范基地20个。相较于规定目标，我国现有生态文化村的数量早已超过预期。这深刻表明，生态文化村在传播生态文化方面的作用越来越大，而生态文化的发展，极大地促进了生态文明理念的传播。发展生态文化事业是大势所趋，生态文明建设和文化建设协调发展是现实所需。故此，一是要大力发挥主流媒体的力量，全方位、多领域、系统化、常态化地推进生态文化宣传教育，不断扩大生态文化在全社会的传播力与影响力。二是要依托高新技术，综合运用全媒体、智媒体、新媒体等新一代信息技术，大力推动传统出版与数字出版的融合发展，加速推动多种传播载体的整合，努力构建和发展现代传播体系，推动生态文化智能传播和广泛传播。三是要进一步出台有利于生态文化事业发展的相关政策，培养优秀生态文化人才等，推动生态文化事业繁荣发展。与此同时，要加强文化建设中的"扫黄扶绿"的工作力度，用充满活力的生态文化来驱除黄色、黑色的文化毒瘤，用生态文化来润泽人们的心灵。

2. 培育生态文化产业

发展生态文化，推进文化建设生态化，需要物质基础和物质载体的支撑。生态文化产业是文化建设与生态文明建设有机融合的典型体现，有助于促进生态文化发展繁荣。总体来看，我们要从思想观念上深刻认识生态文化产业的重要性，在政策层面为生态文化产业发展提供良好的扶持政策；在资金层面理应加大对生态产业、绿色企业的资金投入；在发展层面重点培育生态文化创意产业，促进新业态的发展，集中发展生态产业集群，打造生态产业园区，提高生态产业规模和水平。具体而言，就是要"充分用好现有文化产业平台，鼓励国家级文化产业示范园区、国家文化产业示范基地和特色文化产业重点项目库引入生态文化产业项目，引导更多社会投资进入，开发适应市场和百姓需求的生态文化产品。着力发展传播生态文明价值观念、体现生态文化精神、反映民族审美追求，思想性、艺术性、观赏性有机统一，制作精湛、品质精良、风格独特的生态文化创意产品；改革创新出版发行、影视制作、演艺娱乐、会展广告等传统生态文化产业；加快发展数字出版、移动多媒体、动漫游戏等新兴生态文化产业。要大力推进生态文化特色创意设计，积极扶持一批传承民族生态文化的企业"①，使生态文化产业成为产业发展的新增长点。与此同时，要积极开展生态文化产业的国际合作，充分借鉴国际生态文化产业发展的先进经验和模式，使我国生态文化产业与国际接轨。

3. 丰富生态文化作品

文学艺术是文化的载体和源泉，生态文学艺术作品是生态文化的主要载体。党的十八大以来，我国文化领域深入贯彻生态文明理念，在文学艺术领域以人与自然和谐发展、反映生态环境问题、弘扬生态文明理念等为主题的生态文学艺术悄然兴起。一方面，从生态文学的发展来看，生态文学是20世纪出现的一种文学类别，它是"以生态整体主义为思想基础、以生态系统整体利益为最高价值的，考察和表现自然与人之关系和探寻生态危机之社会根源，并从事和表现独特的生态审美的文学"②。描写人与自然关系、反映生态环境问题、传播生态文明理念是生态文学的主旨和主题。自生态文学发展以来，涌现出一些较好的文学作品，如姜戎的《狼图腾》、迟子建的《额尔古纳河右岸》、徐刚的《伐木者，醒来!》、韩少功的《山南水北》等。另一方面，从生态艺术的发展来看，艺术是人的精神表达和需求，生态艺术是人们在生态精神的表达和需求。随着生态文明建设、绿色发展和美丽中国建设的加速推进，以反映生态文明建设为主题的各类艺术作品悄然而至。例如，《美丽中国》《可可西里》《美人鱼》《青

---

① 国家林业局关于印发《中国生态文化发展纲要（2016—2020年）》的通知 [EB/OL]. 国家林业和草原局政府网，2016-04-11.

② 王诺. 欧美生态学 [M]. 北京：北京大学出版社，2011：27.

恋》《最美的青春》等绿色纪录片、绿色环保电影和绿色电视剧。这些影视作品都重在揭示生态环境问题，希望通过艺术的形式唤起人们对生态环境问题的关注以及展示我国在推进生态文明建设中的努力、贡献和精神，反映了生态文化在我国的发展态势。生态文明新时代，我们要继续发展生态文学和艺术，一是相关文学艺术部门要出台政策，鼓励和引导文学艺术工作者积极创作生态文学和艺术作品。同时，对各类文学艺术作品质量进行严格把关，对质量较好的作品进行大力推广，对质量劣质的作品进行淘汰或责令整改，确保我国生态文学艺术作品质量。二是文学艺术工作者要紧密结合人们的生产生活，重点突出绿色发展、生态文明、全球生态治理等内容，不断探索新的艺术形式，尽可能将文学艺术的其他形式与生态文明建设相结合，创作出更多的生态诗歌、生态小说、生态戏剧等。不仅如此，还应借鉴国外生态文学艺术家诸如梭罗、卡森、宫崎骏等著名艺术家的创作态度、创作技巧、创作风格和生态情怀，创作出内容优质和更高质量的文学艺术作品，以此满足人民群众日益增长的生态文化需要。

4. 加强生态道德建设

所谓生态道德是指反映生态环境的主要本质、体现人类保护生态环境的道德要求，并须成为人们的普遍信念而对人们行为发生影响的基本道德规范，属于道德的基本范畴。现实生活中存在的生态道德失范现象，皆以人们生态道德水平低下有关。加强生态道德建设，既是弘扬生态文明理念的基本要求，也是繁荣生态文化的客观需要。

一是大力弘扬中华传统的生态道德。中华文化博大精深、内容丰富，其中蕴含丰富的生态文化。习近平总书记指出："中华民族向来尊重自然、热爱自然，绵延5000多年的中华文明孕育着丰富的生态文化。"[①] "'天人合一、道法自然的哲学思想'，'劝君莫打三春鸟，儿在巢中望母归'的经典诗句，'一粥一饭，当思来处不易；半丝半缕，恒念物力维艰'的治家格言。"[②] 这些朴素的自然观都强调正确处理人与自然关系，表达了我们的先人对保护自然重要性的认识，其本身就蕴含着一定的生态道德思想。故此，我们要大力弘扬传统的生态道德，努力实现生态道德的现代转换。二是加大生态道德舆论宣传。随着信

---

① 习近平. 推动我国生态文明建设迈上新台阶 [J]. 求是，2019 (03)：4-19.
② 中共中央文献研究室. 习近平关于社会主义生态文明建设论述摘编 [M]. 北京：中央文献出版社，2017：6.

息化和互联网的快速发展，网络新媒体、全媒体、智媒体等新一代信息技术悄然兴起、发展迅速，并日渐成为舆论宣传的新手段。这就需要运用网络新媒体和新一代信息技术，借助网络、电视、新闻、抖音、快手、微信公众号、短视频等平台和媒介，加大生态道德的宣传力度，使人们认识到生态危机的危害性和树立生态保护意识的紧迫性，从而形成良好的社会舆论环境。三是广泛开展生态道德实践。充分发挥家庭、学校、社会三者的合力，以生态道德为主题，开展丰富多彩的校园活动、社区活动、家庭活动，把生态道德教育融入人们的日常生活中来，使人们在生态道德实践中加深对生态道德的基本认知，养成生态道德的自觉行为。

### 四、统筹生态文明建设与社会建设之间平衡发展

针对我国生态文明建设与社会建设之间的不平衡问题，统筹生态文明建设与社会建设之间平衡发展是根本出路。"就生态文明而言，大力推进生态文明建设是坚持以人民为中心思想，不断满足人民日益增长的对美好生活需要的内在要求"①，也是构建和谐社会的科学选择。这就需要把生态文明建设融入社会建设的各方面和全过程，社会建设要贯彻生态文明理念、适应生态文明要求，充分增加社会建设的绿色属性，加快构建生态和谐社会，实现人与自然和谐共生。

（一）推动社会建设生态化

把生态文明建设融入社会建设，就是要建设一个生态社会，让人民在与自然和谐相处的过程中共享美好生活。就人民需求而言，就业、医疗、教育、住房等是人民群众最关心、最渴望解决的主要问题，这些问题与生态文明建设紧密相关。促进社会建设生态化，要着力从以下几个方面入手：

1. 推动生态就业

就业是民生之本，是改善民生、提高人民生活幸福感的基本途径。近年来，我国绿色产业发展如雨后春笋、方兴未艾。这些绿色产业在促进生态文明建设的同时，也蕴含着大量就业机会。国家可以因势利导，出台相关政策鼓励和引导人们参与各类新能源产业、环保产业的发展，在绿色产业发展中寻找更多就业机会，实现自主创业和灵活择业。

---

① 黄承梁. 新时代生态文明建设思想概论［M］. 北京：人民出版社，2018：167.

2. 发展生态医疗

医疗卫生事业是保障人民生命健康的重要事业，但是医疗过程中产生的大量医用废弃物是造成固体废弃物污染的主要来源。这就需要从生态文明建设的大局出发，积极发展生态医疗，加强医用设备、医用物品、医用药水以及医用废弃物的绿色化和科学化管理，科学选用环保材料、生态医药等，建设绿色医院，不断提高医疗卫生事业发展的绿色化程度。

3. 强化绿色教育

绿色教育是以培养一代具有绿色思想、掌握绿色技术、传播生态理念的新型人才为目标的教育。各级各类学校和各种教育基地，要自觉承担起建设生态文明的绿色教育使命，在学校教学目标、办学理念、教学内容中渗入绿色教育内容，把绿色教育融入教育全过程，使生态文明理念得以广泛传播。

4. 扩大生态公共服务供给

生态公共服务是社会基本公共服务的重要内容，提供优质的生态公共服务是社会建设的目标之一。近年来，我国政府高度重视并且加大资金投入和技术支持，建立了很多公共绿地、生态公园、污水处理设备等生态公共服务设施，但在生态公共服务的供给上分配不均、参差不齐。要想良好生态环境成为最普惠的民生福祉，就要扩大生态公共服务供给。一方面，政府要合理布局公共绿地、共享绿道、生态公园等生态资源，实现生态公共资源的全覆盖；另一方面，政府要加大对中西部地区、贫困地区、环境污染重灾区、生态脆弱地区的生态公共服务设施建设，通过必要的资金、技术和人才支持，缩小区域、城乡生态公共服务供给差距，不断提高生态公共服务质量和数量，确保生态公共服务供给的公平分配和共同享有。

（二）构建生态和谐社会

生态和谐社会是生态文明新时代人类社会的新方向。这是一种理想的社会形态，它是以人与自然、人与人、人与社会的和谐共生为核心，以保护资源生态环境为宗旨，以实现人民美好生活为目标的社会。构建生态和谐社会，"从全局来看，必须有效控制人口规模，提高全民素质。从局部来看，应当为区域化的生态和谐社会建设付出努力"①。因此，建设生态和谐社会既是政府的重大职

---

① 王春益. 生态文明与美丽中国梦［M］. 北京：社会科学文献出版社，2014：302.

责，也是公民的个人义务，需要政府和社会公众共同努力才能奋斗以成。

1. 政府强化生态职责

政府是生态文明建设的决策者和实施者。党的十八大以来，党中央从顶层设计、统筹安排、具体实施、监督管理等层面，颁布和实施了一系列关于生态文明建设的政策文件和重大举措，推动我国生态文明建设迈上了新的台阶。在当前和今后一个时期，政府要以解决生态供需矛盾为任务，以满足人民群众日益增长的优美生态环境需要为目标，继续提升政府生态执政水平，采取综合手段，扩大社会生态公共服务供给；要畅通公众信访渠道，保障人民依法依规落实其环境知情权、参与权、表达权和监督权；要重视发挥社会组织和公众在生态文明建设中的作用，使政府和社会组织、公众形成新型合作关系，协力推进生态文明建设。尤为重要的是，政府要大力推进区域化生态社会建设，结合城乡实际情况，重点制定城乡生态化发展规划，坚持"以城带乡、以乡促城、城乡联动、协调发展"的战略思想，统筹推进美丽城乡建设，加快建设生态社区、生态农场、生态工业园区、生态企业等，打造生态和谐社会。

2. 公众履行生态义务

社会公众是生态文明建设的直接参与者和受益者，是推动生态文明建设的主体力量。"良好的公众参与需要公众充分认识到公众参与对于维护自身环境权益、提高保护成效的重要性，加强参与的主动性。"① 对于社会公众来说，要在日常生活中自觉践行生态文明理念，通过约束和强化自己的生态行为，为生态文明建设贡献微薄之力。这就需要社会公众提高自身的生态文明意识，在日常生活中贯彻绿色消费和绿色生活理念，将保护环境融入生活细节中。具体来说，一是要树立绿色消费理念，形成绿色消费模式，例如，我们要根据经济能力和合理需要理性购物、理性消费、适当消费，少买不必要的衣服，加强旧衣利用；适量选购食物，杜绝餐桌食物浪费；理性选购住房，避免严重的资源浪费等，从而减少过度消费带来的生态环境问题。二是要追求低碳、简约、环保的绿色生活。在生活中"节约每一滴水、每一度电、每一张纸、每一粒粮，反对铺张浪费、过度包装、讲排场比阔气、大吃大喝等奢华消费"②。构建简约适度、绿

---

① 陈军，严世雄，韩露. 湖北省生态文明建设公众参与现状调查［M］. 武汉：湖北人民出版社，2017：156.

② 国家行政学院. 推进生态文明建设［M］. 北京：国家行政学院出版社，2013：13.

色低碳、健康文明的绿色生活方式，是公民履行生态义务的直接体现。这就需要我们深刻认识到自身在构建绿色生活方式中的主体性特征，在日常生活中要积极倡导和践行绿色饮食、绿色出行、绿色居住、绿色购物等，将绿色生活方式内化为个人追求，外化为实际行动，使自己向着"生态公民"方向发展。

### 五、统筹推进"五大建设"整体平衡发展

中国特色社会主义"五位一体"总体布局是一个有机整体，五大建设相互依存、相互作用、相互影响。"主要矛盾与次要矛盾相互转化，内部矛盾与外部矛盾紧密相关，解决生态供需矛盾还要处理好五大建设关系。"① 党的十九大修改党章明确把统筹推进"五位一体"总体布局和协调推进"四个全面"战略布局写了进去，这就深刻揭示了五大建设统筹发展的重要性。生态文明建设作为"五大建设"的基础，离不开经济、政治、文化和社会建设。建设中国特色社会主义，就要"五大建设"一起抓，关键是提升生态文明建设在"五位一体"中的战略地位，纵深推进生态文明建设，统筹推进"五大建设"，实现生态文明建设与其他四大建设平衡发展。

（一）提升生态文明建设的战略地位

中国特色社会主义总体布局经历了"三位一体""四位一体"到"五位一体"的发展历程。

从五大建设的出场顺序来看，生态文明建设最晚进入总体布局。进入21世纪以来，面对我国客观存在的生态国情，党中央提出推进社会主义生态文明建设的战略决策。从党的十七大到党的十九大，从提出"建设生态文明"到"五位一体"总体布局，从"关心人民福祉、关乎民族未来的大计"到"中华民族永续发展的千年大计"②，生态文明建设的战略地位不断提升，生态文明建设的时代价值也不断彰显。然而，在经济社会发展过程中，生态文明建设依然位于其他建设之后，我国经济社会发展依然优先强调经济建设。

"一些地方仍将经济建设放在首位，牺牲绿水青山换取金山银山，生态文明建设滞后于经济建设；生态环境民主发展不够充分，法治建设未能满足生态文

---

① 黄娟，崔龙燕. 论新时代生态环境的充分发展平衡发展 [J]. 理论与评论，2019（05）：65.

② 党的十九大报告辅导读本 [M]. 北京：人民出版社，2017：23.

明需要，生态文明制度体制机制不尽完善；文化建设尚不适应生态文明要求，生态文化事业与产业发展滞后，绿色生活消费方式尚未形成；生态文明建设融入社会建设不足，重其他社会民生、轻生态环境民生，社会民生建设与生态文明建设不平衡。"① 这就需要走生态优先的绿色发展道路，坚持生态优先、绿色优先，将生态文明建设置于各大建设之首，并且融入其他建设全过程。其他建设在发展过程中，要以保护自然资源、生态环境为前提，将"绿色"作为发展的前置条件，严格按照生态文明理念和生态文明建设要求布局，从而构建起节约资源、保护生态环境的绿色发展新格局和绿色"五位一体"新布局。

（二）纵深推进生态文明建设

在"五大建设"中，生态文明建设最晚进入总体布局，生态文明建设明显滞后于其他四大建设，这是导致生态文明建设与经济、政治、文化和社会建设之间发展不平衡的主要原因。党的十八大以来，我国大力推进生态文明建设，出台多个文件、实施系列工程、颁布行动计划、制定制度规章，生态文明建设实施范围之广、影响程度之深、建设成效之显前所未有。2018 年 5 月在全国生态环境保护大会上，习近平总书记对我国新时代生态文明建设面临的新形势、存在的新挑战、所处的新方位、未来的新发展等做出了科学分析，勾勒了我国生态文明建设的新蓝图。随后，习近平总书记在《求是》发表重要文章，为我国生态文明建设提供了思想指导。党的十九大以来，在习近平生态文明思想的指引下，我国生态文明建设发生历史性、全局性和根本性变化，生态文明建设规定的多项指标如期完成，中国已经成功探索并走出一条独具特色的中国特色社会主义生态文明建设之路。"十四五"时期，为了实现生态文明建设的新目标，实现更高质量的生态文明，我们要纵深推进生态文明建设，在深度上持续加大生态文明建设力度，采取多种手段促进资源节约、高效和循环利用，系统推进环境综合治理，增强生态修复成效，加快实施各类生态工程。在广度上要继续扩大生态文明建设范围，加快推进美丽城市、美丽乡村、美丽小镇建设，重点治理城市生态环境问题，加强农村小镇生态环境综合整治等，全面改善我国生态环境，早日实现美丽中国的奋斗目标。

---

① 黄娟，崔龙燕. 论新时代生态环境的充分发展平衡发展 [J]. 理论与评论，2019（05）：65.

（三）统筹推进"五大建设"

针对"五位一体"总体布局中，生态文明建设与其他建设发展不平衡问题，统筹推进"五大建设"是根本之策。首先，要提高认识，从站位上深刻认识到"五位一体"的整体性和系统性。"五大建设"虽然有着不同的地位和作用，但并非相互独立，而是相互依存、密切相关。其中，"经济建设是根本，政治建设是保证，文化建设是灵魂，社会建设是条件，生态文明建设是基础"①。这就需要把"五大建设"作为一个系统整体来协同推进、共同发展，不能顾此失彼、以偏概全。其次，在具体实施上，要将生态文明理念、要求、原则和目标充分融入经济、政治、文化和社会建设全过程和各方面。以生态文明理念为指导，在经济、政治、文化和社会与生态相适应的前提下，在生态容量范围内，加快推进生态经济建设、生态政治建设、生态文化建设、生态社会建设和生态文明建设，在发展中实现经济效益、社会效益、生态效益和可持续发展的高度统一，构建集生态安全、生态经济、生态制度、生态文化、生态治理于一体的生态文明体系。只有统筹推进"五大建设"，实现"五大建设"协同发展、平衡发展、共同发展，才能建成人与自然和谐共生的现代化新格局，从而走向社会主义生态文明新时代，为实现中华民族伟大复兴奠定基础、提供强大动力和支撑。

# 小　结

新时代社会主要矛盾的转化既对我国生态文明建设提出了新的挑战，也为我国生态文明建设提供了新的机遇。当前，"建设美丽中国已经成为中国人民心向往之的奋斗目标，我国生态文明建设进入了快车道"②。"人类社会的命运掌握在自己手中，重视生态问题，社会将继续存在与繁荣，而忽视生态问题，人类社会迟早将陷入灾难之中。"③ 针对当前我国生态文明建设不平衡的问题，特别是针对"三生"之间的不平衡、区域城乡生态文明建设的不平衡以及生态文

---

① 王春益. 生态文明与美丽中国梦 [M]. 北京：社会科学文献出版社，2014：296.
② 习近平. 共谋绿色生活 共建美丽家园 [N]. 人民日报，2019-04-29（02）.
③ 戎爱萍，张爱英. 城乡生态化建设——当代社会发展的必然趋势 [M]. 太原：山西经济出版社，2017：7.

明建设与其他"四大建设"的不平衡，既要从现实状况和具体表现中找出我国生态文明建设存在的主要问题，也要从思想观念、科学技术、政策制度中寻找根源。生态文明建设不平衡说的是生态文明建设广度上的问题，实现我国生态文明平衡发展是解决这一问题的根本出路。只有推进生态文明建设平衡发展，提升生态环境质量，才能提供更多优质生态产品，扩大优质生态服务的有效供给。在社会主要矛盾转化背景下，推进生态文明建设平衡发展是补齐我国生态供给短板、建设美丽中国、满足人民优美生态环境需要的根本途径，也是实现人民美好生活的必由之路。

第七章

# 新时代我国生态文明建设充分发展的重要举措

社会主要矛盾转化是我国最大的社会背景，探讨我国生态文明建设不能脱离这一现实背景。"深刻认识和把握我国社会主要矛盾的变化，有助于我们把环境污染、生态破坏和资源紧缺等问题放在全局发展中统筹考虑、妥善解决。"①现阶段，我国生态文明建设呈现新特点、面临新问题、存在新矛盾。针对我国生态文明建设不充分的问题，需要全面激活生态文明建设要素的活力，实现生态文明建设充分发展。这就需要通过促进自然资源充分利用、提升环境污染防治水平、增强生态综合治理成效，实现思想观念、科学技术、生产方式和生活方式的绿色转型，不断增强生态文明建设的实效性，以提供更多优质资源性、环境性和生态性生态产品，更好地满足人民优美生态环境需要，最终实现生态文明建设与满足人民优美生态环境需要地良性共促。

## 第一节　促进自然资源科学利用

20世纪60年代美国学者鲍尔丁提出了"宇宙飞船理论"，指出资源合理、科学利用的重要性以及不合理利用资源、浪费资源的严重后果。现阶段，我国自然资源科学利用不充分，资源利用效率低下，不但导致资源性生态产品短缺，而且加剧了我国资源供需矛盾。解决资源供需矛盾，提供更多优质资源性生态产品，满足人民资源需要，就要促进资源高效利用，使其"物尽其用"，这是新时代我国生态文明建设的首要任务。

---

① 刘毅. 社会主要矛盾变化 生态文明建设按下"快进键"［N］. 人民日报，2017-10-28.

### 一、全面促进资源节约

节约利用自然资源是充分利用自然资源的重要手段。节约资源可以促进资源增效，资源增效可以避免资源浪费。充分利用自然资源，就要坚持节约优先，将资源节约贯穿于经济社会发展的方方面面，加快建设资源节约型社会，切实维护我国自然资源安全。

#### （一）树立资源节约理念

思想是行为的先导，行为受思想支配，如何对待资源在很大程度上取决于人们对待资源的态度和方式。我国素有"地大物博"之美誉，这是对我国辽阔疆域、丰富资源的高度概括。然而，也正是因为"地大物博"，让人们产生了我国资源"取之不尽、用之不竭"的错误观念，导致人们肆意开发资源、过度利用资源、毫无节制地浪费资源。针对我国资源日趋短缺、资源危机逐渐凸显的严峻形势，习近平总书记强调："节约资源是保护生态环境的根本之策，必须从资源使用这个源头抓起。"① 资源利用粗放、浪费是造成我国资源紧张的根源之一，而错误的资源利用观念则是导致资源不合理利用的思想根源。牢固树立节约利用资源的理念是促进资源节约的重要前提。因此，我们要深刻认识到资源的有限性，从我国资源短缺现状出发，在全社会广泛开展自然资源节约的宣传教育。一方面，要借助大众传播媒介，充分利用电视、广播、报纸等，加强节约资源理念的传播，营造节约资源的浓郁社会氛围；另一方面，要高效利用网络新媒体，特别是微信公众号、微博等自媒体平台，广泛植入生态文明、资源节约理念，引导人们牢固树立节约资源光荣、浪费资源可耻的观念，鼓励人们将资源节约贯穿于日常生活和生产实践的各个方面，自觉融入并参与到资源节约的社会行动中，从一点一滴做起，从身边小事做起，坚持"勿以恶小而为之，勿以善小而不为"，不断提高全民资源节约意识，推动形成全民节约利用自然资源的良好社会风尚。

#### （二）实施严格的资源有偿使用制度

资源是大自然的恩赐，人类利用资源就是在享受大自然的无偿供给。然而，

---

① 中共中央文献研究室. 习近平关于社会主义生态文明论述摘编 [M]. 北京：中央文献出版社，2017：45.

正是这种无偿供给，使人们忽视了资源的有限性、珍贵性和生态阈值，认为资源无价，肆意向自然索取。加之资源价格不合理，造成资源的巨大消耗、过度浪费和资源配置效率低下的后果。资源是经济发展的资本，利用资源就要付费。对待资源不能只索取，还要进行大量的投资。"从经济学角度可将生态补偿表述为：生态补偿就是生态效益补偿，是通过一定的政策、法律手段实行生态保护外部性的内部化，让生态产品的消费者支付相应费用，生态产品的生产者、供应者获得相应报酬；通过制度设计解决好生态产品消费中的"搭便车"现象，激励公共产品的足额提供；通过制度创新解决好生态投资者的合理回报，激励人们从事生态环境保护的投资并使生态资本增殖。"① 这就需要实施严格的资源有偿使用制度，建立真实反映资源稀缺程度、市场供求关系、环境损害成本的价格机制，按照维护自然资源可持续利用的原则要求，构成合理的自然资源价格的差比价关系；改革不合理的资源定价制度，逐步扩大资源征收范围，探索推行资源资产化、使用权交易制度，形成市场化、社会化的运作方式，为资源有偿使用提供制度保障；最重要的是严格实行资源开采有偿取得制度，做好资源有偿使用收入的分配、使用和监督工作，既保证资源有偿使用，也保障资源性产品不被滥用。

（三）建立完善的资源管理体系

加强资源管理是防止资源不合理利用、资源滥用的主要手段。一直以来，我国政府部门在资源管理中过多关注资源的产出和数量，偏重资源的数量管理，对资源的质量和生态管理重视不够，降低了资源的综合承载能力和产出能力，资源数量、资源质量和资源生态并重的整体观念尚未形成。同时，过分强调资源的经济价值，忽视资源的生态价值和社会效益，从而降低了资源的综合效益。为增强资源管理的科学性，必须树立资源数量、资源质量和资源生态并重的整体观念，推进资源、资产、资本三位一体化管理，实现资源的经济效益、生态效益和社会效益相统一。与此同时，要改革资源管理方式，"从重视行政配置、项目审批、微观管理向重市场调节、制度设计、宏观管理转变；既要加强监管和服务，严格资源数量管控，也要完善资源管理制度和标准，建立健全评价、

---

① 严立冬，刘新勇，孟慧君. 绿色农业生态发展论［M］. 北京：人民出版社，2008：125.

考核和监管体系"①。唯有改革资源管理方式，才能在增强资源管理科学性和系统性的同时，保障我国资源的合理利用和可持续利用。

## 二、提高资源综合利用效率

资源综合利用效率低下，是造成资源浪费短缺的主要原因。"如果我国能源利用效率提高到世界平均水平，每年就可以少用一半能源。"② 提高资源综合利用效率是缓解资源危机、解决自然资源利用不充分问题的重要途径。故此，我们要重点做好以下三个方面的工作：

### （一）夯实技术支撑

科学技术落后是导致我国自然资源综合利用率低下的一个重要原因。提高资源利用效率，确保自然资源高效利用，要加大科技攻关力度。

1. 推动国内科技创新

"科技是国之利器，国家赖之以强，企业赖之以赢，人民生活赖之以好。"③ 解决我国资源环境面临的突出问题，归根结底要依靠科技的进步与创新。例如：太阳能技术是解决城市能源问题的重要突破口，德国弗莱堡、我国山东德州等城市正是利用太阳能技术，为解决城市能源问题找到了重要突破口。故此，我们要以提高资源利用率为核心，着力开发一批资源节约的关键技术；加强环保关键技术和先进工艺设备的研发，减少资源在传输过程中的损失；优先发展能源、水资源、土地资源攻关技术，提高能源、水资源和土地资源利用率。能源方面，加强科技自主创新，打造能源科技创新升级版，建设能源科技强国；水资源方面，开展节水技术改造，推广节水农艺、工艺技术；土地资源方面，依靠科技进步，发展高效、优质、绿色农业等，不断提高资源利用效率。

2. 引进国际先进技术

从概念的角度看，技术本身是解决居民生产生活中实际问题的手段和方法。从发展的角度看，技术进步的外部效应理应为人类所利用，最终对生态环境的

---

① 范恒山，陶良虎. 美丽中国生态文明建设的理论与实践［M］. 北京：人民出版社，2014：85.

② 中共中央文献研究室. 习近平关于社会主义生态文明建设论述摘编［M］. 北京：中央文献出版社，2017：59.

③ 习近平谈治国理政（第2卷）［M］. 北京：外文出版社，2017：267.

保护起到强大的推动作用。生态环境问题最先在西方国家显现，也最先引起西方国家重视。震惊世界的"八大公害"事件以及由此造成的人间悲剧和惨痛教训，使得西方国家开始关注并且积极应对生态问题。历时多年，西方国家在应对生态危机的过程中，特别是在应对资源危机的过程中，发展了先进的科学技术。例如：新加坡推行的"新生水"技术，对污水进行再循环处理，使之清洁并可供人饮用；美国生物燃料走非粮路线，扩大原料资源，降低粮食成本；加拿大使用清洁煤技术，有力地促进了节能减排；以色列通过采用滴灌技术，创造了沙漠上的农业奇迹；英国主打环保节能建筑，该国节能建筑历史悠久、推广度高，比欧盟其他国家的建筑平均能耗低 1 个百分点；巴西则利用本国丰富的自然资源和农业资源，大力发展生物能源和清洁能源等。这些先进技术都为我国生态文明建设和提高资源综合利用率提供了新的思路。我们应引进国际先进技术，特别是在一些关键的资源科技领域，开展与世界国家的国际合作。通过先进技术引进，借鉴西方发达国家资源利用的经验和技术，提升我国资源利用效率，尽可能用最少的资源投入创造最多的经济社会价值。

（二）自然资源循环利用

循环利用自然资源是保障资源充分、合理利用的主要方式。"当今世界，全球的资源禀赋、环境容量和生态状况发生了较大改变。我国若按照发达国家传统的工业文明发展模式崛起，资源供给不允许、环境容量不允许、生态条件不允许。只有实行绿色转型，走生态文明建设之路，把生产生活过程中产生的各种废弃物利用好、管理好"[1]，才能缓解资源紧张局势。这就需要"变废为宝"，实现资源循环利用。一方面，我们要在工业、农业、服务业、新兴产业等领域探索资源循环利用模式，重点开展污水处理与回用、垃圾处理与综合利用、能源再利用等工作，保证资源持续利用。例如：日本积极推动水循环，通过延伸产业链，对废水进行资源化、无公害处理，依靠新科技变废为宝、循环利用。日本大力提倡使用"杂用水"（指下水道再生水与雨水），供冲厕所、冷却、洗车、街道洒水、浇树木等之用。这些宝贵的经验都为我国水资源的循环利用提供了有益借鉴。我们要"借他山之石为我所用"，促进资源循环利用，避免资源过度浪费。另一方面，要以自然资源高效综合利用为宗旨，在技术层面着力研

---

① 王春益. 生态文明与美丽中国梦 [M]. 北京：中国社会科学出版社，2014：119.

发资源循环技术，实现资源节约与源头减排、物质循环与工业生态系统构建。与此同时，"建立资源多组分深度综合利用的绿色分离回收方法和废弃物零排放的工业生态网络，研发矿物资源深加工与产品高值化集成技术"①，为自然资源的充分利用提供技术支撑。

（三）开辟新的资源渠道

人对资源的需求无限，但资源有限，且资源再生的周期较长，甚至有些资源无法再生。为了保障资源的可持续利用，我们必须探索新的资源渠道。

1. 优化能源利用结构

要以提高能源利用率为核心，以保护生态环境为宗旨，大力发展绿色能源。具体而言，要积极开发新型能源，有序、稳妥开发水电，安全发展核电，高效发展风电，扩大利用太阳能，有序开发生物质能；要实施新能源集成利用示范工程，因地制宜推进新型太阳能光伏和光热发电、生物质气化、生物燃料、海洋能等可再生能源发展，提高可再生能源利用水平。如：北欧各国都把本国的优势资源作为最主要的发电能源，还不断利用新技术开发新能源，推动能源利用的多元化，以满足国家和人民对能源日益增长的需求。丹麦、芬兰的火电，瑞典的核电等，都可用于缓解本国能源不足的问题。我们应当借鉴这些国家的先进技术和经验，结合我国能源实际，大力发展节能与提高能源效率技术，发展新型储能材料和储能技术，完善智能电网系统和分布式能源系统，开发清洁高效的能源再生技术，为增强我国资源后备存储能力提供支持。

2. 探索多种资源来源

解决资源危机，除了依靠节流与增效之外，更为重要的是开源，即开辟新的资源来源。水资源方面，要加快工业节水技术改造，通过搜集雨水、重复利用污水、海水淡化等，实行多渠道开源，不断增强淡水供给。土地资源方面，在保护现有耕地的同时，应加大开发复垦荒废土地资源的力度，实行占用耕地和复垦开发新地相结合；合理利用滩涂资源，将其转化为可用的土地资源，保障土地可持续利用。例如：北欧各国都已经在土地规划的编制与实施管理方面探索出了适合自己国情的发展道路，各国政府也通过法律，以规范人们在土地取得、土地使用等方面的行为，限制人们对土地的过度占有，促进对土地的集

---

① 王春益. 生态文明与美丽中国梦［M］. 北京：中国社会科学出版社，2014：231.

约使用。矿产资源方面，要对共伴生矿产资源进行综合勘查、综合评价、综合开采和综合利用，对采选产生的废石、矸石等废弃物，在安全、环保的前提下，采取提取有用组分、制作建材、加工成新型材料、井下充填等多种方式，实现资源再生。唯有如此，才能增强后备资源存储能力，为我国经济社会的可持续发展奠定坚实的物质基础、提供强大的动力支撑。

### 三、加快建设资源节约型社会

根据我国自然资源约束趋紧的生态国情与自然资源高效利用不充分的客观现实，要加快建设资源节约型社会。资源节约型社会是以节约资源为原则，以提高资源利用率为核心，以最少的资源获得最大的经济社会效益，保障经济社会可持续发展的社会。建设资源节约型社会，要全面实施资源节约行动计划，树立以人民为中心的绿色发展观，综合运用多种手段促进自然资源合理、高效与科学利用，这是维护我国资源安全的必然选择。

（一）全面实施资源节约行动计划

资源有效配置、高效利用，经济社会快速发展，人与自然和谐相处，实现经济、社会和生态的"三赢"是资源节约型社会的典型特征。新时代推进生态文明建设，解决自然资源高效利用不充分问题，需要将资源节约型社会建设目标纳入国民经济发展规划和美丽中国建设之中，并且要以此为依据建立综合反映经济发展、资源高效利用、环境保护等体现绿色发展的绿色评价体系。与此同时，相关部门应积极出台"资源节约型社会建设"的行动方案，通过制定方案、设计路径、搭建平台、政策引导等，将资源节约型社会建设上升为全民行动，鼓励广大人民群众积极参与资源节约型社会建设，自觉践行节水、节能、节电、节地、节物等行动，以此形成节约资源、保护资源的社会合力，推动资源节约型社会早日实现。

（二）树立以人民为中心的绿色发展观

"发展是解决一切问题的总钥匙"①，但是发展本身不应该成为发展的目的，而是为人民创造幸福和美好生活的重要手段。在改革开放以来很长的一段时期

---

① 习近平. 携手推进'一带一路'建设——在'一带一路'国际合作高峰论坛开幕式上的演讲［M］. 北京：人民出版社，2017：8.

里，我们坚持"以物为本""以 GDP 论英雄"，以透支自然资源求发展的方式过度追求经济增长，忽视了人民群众的实际需求。究其根源，在于以"GDP"为中心的传统发展观。这种发展观既是造成资源过度消耗、粗放利用的主要原因，也是导致人的片面发展的思想根源。生态文明新时代的发展观，必然是以人民为中心、充分融入绿色属性的绿色发展观。"'以人民为中心'的发展思想，不是一个抽象的、玄奥的概念，不能只停留在口头上、止步于思想环节，而要体现在经济社会发展的各个环节"①，也体现在生态文明建设中。这就要求要着眼于人民群众日益增长的优美资源需要和美好生活追求，彻底改变片面追求 GDP增长但忽视人民利益的发展观，深入贯彻绿色发展理念，树立以人民为中心的绿色发展观。既要把资源节约、低碳循环放在首位，辩证地认识资源和经济发展的关系，努力提高资源综合利用率和有效供给水平，也要紧紧依靠广大人民群众建设生态文明，特别是要在资源节约、资源循环利用方面，调动人民群众的积极性，鼓励人民群众积极参与其中，让人民群众共建资源节约型社会、共享更多优质的资源性生态产品。

（三）综合运用多种手段

促进自然资源高效利用，除了依靠相应的措施之外，政府应当发挥主导作用，通过运用多种渠道和多样化手段，来保障自然资源合理、高效和持续利用。

1. 经济手段

我国环境生态问题的产生，归根结底在于经济高速发展中缺乏对环境影响的深度考量。现阶段，我国经济已经由高速增长转向高质量发展，而高质量发展与传统发展道路相比有本质区别。相对于忽视环境影响的经济增长，环境指标、环境效益是高质量发展的内在要求。这就需要借助我国经济建设的重要成果，重点发挥经济杠杆的调节作用，倡导符合生态文明理念的循环经济、绿色生产和绿色消费模式，改变"高投入、高消耗、高排放、难循环、低效益"的粗放型经济增长方式，建立绿色经济体系。与此同时，政府和相关部门可以通过制定经济政策，着重减少对煤炭、钢铁、造船等高能耗产业的资助，扩大对环保、废厂房利用、废物回收利用等行业和项目的资助力度，把省下来的资金

---

① 张云飞，李娜. 开创社会主义生态文明新时代［M］. 北京：中国人民大学出版社，2017：9.

用于该地区环保产业的投资、新兴绿色产业的发展，以此减少资源过度消耗和浪费。

2. 科技手段

当今世界，在建设生态文明和解决资源危机的过程中，世界各国无不以技术创新为突破口，以期实现绿色发展和转型升级。先进的科学技术，可以避免大量人力资本浪费和资源使用不合理。"伴随着主导产业的更迭和扩张，区域的产业结构不断优化，经济增长的活力不断增强，生态化的技术创新改造了原有的产业和产业部门，淘汰了落后的产能，扩大了社会分工，创造了产业生态的新领域"①，因此，我们可以借助科技的推动力量，运用先进技术改造传统产业，按照新型工业化道路的要求，推动产业结构优化升级。如此，势必能够优化经济发展中的资源成本，这对于资源节约和资源高效利用将具有巨大的促进作用。

3. 法律手段

资源节约中的法律手段，是指以法律为准绳，充分发挥法律的权威性和约束力，引导人们节约资源、保护资源，促进自然资源的有序、合理、高效开发和利用。"为贯彻落实习近平生态文明思想，民法典将绿色原则确立为民法的基本原则，以法治手段引导人与自然和谐共生，推动形成绿色发展方式和生活方式。民法典第九条规定：'民事主体从事民事活动，应当有利于节约资源、保护生态环境。'这一总括性规定，将绿色原则确立为民事主体从事民事活动的一项基本原则。"② 因此，一方面，相关部门要严格按照民法典中的要求，在资源利用的各个环节，特别是在自然资源开采、加工、运输、消费等环节中，按照节约、循环、低碳的要求，加强对自然资源的管控，从源头上杜绝资源的非合理化使用。要对资源利用中的违法行为，采取零容忍态度，实施严格的惩罚；另一方面，社会公众要熟知《民法典》中的生态责任，在日常生活和生产实践中注重资源节约，自觉保护资源，做到有章可循、有法必依。唯有加强资源利用中的法律约束，才能严格保障资源高效利用、杜绝资源浪费，从而实现自然资源的科学利用和高效利用。

---

① 戎爱萍，张爱英. 城乡生态化建设——当代社会发展的必然趋势 [M]. 太原：山西经济出版社，2017：37.
② 以法治手段引导人与自然和谐共生 [N]. 人民日报，2020-12-21.

## 第二节　提升环境污染防治水平

随着生态文明建设持续推进，"我国生态环境质量持续好转，出现了稳中向好趋势，但成效并不稳固，稍有松懈就有可能出现反复，犹如逆水行舟，不进则退"①。面对我国环境污染积聚、环境形势严峻的客观现实，要按照系统思维持续推进环境治理，重点解决关系民生的水污染、空气污染、土壤污染、垃圾污染等突出环境问题，全面提升环境污染防治水平，确保我国环境安全。这是新时代我国生态文明建设的基础目标，也是满足人民日益增长的环境需要的重要手段。

### 一、打赢污染防治攻坚战

针对我国环境污染防治不充分的现状，要以满足人民优美环境需要为核心，以提供更多优质环境性产品为任务，以解决突出污染问题为重点，全面纵深推进环境污染防治。

（一）持续推进"三大污染"重点防治

蓝天白云、青山绿水、清洁土壤是人们向往的美好景象，治理空气污染、水污染和土壤污染是生态文明建设的重要任务。新时代以来，"我们全面落实习近平生态文明思想和全国生态环境保护大会要求，按照党中央、国务院决策部署，坚持以改善生态环境质量为核心，推动污染防治攻坚战取得关键进展"②。截至目前，我国"三大攻坚战"取得显著成效，"十三五"期间主要污染物排放量减少目标超额完成，生态环境质量明显改善。但是，我国积累多年的环境污染问题尚未彻底解决，环境污染防治依然任重道远，全面提升环境污染防治水平是大势所趋。故此，我们要持续推进三大污染防治，以绿色统领三大攻坚战。一是坚决打赢蓝天保卫战。在空气污染治理方面，当务之急是继续加大节

---

① 习近平. 坚决打好污染防治攻坚战 推动生态文明建设迈上新台阶［N］. 光明日报，2018-05-20.

② 中华人民共和国生态环境部. 2019 中国生态环境状况公报［R/OL］. 中华人民共和国生态环境部官网，2020-06-02.

能减排力度，大幅度降低污染物的排放总量，提高我国环境管理的精细化水平。与此同时，要借鉴西方国家雾霾治理的国际经验，拓展大气减排新空间，加快实施蓝天工程，加大工业废气污染治理，守住蓝天白云；二是持续打好碧水保卫战。在水污染防治方面，应当以持续改善水环境质量为总目标，以保障水生态系统健康为核心，严格控制化学污染物排放总量，重点治理流域水污染，控制面源污染，不断改善和优化水质；三是扎实推进净土保卫战。在土壤污染防治方面，相关部门要深刻认识、高度重视土壤治理的重要性，深入贯彻落实《土壤污染防治行动计划》，重点是"加快土壤污染防治法律制度建设，切实加强土壤重金属污染防治，加强废弃物管理，加强农村土壤保护，规范城市'棕地'利用管理"①，并研发和借鉴土壤污染修复的先进科学技术和经验，不断增强土壤修复成效。

## （二）积极开展垃圾污染防治

现阶段，我国环境污染除集中表现为空气污染、水污染、土壤污染之外，垃圾污染也已经成为环境污染中的一个突出问题。近年来，随着生活垃圾的增多，白色污染导致的生态环境问题也日益突出。虽然我们要求实行垃圾分类，但从实际进展来看成效甚微。这就需要积极开展垃圾污染防治，提高垃圾处理的科学化和绿色化。在顶层设计上，要将垃圾污染防治置于与空气、土壤和水污染防治同等重要的地位，并明确垃圾污染防治行动计划的现实意义、实施主体、主要内容和治理目标等。在具体操作上，要建立完善的实施机制，选定部门、明确分工、划分职责，增强垃圾污染防治的系统性和科学性。要做好垃圾分类，科学化、高效化处理垃圾。在人员力量上，要尽可能调动和吸收最广泛的社会力量，发挥政府主导、企业和个人的参与作用，形成有效的参与机制，确保垃圾污染防治取得实效。不仅如此，我们还要借鉴国外垃圾污染治理的成功经验和模式，引进国外垃圾污染治理的先进技术。例如：欧美和日本等发达国家城乡一体化程度高，经济发达，在生活垃圾处理方面起步早。美国非常重视生活垃圾的资源化利用、德国通过法案和技术强化垃圾处理、日本采用全自动垃圾车运送垃圾。这些国家在垃圾处理中的先进技术、有效的经验与做法为我们治理垃圾提供了参考和借鉴。因此，我们要积极开展与这些国家在垃圾污

---

① 刘德海. 绿色发展［M］. 南京：江苏人民出版社，2016：118.

染治理领域的生态合作，广泛借鉴这些国家的经验和技术，将其运用于垃圾污染治理中，不断提升垃圾污染治理成效。

### 二、加大环境保护力度

环境保护即"防患于未然"，这是发生在环境污染之前的一种行为，是控制、避免环境污染发生的重要途径。自然环境具有"不可逆性"，如果等到环境污染后再来治理，不仅要付出高昂代价，而且有些污染根深蒂固、难以根治。这就需要坚持预防为主、保护优先，把环境保护置于各项工作的首位，通过环境保护不断排查污染因素，尽可能从源头上减少污染源。

#### （一）增强公众环境保护意识

人与环境的关系是生态文明建设中要处理好的基本关系。"你善待环境，环境是友好的；你污染环境，环境总有一天会翻脸，会毫不留情地报复你。"① 这就是说，我们对待环境的态度和方式，正是环境对待我们的态度和方式，而环境保护意识的强弱直接关系到人们对待环境的态度。一方面，各级环保部门要会同相关部门将全民环境教育纳入日常工作计划，面向社会全体成员开展环境教育，将各级党政领导干部视为环境教育的重点对象，将各级学校视为环境教育的主阵地，将各级学生视作环境教育的主要对象，开展系统化的环境教育，增强人们的环境意识和社会责任感；另一方面，要拓宽环境信息传播渠道，充分利用传统媒体和网络新媒体，全方位、多领域、常态化地推进环境保护宣传，扩大环境信息的覆盖面。同时，以"绿色节日""环保节日"为契机，开展各类环境保护的主题活动，引导人们树立"像对待生命一样对待生态环境，像保护眼睛一样保护生态环境"的环境保护理念，增强人们保护环境的自觉性和主动性。

#### （二）构建完善高效的环保机制

在保护环境这一重要问题上，习近平总书记指出："保护生态环境必须依靠制度、依靠法治。只有实行最严格的制度、最严密的法治，才能为生态文明建

---

① 习近平. 之江新语 [M]. 杭州：浙江人民出版社，2007：141.

设提供可靠保障。"① 故此，有必要建立完善高效的环境保护机制。首先，坚持预防为主，建立环境监测与预警体系。预防为主的方针是根据环境问题产生的原因及特点，预先采取防范措施，防治环境问题及损害的发生。建立环境预警体系，就要加大对环境危险因素与潜在污染源的排查力度，重点加强对天然污染源、大气污染源、人为污染源、交通污染源、生活污染源和工业污染源的普查力度，从源头上杜绝环境污染；其次，强化环境执法。环境执法是保护环境的重要手段之一。但由于历史和现实的各种原因，我国环境执法目前存在种种困难，环境执法效力不强。这就需要增强执法主体的行政能力，持续开展环保专项执法行动，坚决执行环境保护标准，坚决执行环境评价审批制度，坚决查处环境破坏行为，坚决追究环境破坏法律责任，保障环境执法权威。

### 三、系统推进环境治理

环境治理即"亡羊补牢"，指对已经产生的环境污染和破坏，采取综合措施进行治理，避免环境继续受到更大污染和损害。"环境污染是由多重原因引发的复合问题，必须把解决环境污染问题作为一项复杂的社会系统工程加以推进。"② 故此，系统推进环境治理需要从以下三个方面着手：

（一）全面规划、系统推进

全面规划是指着眼于我国生态文明建设的整体性和环境污染治理的系统性，从各个方面、各个领域、各个环节对环境污染防治进行系统规划，旨在实现经济效益、社会效益和生态效益的内在统一。当前要重点对蓝天、碧水、净土"三大保卫战"、优化能源和运输结构、北方地区"煤改气""煤改电"、生态环境保护督查执法等工程进行全面规划，既要形成系统、有效的实施方案，也要采取切实可行的重要举措，推动环境污染防治有序、稳步进行。系统推进是指以习近平生态文明思想为指导，按照系统思维，把环境污染防治作为一个系统工程抓在手上，不仅要加强环境保护工作，而且要建立全方位的环境保护格局。就污染防治工作本身来看，要将其放到生态文明建设大局中去统筹设计，把环

---

① 中共中央文献研究室. 习近平社会主义生态文明建设论述摘编［M］. 北京：中央文献出版社，2017：99.

② 张云飞. 辉煌 40 年——改革开放成就丛书（生态文明建设卷）［M］. 合肥：安徽教育出版社，2018：295.

境污染防治与资源节约、生态修复的各项举措紧密结合起来。就治理对象而言，要重点加强对大气污染、水污染、土壤污染、垃圾污染等环境问题的综合治理。从空间区域来看，要从区域协同、城乡一体化的角度进行区域、城乡环境综合治理。只有按照系统思路开展环境治理，才能增强我国环境污染防治的系统性和实效性。

### （二）抓住关键、重点击破

环境污染问题错综复杂，治理环境污染任务艰巨。"牵牛要牵牛鼻子"，只有抓住各类污染中亟待解决的关键问题并重点击破，环境污染防治才能达到事半功倍的效果。从污染防治对象来看，尽管环境问题种类很多，但是空气污染、水污染、土壤污染依然是突出问题。对此，我们要以增进人民福祉为目标，以满足人民群众日益增长的生态环境需要为动力，持续推进"三大污染防治行动计划"，着力解决危害人民群众身心健康的突出环境问题，如饮水安全问题、食品安全问题、重金属污染问题、化学品污染等问题。只有重点解决这些突出环境问题，才能满足人民的生态诉求；从污染主体来看，企业是污染防治的主体，生态环境部门要依法履行职责，既要加大对企业的监督以及违法行为的经济和行政处罚，也要积极引导企业实现绿色转型；从空气污染的成因来看，污染排放是造成空气污染的主因和内因，工业生产、燃煤、机动车尾气等是空气污染的主要来源。故此，要有的放矢、对症下药，要重点解决工业、燃煤、机动车、扬尘等问题。只有明确我国污染防治的主攻方向，环境污染治理才能做到事半功倍。

### （三）因地制宜、分类指导

环境污染问题是我国普遍存在的突出问题，由于地域差异、产业差异、思想观念以及生态文明建设进展的不同，我国环境污染在不同地区以不同的表现而具体呈现。提升环境污染防治水平，要结合各地环境污染实际，按照地区环境污染现状和经济社会发展水平，采取与此相应的污染防治手段和措施。在空气污染治理方面，对不同地区要确定与该地区相应的大气污染防治控制目标，并对污染源集中地区实行总量排放标准。城市地区重点治理工业废气，农村地区着力治理焚烧秸秆、煤烟型污染。在水污染治理方面，要针对不同地区水污染情况，做好针对性治理工作，城市地区重点治理工业废水、黑臭水体等，农村地区着力治理生活污水。在土壤污染治理方面，城市地区重点整治非工业用途的工业遗留、遗弃污染地土壤，农村地区着力治理基本农田、重要农产品地，特别是"菜篮子"基地的土壤。此外，农村地区重点整治面源污染，城市地区综合治理环境污染。唯有如此，才能增强环境污染防治的针对性和实效性。

### 四、构建环境治理体系

环境治理是一项全民事业，必须动员最广泛的社会力量，形成多元主体共同推动的环境治理格局。党的十九大报告指出："着力解决突出环境问题，构建政府为主导、企业为主体、社会组织和公众共同参与的环境治理体系。"① 推进环境污染防治，要按照十九大的要求，做好四个方面的工作：

#### (一) 政府发挥主导作用

建设生态文明是全社会的共同责任和理想。在众多主体中，政府部门的地位和作用极为重要。政府是环境治理的决策者、推动者、执行者和指挥者，是环境治理的主导性力量，在环境治理中具有义不容辞的重要责任。由于"环境污染问题是典型的外部不经济性问题，单纯依赖市场或企业根本不可能解决这类问题。生态环境产品是典型的公共产品或准公共产品，单纯依赖市场和社会根本不可能提供这类产品"②。对于政府部门来说，为人民群众提供最基本、不损害环境的优美生态环境和优质生态产品既是一条底线，也是政府应当提供的基本公共服务。政府理应明确职能定位，既要确定生态文明建设相关的实施方案、配套政策，也要利用各种手段来协调处理各方面的利益冲突，形成生态文明建设的合理化局面。与此同时，政府应确立适应新形势的绿色执政观，通过财政投入、税前列支、政策扶持等手段，为生态文明建设提供资金支持。除此之外，政府还要履行监管职能，对环境治理项目的质量进行监控，加强市场监管，来促进和规范环境治理。

#### (二) 企业做出绿色贡献

在生态文明建设的多元主体中，企业是生态文明建设的关键性力量。"企业

---

① 习近平. 决胜全面建成小康社会 夺取新时代中国特色社会主义伟大胜利 [M]. 北京：人民出版社，2017：51.
② 张云飞. 大力构建中国特色的环境治理体系 [N]. 中国社会科学报，2017-12-25.

环境行为是影响可持续发展的关键变量，企业的环境污染行为是造成环境污染的主要原因之一，企业的环境友好行为是实现绿色发展的重要动力机制之一。"① 企业绿色转型既是企业发展的新方向，也是生态文明建设的内在要求。在生态文明建设实践中，如果企业只是被动地采取应对措施，只会让企业在激烈的竞争中处于不利地位。企业唯有主动实现绿色变革，顺应生态文明建设大势，主动承担绿色责任，才能提升企业的吸引力、关注度和竞争力。首先，企业要树立绿色生产经营理念。生态文明新时代的企业，不再是"唯利是图"的企业，而是要将循环使用资源、创造良性社会财富、实现经济效益和生态效益双赢等理念作为生产经营的基本理念；其次，企业应将"碳管理"作为企业生态责任的重要组成部分，将"碳管理"作为企业管理中新的机遇、新的管理标准、新的价值标准来看待，以此增强企业的品牌吸引力，确保企业中长期的受益能力；再次，企业要形成绿色生产方式，构建融原材料、生产线、产品、流通、销售等于一体的绿色生产体系，减少企业源头、过程、末端等环节产业的污染，促进企业生产绿色化；最后，企业要定期开展规范化、系统化的职工培训，重点对职工进行绿色发展理念、绿色产品市场准入、绿色产品认证制度、绿色低碳产品生产制度以及能耗产品监管制度等的培训，通过企业绿色转型为环境治理做出贡献。

（三）社会组织广泛融入

独木不成林，滴水难成海，环境污染问题的复杂性决定了环境治理的复杂性和滞后性，单凭一种力量都难以从根本上解决环境污染问题，唯有集聚社会合力，才能增强环境治理实效性。社会组织诸如环保组织、环保协会、工会、村委会等各类正规组织和民间组织，是推进生态文明建设的重要力量。这就需要以基层民主为依托，充分发挥工会、共青团、妇联、村委会、居委会等基层组织在环境治理中的舆论引导和宣传教育作用，在全社会营造生态文明建设的浓郁氛围，不断增强人们的生态认知。借助行业协会力量，充分发挥行业协会在制定行业环境标准、监督企业环境行为、促进企业可持续发展等方面的监管作用。重点发挥民间环保组织的推动作用，出台相关绿色政策，吸引民间组织广泛参与环境治理，充分发挥他们在开展社会环境教育、推动社区环境整治、

---

① 张云飞. 大力构建中国特色的环境治理体系［N］. 中国社会科学报，2017-12-25.

倡导绿色生活方式等方面的积极作用，为环境治理注入强大动力。

（四）公众积极主动参与

人民群众是历史的创造者，也是生态文明建设的主力军。"生态文明建设同每个人息息相关，每个人都应该做践行者、推动者。"① 公众参与是形成生态文明建设合力的前提和保障，提升环境污染防治水平，要变"被参与"为"主动参与"。一方面，政府要发挥引导作用，制定一个长远的、操作性强的、具有激发力的"生态文明参与规划"，找准人民诉求和生态文明建设的内在契合点，通过构建完善的公众参与机制，加强生态文明宣传教育，广泛开展各种绿色活动，增强人民群众的资源节约意识和环境保护意识，鼓励全社会绿色消费、低碳消费，形成绿色消费、适度消费的社会风尚。另一方面，公众应积极主动参与。生态文明中的公众参与是一个自律和他律相结合的动态过程，既需要内在驱动，也需要外部刺激。公众应自觉践行绿色生活方式，抛弃消费主义的生活方式，养成绿色健康的绿色饮食方式；追求简洁精致的住房装修风格，形成绿色居住方式；倡导绿色出行、低碳出行，形成绿色出行方式；抵制物品过度包装，实现"用"的绿色转向。绿色生活方式的形成，将改变公众对现代生活的诉求方向，让人们在享受绿色生活的同时，为生态文明建设和环境污染防治贡献力量。

**五、借鉴国际立法和治理经验**

建设生态文明是全球的共同事业，探寻应对生态危机的解决之道是世界各国的共同任务。在全球生态问题日趋严重的今天，了解国外关于环境污染的立法和治理经验，对完善我国资源、环境和生态立法工作具有重要意义。

（一）借鉴国际立法经验

应对环境污染，提升环境污染防治水平，除了有的放矢、采取行之有效的对策之外，还应通过构建完善的环境治理体系，借鉴国际立法经验，来进一步保障我国环境治理成效。特别是针对当前我国资源利用、环境保护、生态治理、生产生活方面立法不完善、不科学的地方，除了立法机关加强与世界其他国家立法交流之外，还有必要引进国际先进的立法经验。例如："英国、美国和欧盟制定的《清洁空气法》《长距离跨界输送空气污染的日内瓦公约》等，通过不

---

① 习近平主持中共中央政治局第四十一次集体学习 [N]. 人民日报，2017-05-28.

断升级与收严污染排放标准和空气质量标准，制定空气动态监测制度，实施严格的监测—减排—核查—评估等监测制度"①，增强空气污染治理成效。日本制定的《空气污染防治法》《公共水域水质保全法》和《公害对策基本法》等，对污染排放者责任认定、污染公害标准、污染惩罚制度等作了明确规定，在环境污染治理中发挥了积极作用。瑞典政府先后制定《有害垃圾处理法》等法规，运用法律手段解决垃圾污染问题等。这些立法经验都为我国生态立法提供了有益参考。因此，我们要掌握国际环境保护领域的最新动态，了解国外在资源节约、环境保护和生态修复方面的立法经验，通过国际交往，加强和完善我国生态环境立法与监督工作，为增强我国环境污染防治提供法律保障。

（二）借鉴国际治理经验

环境污染问题是世界上所有国家面临的共同难题，治理环境污染是全球面临的共同挑战，也是世界各国共同建设美丽地球的重要途径。习近平同志指出："应对气候变化等全球性挑战，非一国之力，更非一日之功。……只有团结协作，才能凝聚力量，有效克服国际政治经济环境变动带来的不确定因素。……只有持之以恒，才能积累共识，逐步形成有效持久的全球解决框架。……只有共商共建共享，才能保护好地球，建设人类命运共同体。"② 这就需要立足我国环境污染实况，积极开展与世界国家的环境合作。国际上很多国家在环境污染治理方面积累了成功经验，能为我国环境污染防治提供有效借鉴。作为西欧第一大河的莱茵河，由于工业废水、生活污水和工业垃圾的倾倒，曾被严重污染。对此，欧洲各国以"一个完整的生态系统的骨干"为治理目标，对莱茵河进行综合治理，使莱茵河恢复了优美风光；日本对被污染的琵琶湖进行综合治理，再造琵琶湖优美环境；美国则打响五大湖生态保卫战，为美国再造美丽湖景。我们应在现有环境污染治理成效的基础上，吸收借鉴国际上较为成功的、先进的环境污染治理经验，将其运用到我国环境污染防治当中，使我国环境污染防治事半功倍。

---

① 刘德海. 绿色发展 [M]. 南京：江苏人民出版社，2016：128.
② 中共中央文献研究室. 习近平关于社会主义生态文明建设论述摘编 [M]. 北京：中央文献出版社，2017：140.

# 第三节 增强生态综合治理成效

面对我国生态系统退化的严峻现实，"就要从系统工程和全局角度寻求治理修复之道，必须按照生态系统的整体性、系统性及其内在规律，整体施策、多措并举，进行整体保护、宏观管控、综合治理，达到系统治理的最佳效果"①。这就需要从中华民族永续发展的角度出发，加快建设生态安全型社会，这是新时代我国生态文明建设的重要任务，也是提供更多优质生态产品的重要途径。

## 一、加大生态保护力度

良好的生态环境是人类社会持续发展的根本基础。虽然我国在生态保护方面取得了重要进展，但我国生态欠账依然很多，生态环境的改善仍不能满足人民群众的生态需要。党的十九大报告强调，"加大生态系统保护力度，优化生态安全屏障体系，提升生态系统质量和稳定性"②。故此，要从思想观念的绿色转向入手，坚持自然恢复为主，强化生态系统管理，以此增强生态系统的稳定性。

### （一）增强全民生态保护意识

追求"诗意的栖居"，生活在良好的生态之中是人类所期望的美好生活境界，筑牢人类生存发展的生存根基是我国推进生态文明建设，尤其是增强生态系统稳定性的内在要求。"生态文明本质上归结为人的文明，只有人的文明，才能促进生态文明。就生态本身而言，并没有文明与野蛮之分，离开了人以及人的生态文明，无所谓生态文明。"③ 因而生态危机本质上是人的危机，是人的生态观念的危机。"公民生态意识的缺乏，是现代生态危机的深层次根源。建设美丽中国，需要在不断培育公民生态意识的基础上进行。"④ 故此，增强生态修复

---

① 全国干部培训教材编审指导委员会. 推进生态文明 建设美丽中国 [M]. 北京：人民出版社，2019：14.
② 习近平. 决胜全面建成小康社会 夺取新时代中国特色社会主义伟大胜利 [M]. 北京：人民出版社，2017：51.
③ 方世南. 从生态小康社会到生态文明社会的价值和路径选择 [J]. 学习论坛，2017，33（12）：47-51.
④ 仇竹妮，赵继伦. 增强全民生态意识 [N]. 人民日报，2013-08-20.

实效，必须要加大生态保护力度，而加大生态保护力度首要的是增强全民的生态保护意识。具体而言，就是要综合运用传统媒体和网络新媒体，加强生态保护的宣传教育，提高全民特别是生态保护区内、生态修复区内的人民群众的生态意识。在保护区、修复区内设置宣传牌、界牌、警示牌等，引导人树立"植物是大自然的天然屏障；动物是人类的朋友；臭氧层是大地的保护伞；淡水是我们的生命之源"等理念，增强群众生态保护意识。例如：北欧人认为良好的生态是人们获得幸福的前提，因此北欧的生态保护起步很早，采取了许多保护生态的措施，颁布了很多相关法令，取得了显著效果，使北欧的生态保护工作闻名全球。加大生态保护力度，可以借鉴北欧国家的生态保护经验，通过开展全民性的生态保护实践，激发人民群众保护生态的自觉性，不断增强全民生态保护意识。

（二）坚持自然恢复为主

茂密的森林、青葱的草原、奔腾的江河、多样的生物是大自然赐予人类的绿色财富，只有加倍珍惜、努力呵护才能永葆生命与活力。基于自然生态的重要地位和筑牢生态安全屏障的现实所需，我国"坚持保护优先、自然恢复为主，实施山水林田湖生态保护和修复工程，构建生态廊道和生物多样性保护网络"①。坚持节约优先、保护优先、自然恢复为主是我国生态文明建设的基本方针，也是增强生态修复成效理应遵循的基本原则。"研究和实践均表明，生态的加速破坏主要是人类活动的结果，只要消除人类对自然的干扰和破坏，多数地区的生态环境可以依靠大自然的自我修复能力，逐渐恢复到相应的自然条件所能允许的水平。"② 换言之，增强生态系统稳定性，必须要遵循自然规律，坚持自然恢复为主，充分发挥自然的自我恢复功能，给自然留出更多空间，让自然生态休养生息。一方面，我们要重点识别事关国家生态安全的重要区域，以生态安全屏障为骨架，着力增加自然生态保护区、国家森林公园的规模和数量，扩大我国生态保护范围，将人为活动限制在保护区之外；另一方面，要建立规范化、体系化、制度化、系统化的生态保护机制，加大生态保护资金投入，配备生态保护设备，建立一支技能过硬、素质过高的生态保护铁军，为筑牢我国

---

① 中共中央文献研究室. 十八大以来重要文献选编（中）［M］. 北京：中央文献出版社，2016：807.

② 李娟. 中国特色社会主义生态文明建设研究［M］. 北京：经济科学出版社，2013：203.

生态屏障提供可靠保障。

### （三）强化生态系统管理

生态系统退化是多种因素导致的结果，生态系统管理的缺位和不到位是导致生态系统受到人为活动干扰和破坏的重要原因。"生态系统管理是在对生态系统组成、结构和功能过程加以充分理解的基础上，制定适应性的管理策略，以恢复或维持生态系统整体性和可持续性。"① 现阶段，加大生态保护力度，要强化生态系统管理，充分发挥生态系统管理在生态保护中的积极作用。首先，要利用生态学、环境学的知识和理论，做好生态风险的评估，排除生态潜在危险因素，从源头上杜绝危险源，有效防范生态风险。其次，要根据不同类型生态系统的具体情况，对不同的生态系统进行区别管理和跟踪调查，从而确定生态系统的健康状况及对生态系统进行可持续的管理。最后，要着力加强对自然保护区的管理和研究，重点管理长期种子库、基因库、植物园、水族馆等之类的保护区，加强生物多样性保护，不断增强生态系统服务功能。

### 二、推进生态系统治理

生态系统是一个有机整体。1935年英国生态学家坦斯莱提出了"生态系统"的概念，将生态系统视为生物有机体和其环境构成的系统。在生态治理这一问题上，习近平同志强调："人的命脉在田，田的命脉在水，水的命脉在山，山的命脉在土，土的命脉在林和草，这个生命共同体是人类生存发展的物质基础"②，重申了生态系统的系统性和整体性。这就要求把生态治理作为一项系统工程来加以推进，不能顾此失彼、彼此割裂，而是要统筹兼顾，系统推进生态综合治理。

### （一）实施生态恢复和重建工程

针对当前我国生态系统退化的严峻形势，如果任其扩大蔓延，只会导致生态系统岌岌可危。当务之急是要辅以人工手段，实施系列生态修复工程，这是使退化生态系统得以恢复、改善生态环境、增强生态系统功能的关键所在。生

---

① 程发良，孙成访. 环境保护与可持续发展 [M]. 北京：清华大学出版社，2002：51.
② 习近平. 坚决打好污染防治攻坚战 推动生态文明建设迈上新台阶 [N]. 光明日报，2018-05-20.

态修复主要指利用生态工程学原理与方法改善生态系统，强调人类对受损生态系统的改善与重建，是生态综合治理的主要内容。当前，要在我国已有生态修复工程基础上，继续实施天然林资源保护工程，巩固和扩大退耕还林、退牧还草、封山育林、人工造林等成果。持续推进荒漠化、石漠化、水土流失综合治理工程，恢复受损植被。"荒漠化、石漠化地区表面上看是缺水，根本问题是缺林，有些石漠化地区降雨量很高，由于缺少森林植被，雨水存不住。"① 这就需要在生态修复的地区或区域，建立符合生产和生活需求的人工或半人工生态系统，使其超过自然条件所能具有的生态治理和数量，建立更高层次的生态系统，构建起生态安全屏障。

（二）加强重点生态功能区建设

国家重点生态功能区是指承担涵养水源、水土保持、防风固沙和生物多样性保护等重要生态功能，关系全国和比较大范围区域的生态安全，以保持并提高生态产品供给能力的区域。当前我们要以优先保护为原则，以维护国家生态安全为己任，以满足人民优美生态环境需要为目的，以提供优质生态产品为任务，"推进重大生态工程建设，拓展重点生态功能区，办好生态文明先行示范区，开展国土江河整治试点，扩大流域上下游横向补偿机制试点，保护好三江源。扩大天然林保护范围，有序停止天然林商业采伐。"② 与此同时，要限制进行大规模、高强度的工业化城镇化开发，重点开展生态功能区的保护、修复与建设，重点针对生态退化严重、人类活动干扰较大的重要生态功能区实施专项生态保护工程。要根据国家主体功能区战略规划，构建以东北森林屏障、北方防风固沙屏障、沿海防护林屏障、西部高原生态屏障等于一体的生态安全战略格局，增强生态系统服务功能，提高优质生态产品生产能力，使人民享受更多优质生态产品。

**三、严守生态保护红线**

近年来，随着我国生态形势日益严峻，国家提出划定生态保护红线的战略决策，旨在构建国家生态安全格局。"生态红线是指为维护国家或区域生态安全

---

① 国家行政学院. 推进生态文明建设［M］. 北京：国家行政学院出版社，2013：73.
② 中共中央文献研究室. 十八大以来重要文献选编（中）［M］. 北京：中央文献出版社，2016：393.

和可持续发展，据生态系统完整性和连通性的保护需求，划定的需实施特殊保护的区域。"① 生态红线是国家生态安全的底线和生命线，这个红线不能突破，一旦突破必将危及生态安全、人民生产生活和国家可持续发展。筑牢我国生态安全屏障，必须严格遵守生态保护红线，不能越雷池一步。故此，需要重点做好如下三个方面的工作：

（一）明确生态保护红线的实施方式

从含义来看，生态保护红线的实质是生态环境安全的底线，目的是建立最为严格的生态保护制度，对生态功能保障、环境质量安全和自然资源利用等方面提出更高的监管要求，从而促进人口资源环境相均衡、经济社会生态效益相统一。从类型来看，生态保护红线可划分为生态功能保障基线、环境质量安全底线和自然资源利用上线。严守生态保护红线，是维护我国生态安全最基本的底线。在具体实施中，国家虽然划定生态保护红线来保护我国生态系统，但是从目前来看，由于国土空间开发格局与资源环境承载能力不相匹配，空间上交叉重叠，我国很多重要的生态功能区、生态敏感区、生物多样性保护区等关键生态区域未能得到有效保护，导致生态系统服务与调节功能仍在恶化。对此，国家层面应明确生态保护红线的管理和实施组织方式，统筹协调生态保护红线和经济社会发展规划的关系，尽快制定具体的实施方案和操作流程，出台适用于全国的技术指南和配套政策。与此同时，要制定系统科学的管理办法，设置专门的监管机构和监管人员，对生态保护红线的周边情况进行预防和监测，将逾越生态保护红线的潜在行为、可能行为排除在红线之外，为严守生态保护红线奠定工作基础。

（二）加强生态空间管制

"因地制宜地合理开发和利用国土资源，既是优化国土空间开发格局、统筹规划生产生活生态空间布局在实践中的具体落实，也是党和国家多年来领导生态环境建设的一个具体经验总结。"② 随着城市化和工业化的快速推进，城市规模的无限扩张、用地规模的不断扩大，区域开发建设活动与生态用地保护之间

---

① 黄承梁. 新时代生态文明建设思想概论［M］. 北京：人民出版社，2018：134.
② 张云飞. 辉煌 40 年——改革开放成就丛书（生态文明建设卷）［M］. 合肥：安徽教育出版社，2018：159.

的矛盾日益突出。加之自然保护区等各类已建设的保护区隶属不同部门管理，空间上存在交叉重叠、布局不合理等现象，导致我国生态保护效率不高，生态空间被生产生活空间挤占。这就需要"根据国土属性和自然特质，优化国土空间开发格局，正确处理好生产、生活和生态之间的关系，合理布局生产、生活和生态空间。"① 尤其重要的是要加强生态空间管制。这就需要按照《关于建立国土空间规划体系并监督实施的若干意见》的具体要求，把生态空间管制作为国土空间管理的重中之重，遵循抓紧、抓好、抓实的原则，积极扩大生态空间受保护面积，特别是要加强对生态系统脆弱地区的生态空间管制，加大对生态屏障、生态廊道的保护力度，严格保护好重要生态功能区内的水源、湿地、水体、山林、生物多样性等生态资源，形成红线管控、功能互补、生态供给的生态安全格局。

（三）严格生态执法

法是国之重器，良法必须善治。从现实来看，我国经济社会发展过程中导致的生态问题，在很大程度上与执法不到位有很大关联。"环境执法是保障生态环境安全的重要手段之一。由于历史和现实的各方面原因，我国环境保护行政执法目前仍存在种种问题和困难。"② 现阶段，我国虽然划定了生态保护红线，但是逾越生态保护红线的违法行为屡禁不止，生态执法不到位现象时有发生。一方面，从执法层面来看，部分地方领导缺乏环境保护意识、法制观念不强，导致一些违法行为游离于法律之外；另一方面，从守法层面来看，一些企业或生产主体生态环保意识、守法意识薄弱，在经济发展和生产实践中缺乏对生态环境保护和遵守法律的考虑，做出一些"明知故犯"的错误行为。如：河北满城区削山建别墅，践踏生态保护红线。很多地区在生态修复中存在弄虚作假、"谎报军情"、敷衍了事等现象，使我国生态修复成效大打折扣。如：2018 年 6 月中央第四环境保护督查组调查发现，江西省赣州市在生态修复治理中弄虚作假、胡编乱造、敷衍了事，导致赣州市内废弃稀土矿山修复不实，多数稀土矿山生态破坏问题较为严重。鉴于上述事件的不良影响，我们要引以为戒，坚决杜绝此类现象的发生。

---

① 张云飞. 辉煌 40 年——改革开放成就丛书（生态文明建设卷）［M］. 合肥：安徽教育出版社，2018：155.

② 黄承梁. 新时代生态文明建设思想概论［M］. 北京：人民出版社，2018：134.

当前乃至今后，要以严格的法律制度为保障，加大生态执法力度。一是强化领导生态职责。党政领导干部要牢固树立生态环境责任，充分认识生态执法的重要性，既要在法律、政策层面加大对生态执法的"硬件"投入，也要注重对优秀执法人员的选拔任用。在具体实施上，要严惩生态违法行为，坚决杜绝生态违法行为发生。二是构建部门联动机制。由于生态环境具有关联性，因此生态违法行为虽然在某一地区发生，但其影响会波及周围地区。这就需要相关部门秉承"违法必究、执法必严"的原则，"加大执法力度，对破坏生态环境的要严惩重罚。要大幅增加违法违规成本，对造成严重后果的要依法追究责任"①。更为重要的是，要从区域生态环境和生态违法行为的关联性出发，加强区域生态执法部门的联系与合作，搭建生态执法的联动平台，形成生态执法的联动机制，通过发挥法律的强制力，增强生态执法的权威性和有效性，为严守生态保护红线提供刚性约束和法律保障。

### 四、坚持和加强党的领导

党的十八大以来，以习近平同志为核心的党中央，立足我国生态国情，着眼于中华民族永续发展，反复强调要加强生态文明建设，把生态文明建设作为一项重大的政治任务来抓。事实证明，在党中央的领导下，我国生态文明建设不仅取得了非凡成就，而且成功创造了很多奇迹，为全球生态治理提供了中国方案和中国智慧。可以说，党的坚强领导是我国社会主义生态文明建设最根本的保障。我国生态文明建设之所以取得显著成效，最根本的原因在于党中央掌舵领航、把脉定向。新时代，推进生态文明建设，核心在于坚持和加强党的领导，关键在于在组织领导和思想领导方面为生态文明建设提供政治保障。

（一）坚持和加强党的政治领导

中国共产党领导是中国特色社会主义最本质的特征。政治领导是指政治方向、政治原则、重大决策的领导，它体现在党的路线、方针和政策等方面，这是我们党最基本的领导原则。在生态文明建设领域，坚持和加强党的政治领导，主要是指"要坚持党总揽全局、协调各方的领导核心作用，统筹生态文明建设

---

① 中共中央文献研究室. 习近平关于社会主义生态文明建设论述摘编［M］. 北京：中央文献出版社，2017：103.

各领域工作，确保党的主张贯彻到生态文明建设的全过程和各方面"①。生态治理是一项极其复杂的系统工程，党的政治领导是生态治理取得成效的根本保障。坚持和加强党的政治领导，要做到以下三个方面：

一是要深入贯彻党中央在生态文明建设，特别是在生态保护、生态治理方面的重大决策、重大部署和重要举措，以此推进全国生态治理稳步推进、步调一致。二是建设生态型领导班子。各级领导干部是生态治理的实施者和监管者。生态系统治理能否形成社会合力、有序推进，并取得显著成效，取决于是否拥有适应生态文明建设要求、具备生态素养的高素质领导干部队伍。用好人、用准人、配强班子，增强各级班子在生态系统治理中的整体功能和效能，是增强生态治理成效的重要条件。故此，有必要按照生态文明建设的内在要求，着眼于各地生态治理需要，加强对各级领导干部的生态培训，使他们认真学习党中央国务院对生态文明建设的方针、政策和指示；引导领导干部树立科学合理的发展观和生态观，增强领导干部关注生态问题、科学分析生态问题、有效解决生态问题的意识和能力，提高领导干部驾驭全局、科学决策、解决问题和统筹各项事业协调发展的基本素质，建设高质量的生态型领导班子，为生态文明建设提供组织保障。三是强化党政干部生态职责。当前和今后一个重要时期，"各级党委和政府要持续深入改进工作作风，严格按照'三严三实'的要求，努力做到忠诚、干净、担当，坚决杜绝以污染环境、破坏生态为代价，搞'面子工程'和'形象工程'"②。各级党委和政府要立足我国生态实际，真抓实干、务求实效，切实增强生态修复成效，还老百姓更多绿色生态。

（二）坚持和加强党的思想领导

推进生态综合治理，除了坚持和加强党的政治领导，还必须坚持中国共产党在生态治理中的思想领导。所谓思想领导是指理论观点、思想方法以至精神状态的领导。在生态治理方面，坚持和加强党的思想领导，最要紧、最根本的是坚持习近平生态文明思想的科学指导。"习近平生态文明思想，是马克思主义生态文明理论和中国特色社会主义生态文明建设实践的有机统一。"③ 这一思想

① 黄承梁. 新时代生态文明建设概论［M］. 北京：人民出版社，2018：143.
② 黄承梁. 新时代生态文明建设概论［M］. 北京：人民出版社，2018：143.
③ 张云飞，李娜. 开创社会主义生态文明新时代［M］. 北京：中国人民大学出版社，2017：1.

是在深刻总结国内外生态文明建设基础上形成的科学理论体系，包含丰富的生态治理内容、深刻的生态治理思想以及对我国生态治理的鲜明主张。故此，一方面，在思想层面，要组织开展形式多样、主题多元、内容丰富的理论学习活动，深化对习近平生态文明思想的理论学习，准确把握习近平生态文明思想的丰富内容和精神实质，特别是"深化对习近平生态文明思想的理解和运用，强化以尊重自然、顺应自然、保护自然为思维逻辑起点去诠释生产开发与现代化建设的全局统领力"①。另一方面，在实践环节，要深入贯彻"绿水青山就是金山银山"等生态文明核心理念，严格按照习近平总书记提出的高标准、高要求开展生态治理，以此提升党中央在生态治理中的领导力，使生态治理在党中央的思想领导下事半功倍。

## 五、推动生态科技创新

新时代在推进生态文明建设的浪潮中，生态科技成为解决人类面临的能源资源、生态环境、自然灾害、人口健康等全球性问题的重要手段。"科学技术是综合国力的重要体现，是可持续发展的主要基础之一。没有较高水平的科学技术的支持，可持续发展的目标就不可能实现。"② 在生态文明新时代，绿色科技是未来科技为人类社会服务的基本方向，也是我国生态文明建设的必然选择。就生态治理而言，解决我国生态系统退化等问题，关键在于推进绿色科技创新。

（一）提高生态科技创新水平

工业文明时代以来，科技主义的强烈刺激以及由此引发的人们对科学技术的推崇和滥用是造成生态危机的主要原因。"从本体论和母体论的视角看，当代的生态问题，工业文明总是以一物降一物，以一种技术去克服另一种技术的征服者姿态去解决。"③ 殊不知，正是工业文明时代对科学技术的滥用导致了全球生态危机。在生态文明新时代，解决生态问题所要依靠的科学技术已不再是对自然生态具有破坏性的科学技术，而是与生态文明相适应的生态科技。因此，修复退化生态，必须大力发展生态科技，重要的是实现生态科技创新。这就需

---

① 许素菊，张艺莹. 提升中国共产党生态文明建设的领导力［N］. 中国环境报，2019-12-26.

② 中国 21 世纪议程［M］. 北京：中国环境出版社，1994：15.

③ 黄承梁. 新时代生态文明建设思想概论［M］. 北京：人民出版社，2018：153.

要引导人们树立"绿色科学技术是第一生产力"等绿色科技理念，实现科技观的绿色变革；打破学科界限和壁垒，建立系统化、科学化的培养机制，按照复合式方式培养绿色人才，建设高素质的生态科技创新队伍。更为重要的是，要"从环境战略、环境应用技术和环境标准研究等方面入手，选择具有一定基础优势、关系生态文明发展全局和生态安全的关键领域，作为生态技术创新的突破口"①。突破生态恢复技术瓶颈，提高我国生态科技创新水平。

## （二）构建系统的生态科技体系

科学技术是一把双刃剑，"不能否认的是，庞大的科学技术活动，有威胁人类生存的危险。但是，如果人类可以趋利避害地发展科学技术，则可以实现舒适的环境和富裕的生活。因此，在社会达成共识的基础上，正确选择技术的走向是很重要的"②。显而易见，在大力建设生态文明的今天，我们所要依赖的科技只能是生态科技。而就生态治理而言，生态治理是一项涉及水土流失、土地荒漠化、草场退化、生物多样性保护等问题的系统工程，且生态系统退化成因复杂、程度之深，难以在短期内达到理想治理成效。推进生态综合治理，除了坚持自然恢复、依靠人工修复、采取具有可操作性的措施之外，必须借助生态科技的力量。这就需要研发有针对性的生态恢复技术，构建系统的生态恢复与重建的技术体系。

对此，一是要明确生态科技创新任务。在生态技术攻关领域，重点创新发展湿地、草场、土地荒化、水土流失等生态恢复和重建技术，并运用技术加强生态恢复和重建力度，不断修复和改善退化生态；二是推动生态科技协同发展。生态系统退化的复杂性以及导致生态问题成因的多元性表明，生态问题的发生不是一个孤立的现象，而是涉及多方面、多主体、多领域且具有关联性的问题。协同创新是生态科技创新的内在要求，也是推动生态科技创新的新方式。对此，需要政府主动引导，高校与科研机构贡献主体力量，企业则需提高绿色化程度，以此推进生态科技协同发展；三是要建设生态科技创新队伍。当今世界，人才是国际竞争的关键因素，绿色科技竞争的核心是人才竞争。"科学技术是人类的伟大创造性活动。一切科技创新活动都是人做出来的。我国要建设世界科技强

---

① 张文台. 生态文明建设论［M］. 北京：中共中央党校出版社，2010：125.
② ［日］小宫山宏. 地球可持续技术前沿［M］. 李大寅，译. 北京：中国环境科学出版社，2006：前言.

国，关键是要建设一支规模宏大、结构合理、素质优良的创新人才队伍。"① 对于生态科技而言，亦是如此。因此，我们要加强对不同群体的生态文明教育，强化对重要群体的生态科技培训，重点培养一批具有绿色科学精神、绿色创新思维和绿色创造能力的优秀人才，为我国生态科技创新发展提供强大的人才和技术支撑。

# 小 结

古今中外，无论是世界历史，还是中国历史，都告诉我们一个深刻哲理，即"良好的生态环境是人类文明和人类社会存在与发展的基础和条件。如果违背自然规律掠夺资源、污染环境、破坏生态，那么就会给人类带来巨大危害"②。实现生态文明建设充分发展是应对生态危机、走向生态文明新时代的必由之路。生态文明建设充分发展是对生态文明发展程度的要求，促进自然资源充分利用、提升污染防治水平、增强生态系统治理成效，是提高生态文明发展程度的重要途径。而加快建设资源节约型、环境友好型、生态安全型社会是建设美丽中国的题中之义。只有推进生态文明建设充分发展，着力攻克我国资源、环境和生态领域的突出短板，解决资源短缺、环境污染、生态退化的现实难题，才能全面提升生态文明建设水平，从而在生态环境改善前提下，提供更多优质生态产品，扩大优质生态服务优质供给，以此满足人民优美生态环境需要。这是新时代化解我国生态文明建设主要矛盾的根本途径。

---

① 习近平谈治国理政（第 2 卷）[M]. 北京：外文出版社，2017：275.
② 张云飞. 辉煌 40 年——改革开放成就丛书（生态文明建设卷）[M]. 合肥：安徽教育出版社，2018：55.

# 第八章

# 研究结论与研究展望

本书基于新时代我国社会主要矛盾转化的现实背景，综合运用文献分析法、系统分析法和矛盾分析法，重点运用矛盾分析法，围绕"人民日益增长的优美生态环境需要和不平衡不充分的生态文明建设之间的矛盾"这一课题，在对生态文明建设进行理论溯源的基础上，科学分析了新时代社会主要矛盾在我国生态文明建设领域的具体表现，重点研究了人民日益增长的优美生态环境需要和不平衡不充分的生态文明建设之间的矛盾，着力分析了这一矛盾的重要方面和主要方面，进而提出推进我国生态文明平衡充分发展的可行之策和重要举措。本书通过研究得出一些重要结论，但也存在一些问题与不足，针对这些问题都需要今后展开更为深入、系统的研究。

## 一、研究结论

本书重点研究新时代社会主要矛盾转化背景下我国生态文明建设存在的主要矛盾和关键问题，系统阐释和详细论证"人民日益增长的优美生态环境需要和不平衡不充分的生态文明建设之间的矛盾"即生态供需矛盾，是本课题研究的核心问题与主旨内容。本书进行了系统研究和深入分析，在思考与撰写书稿的过程中，主要得出了以下四点结论：

第一，生态文明建设是一个动态发展的，具有计划性、目的性、系统性的社会实践活动和过程。这是一个广义的概念，是涉及多种要素、多个系统、多方力量的系统整体，是"五位一体"总体布局的基本构成。新时代推进生态文明建设，需要立足生态文明建设的整体性和系统性，把生态文明建设作为一项系统工程，采取多种手段，综合治理资源问题、环境问题和生态问题，确保我国生态文明建设取得更加显著的成效。

第二，新时代社会主要矛盾具有特定的时代内容，在我国不同领域有不同表现。在"五位一体"总体布局中，新时代社会主要矛盾集中体现为人民日益增长的美好物质生活需要、美好精神生活需要、美好政治生活需要、美好社会生活需要、优美生态环境需要和不平衡不充分的经济、文化、政治、社会、生态文明建设之间的矛盾。这是新时代社会主要矛盾普遍性和特殊性的直观反映，也是社会主要矛盾的特殊性在我国经济社会发展领域中的直接呈现。

第三，人民日益增长的优美生态环境需要和不平衡不充分的生态文明建设之间的矛盾，是新时代我国生态文明建设面临的新挑战和主要矛盾。我们要以唯物主义辩证法为科学指导，既要牢固树立整体观以整体把握这一主要矛盾，也要坚持一分为二地看问题，更要坚持重点论的方法指导，善于抓住主要矛盾的主要方面，重点解决生态文明建设的不平衡不充分问题。只有解决了生态文明建设的不平衡不充分问题，才能推动我国生态文明建设平衡充分发展，从而化解生态供需矛盾。

第四，在"人民日益增长的优美生态环境需要和不平衡不充分的生态文明建设之间的矛盾"中，生态文明建设的不平衡不充分是我国生态文明建设中更加突出、亟待着力解决的主要问题。它不仅揭示了社会主要矛盾转化背景下，我国生态文明建设所要攻克的重点难题，而且指出了新时代我国生态文明建设所要完成的重大任务以及检验生态文明建设成效的根本尺度。这就需要我们积极探索新时代我国生态文明建设新路，推进我国生态文明建设平衡充分发展，实现生态文明建设与满足人民优美生态环境需要良性循环、共建共促。这是当前乃至今后一个重要时期，中国特色社会主义发展所要解决的重大现实课题，也是新时代生态文明建设高质量发展所要实现的奋斗目标。

## 二、研究创新

本书从生态供需矛盾的视角出发来审视我国生态文明建设，在系统研究过程中，努力实现创新，提出了一些新的见解和观点。本书的特色和创新之处在于：

第一，生态文明建设是经济社会发展的重大问题，深刻认识和理解新时代社会主要矛盾，将有力推动我国生态文明建设迈上新台阶。本书指出我国生态文明建设领域的主要矛盾具体表现为，人民日益增长的优美生态环境需要和不平衡不充分的生态文明建设之间的矛盾。

第二，结合我国生态国情和人民美好生活需要的丰富内涵，把优美生态环境需要理解为优美的资源需要、环境需要和生态需要的统称，把优质生态产品视为优质的资源性产品、环境性产品和生态产品的有机统一。这与学界目前普遍流行的观点相比较，具有一定的新意。

第三，根据马克思主义关于在矛盾中的主次方面中抓主要矛盾的思想，剖析了生态文明建设主要矛盾的主要方面，即新时代生态文明建设面临的主要挑战：关于生态文明建设的不平衡，从生态文明建设内部、生态文明建设空间、生态文明建设外部来进行分析，着力探讨"三生"之间的不平衡、城乡区域生态文明建设的不平衡以及生态文明建设与其他"四大建设"之间的不平衡。关于生态文明建设不充分，从资源、环境和生态方面进行分析。目前，学界虽有对生态文明建设不平衡的研究和分析，但大多从宏观层面来看，将其置于我国发展不平衡不充分的视角中来解读和阐释。与学界观点相比，本书坚持微观分析，从细处实处着眼，科学分析了我国生态文明建设不平衡不充分的微观表现，旨在深刻把握我国生态文明建设中的主要问题，做到有的放矢。

第四，着眼于解决生态供需矛盾的目的，探讨了我国生态文明建设平衡充分发展的对策和措施。解决我国生态文明建设不平衡问题，需要促进生态、生产与生活之间平衡发展，推进区域城乡生态文明建设平衡发展、协同推进生态文明建设空间平衡发展、统筹推进"五大建设"平衡发展。解决生态文明建设不充分问题，需通过提高资源综合利用效率、构建环境污染体系、增强生态修复成效等，实现生态文明建设充分发展。

### 三、研究展望

经过系统研究与深入分析，在多次修改、反复论证、不断完善的基础上，最终完成本书。但由于主客观原因，在资料收集、观点提炼、论证分析、理论阐释、框架结构等方面还存在不足，有些研究内容和想法没有在本书中体现出来。某些方面虽已涉足，但论证还不够充分，研究的深度与精确度还有待拓展，还有很多问题没有涉及。对于课题研究存在的不足，将在今后逐一解决和完善。与此同时，在系统研究和完善书稿的过程中发现，本课题有很大的研究空间，还有如下问题有待进一步思考和研究：

第一，本书从新时代社会主要矛盾转化的背景出发来系统研究我国生态文明建设的相关问题。如何在厘清新时代社会主要矛盾与生态文明建设相互关系的基础上，按照党的十九大报告重要精神和习近平总书记对生态文明建设的重要指示，结合我国生态文明建设实践，准确把握我国生态文明建设的整体现状，需要进行比较全面、系统和精准的分析。这就需要坚持唯物主义的辩证法，客观分析我国生态文明建设取得的重要进展、存在的突出短板、面临的现实挑战，深化对我国生态文明建设的现状研究。

第二，本书重点研究了人民日益增长的优美生态环境需要和不平衡不充分的生态文明建设之间的矛盾，初步回答了生态供需矛盾"是什么、如何体现、怎么解决"的问题，但对满足人民优美生态环境需要已经具备的有利条件以及我国生态文明建设存在的有利条件与不利因素尚未提及。这就需要拓宽研究视野，进一步深化对我国生态文明建设影响因素的分析。

第三，本书以新时代社会主要矛盾为背景，重点研究了我国生态文明建设的主要矛盾，即生态供需矛盾。但生态供需矛盾的本质是什么？生态供需矛盾和我国社会主要矛盾之间存在怎样的逻辑关联？这些问题还未探讨。这就需要从人民美好生活需要的内涵入手，加强对社会主要矛盾、生态供需矛盾的系统研究，从而发挥生态文明建设在实现人民美好生活中的积极促进作用。

第四，本书力求做到理论和实践的统一，虽然是理论研究，但是否增加相关案例研究、实证研究或者生态文明建设的比较研究，有待进一步思考。此外，本研究所涉及的国外文献不够丰富，尚缺乏反映国外生态文明建设学术前沿的文献资料。

本书的不足在所难免，但后期研究中仍有很多值得深化和拓展的地方。一方面，从学术研究的角度来看，新时代社会主要矛盾和生态文明建设都是我国学界关注和研究的前沿问题。在社会主要矛盾转化的背景下，我国生态文明建设面临新的机遇和挑战，社会主要矛盾和生态文明建设有着密切联系。这就意味着，学界对生态文明建设如何适应社会主矛盾实现新发展，社会主要矛盾对生态文明建设提出哪些新要求，如何实现二者的良性互动等问题的关注和研究将是一个持续、长久的过程。因此，"中国生态文明建设研究——以生态供需矛盾为视角"将会有光明的前景，学界会有越来越多的学者关注和研究这一问题。这一研究的深化和丰富，将丰富马克思主义理论的研究成果。另一方面，从社会发展的角度来看，中国特色社会主义进入了新时代，社会主要矛盾的两个方面都与生态文明建设紧密相关。这就意味着"中国生态文明建设研究——以生态供需矛盾为视角"承担着双重责任和使命，既能够充实生态文明建设的理论研究成果，也可以回应生态供需矛盾的实际解决。从这个意义上讲，生态文明建设是一件双赢的事情。生态文明建设持续推进取得的绿色成果，更会惠及人民群众。因此，无论是现在还是今后，从社会主要矛盾视角出发来探讨生态文明建设的相关问题，都必然具有十分重大的现实意义和鲜明的时代价值。

# 参考文献

## 一、著作

[1] 马克思恩格斯选集（第1-4卷）[M]. 北京：人民出版社，1995.

[2] 马克思恩格斯文集（第1-10卷）[M]. 北京：人民出版社，2009.

[3] 马克思.1844年经济学哲学手稿[M]. 北京：人民出版社，2000.

[4] 列宁选集（第1-4卷）[M]. 北京：人民出版社，1995.

[5] 毛泽东选集（第1-4卷）[M]. 北京：人民出版社，1991.

[6] 邓小平文选（第1-3卷）[M]. 北京：人民出版社，1994.

[7] 江泽民文选（第1-3卷）[M]. 北京：人民出版社，2006.

[8] 胡锦涛文选（第1-3卷）[M]. 北京：人民出版社，2016.

[9] 中共中央文献研究室.十六大以来重要文献选编（上中下册）[M]. 北京：中央文献出版社，2006.

[10] 中共中央文献研究室.十七大以来重要文献选编（上中下册）[M]. 北京：中央文献出版社，2009.

[11] 中共中央文献研究室.十八大以来重要文献选编：（上中下册）[M]. 北京：中央文献出版社，2014.

[12] 习近平.习近平谈治国理政（第1卷）[M]. 北京：外文出版社，2014.

[13] 习近平.习近平谈治国理政（第2卷）[M]. 北京：外文出版社，2017.

[14] 中共中央宣传部.习近平总书记系列重要讲话读本[M]. 北京：人民出版社，2016.

[15] 中共中央文献研究室.习近平关于社会主义生态文明建设论述摘编[M]. 北京：中央文献出版社，2017.

［16］中共中央文献研究室. 十九大以来重要文献选编（上册）［M］. 北京：中央文献出版社，2019.

［17］习近平. 决胜全面建成小康社会 夺取新时代中国特色社会主义伟大胜利［M］. 北京：人民出版社，2017.

［18］党的十九大报告辅导读本［M］. 北京：人民出版社，2017.

［19］中共中央宣传部. 习近平新时代中国特色社会主义思想学习纲要［M］. 北京：学习出版社，2019.

［20］黎祖交. 生态文明关键词［M］. 北京：中国林业出版社，2018.

［21］黄承梁. 新时代生态文明建设思想概论［M］. 北京：人民出版社，2018.

［22］刘思华. 生态文明与绿色低碳经济发展总论［M］. 北京：中国财政经济出版社，2011.

［23］左亚文. 资源 环境 生态文明 中国特色社会主义生态文明建设［M］. 武汉：武汉大学出版社，2014.

［24］方世南. 马克思恩格斯的生态文明思想——基于《马克思恩格斯文集》的研究［M］. 北京：人民出版社，2018.

［25］艾四林. 实践论、矛盾论导读［M］. 北京：中国民主法制出版社，2017.

［26］张云飞. 唯物史观视野中的生态文明［M］. 北京：中国人民大学出版社，2014.

［27］张云飞. 生态文明——建设美丽中国的创新抉择［M］. 长沙：湖南教育出版社，2014.

［28］张云飞. 开创社会主义生态文明新时代［M］. 北京：中国人民大学出版社，2017.

［29］郇庆治，李宏伟. 生态文明建设十讲［M］. 北京：商务印书馆，2014.

［30］王雨辰. 生态学马克思主义与后发国家生态文明理论研究［M］. 北京：人民出版社，2017.

［31］王雨辰. 生态学马克思主义与生态文明研究［M］. 北京：人民出版社，2015.

［32］吴宁. 生态学马克思主义思想简论（上下册）［M］. 北京：中国环境

出版社，2015.

[33] 张孝德. 文明的轮回：生态文明新时代与中国文明的复兴 [M]. 北京：中国社会出版社，2013.

[34] 陈洪泉. 民生需要论 [M]. 北京：人民出版社，2013.

[35] 黄娟. 生态文明与中国特色社会主义现代化 [M]. 武汉：中国地质大学出版社，2014.

[36] 刘德海. 绿色发展 [M]. 南京：江苏人民出版社，2016.

[37] 李磊，等. 生态需要及其应用研究 [M]. 北京：中国环境出版社，2014.

[38] 汤伟. 中国特色社会主义生态文明建设道路研究 [M]. 天津：天津人民出版社，2015.

[39] 李娟. 中国特色社会主义生态文明建设研究 [M]. 北京：经济科学出版社，2013.

[40] 薛建明，仇桂且. 生态文明与中国现代化转型研究 [M]. 北京：光明日报出版社，2014.

[41] 沈满洪. 生态文明建设思路与出路 [M]. 北京：中国环境出版社，2014.

[42] 李梁美. 走向社会主义生态文明新时代 [M]. 上海：上海三联书店，2014.

[43] 郭冬梅. 生态公共产品供给保障的政府责任机制研究 [M]. 北京：法律出版社，2017.

[44] 王春益. 全面深化改革研究书系：生态文明与美丽中国梦 [M]. 北京：社会科学文献出版社，2014.

[45] 周为民. 马克思关于人的学说 [M]. 北京：人民出版社，2011.

[46] 史丹. 中国生态文明建设区域比较与政策效果分析 [M]. 北京：经济管理出版社，2016.

[47] 方毅. 中国生态文明的 SST 理论研究 [M]. 吉林：吉林出版集团股份有限公司，2014.

[48] 陈军，等. 湖北省生态文明建设公众参与现状调查 [M]. 武汉：湖北人民出版社，2017.

［49］王治东，陈学明. 美好生活论［M］. 北京：人民出版社，2020.

［50］许多余. 美好生活需要［M］. 北京：中国发展出版社，2018.

［51］李良荣. 新时代新期待——中国人民美好生活观调查报告［M］. 上海：复旦大学出版社，2019.

［52］［英］戴维·佩珀. 生态社会主义. 从深生态学到社会主义［M］. 刘颖，译. 济南：山东大学出版社，2005.

［53］［美］约翰·贝拉米·福斯特. 生态危机与资本主义［M］. 耿建新，等译. 上海：上海译文出版社，2006.

［54］［美］约翰·贝拉米·福斯特. 马克思的生态学［M］. 刘仁胜，等译. 北京：高等教育出版社，2006.

［55］岩佐茂. 环境的思想［M］. 韩立新，等译. 北京：中央编译出版社，2006.

［56］赫伯特·马尔库塞. 单向度的人［M］. 刘继，译. 上海：上海译文出版社，2008.

［57］乔尔·科威尔. 自然的敌人：资本主义的终结还是世界的毁灭？［M］杨燕飞，等译. 北京：中国人民大学出版社，2015.


## 二、报纸

［1］习近平. 在深入推动长江经济带发展座谈会上的讲话［N］. 人民日报，2018-06-14.

［2］习近平. 走生态优先绿色发展之路 让中华民族母亲河永葆生机活力［N］. 人民日报，2016-01-07.

［3］潘家华，黄承梁，李萌. 系统把握新时代生态文明建设基本方略［N］. 中国环境报，2017-10-24.

［4］黄承梁. 新时代生态文明建设的有力思想武器［N］. 人民日报，2018-04-24.

［5］李宏伟. 推动新时代绿色发展和生态文明建设［N］. 学习时报，2018-06-04.

［6］秦天宝. 多元协同推进新时代生态文明建设［N］. 光明日报，2018-04-27.

[7] 李慎明. 正确认识中国特色社会主义新时代社会主要矛盾 [N]. 人民日报，2018-03-09.

[8] 艾四林. 社会主要矛盾认识的与时俱进 [N]. 光明日报，2017-11-07.

[9] 生态文明建设按下"快进键"：直面社会主要矛盾变化，坚持人与自然和谐共生 [N]. 人民日报，2017-10-28.

[10] 辛鸣. 中国发展的不平衡不充分体现在那里 [N]. 人民日报，2017-10-30.

[11] 卫兴华. 准确理解不平衡不充分的发展 [N]. 人民日报，2018-01-11.

[12] 李德林. 不断满足人民群众的优美生态环境需要 [N]. 人民日报，2018-05-22.

[13] 张建龙. 为美好生活提供更多优质生态产品 [N]. 光明日报，2018-01-09.

[14] 杨发庭. 供给侧发力提升生态产品供给能力 [N]. 中国环境报，2017-10-26.

[15] 李干杰. 坚决打好污染防治攻坚战 [N]. 人民日报，2018-06-22.

[16] 龙静云. 生态文明建设与落实以人为本 [N]. 光明日报，2018-06-18.

[17] 黄娟. 生态优先、绿色发展的丰富内涵 [N]. 中国社会科学报，2018-08-30.

## 三、期刊

[1] 习近平. 推动我国生态文明建设迈上新台阶 [J]. 求是，2019 (03).

[2] 黄承梁. 新时代生态文明建设的发展态势 [J]. 红旗文稿，2020 (06).

[3] 韩庆祥，等. 党的十九大精神专题研究 [J]. 中国社会科学，2018 (01).

[4] 艾四林，康沛竹. 中国社会主要矛盾转化的理论与实践逻辑 [J]. 当代世界与社会主义，2018 (01).

[5] 邱柏生. 试解读我国社会主要矛盾的具体内涵和特征 [J]. 思想理论教育导刊，2018 (02).

[6] 周海荣，何丽华. 马克思主义社会矛盾理论视域下我国社会主要矛盾的转变 [J]. 社会科学，2018 (04).

[7] 虞崇胜. 精准把握新时代社会主要矛盾的新变化 [J]. 江汉论坛，2018 (01).

[8] 罗永宽. 社会主要矛盾新论断对唯物史观的坚持与发展 [J]. 中国地质大学学报（社会科学版），2018，18 (01).

[9] 卫兴华. 论新时代中国特色社会主义社会主要矛盾及其转化——一个马克思主义政治经济学方法论的视角 [J]. 当代经济研究，2018 (04).

[10] 王树荫. 牢牢把握新时代社会主要矛盾这个根本 [J]. 思想理论教育导刊，2017 (11).

[11] 廖小琴. 新时代我国社会主要矛盾的逻辑生成与实践指向 [J]. 马克思主义与现实，2018 (02).

[12] 白玫. 抓住新矛盾 着力解决发展不平衡不充分难题——"十九大"报告学习体会之新矛盾篇 [J]. 价格理论与实践，2017 (11).

[13] 林彦虎. 新时代需要状况的变化与不平衡不充分的发展 [J]. 思想理论教育，2018 (06).

[14] 韩喜平. 满足人民美好生活需要的理论指南 [J]. 思想理论教育导刊，2018 (01).

[15] 曾琰. 美好生活构建：前提性依据与现实性方案 [J]. 思想理论教育，2018 (05).

[16] 张懿. 马克思生命观视域中理解"美好生活"的三个维度 [J]. 思想教育研究，2018 (01).

[17] 方时姣. 论社会主义生态文明三个基本概念及其相互关系 [J]. 马克思主义研究，2014 (07).

[18] 杨庆育. 必须重视绿色发展的生态产品价值 [J]. 红旗文稿，2016 (05).

[19] 英剑波. 深化生态产品供给侧改革 [J]. 群众，2016 (03).

[20] 李干杰. 加快推进生态补偿机制建设 共享发展成果和优质生态产品 [J]. 环境保护，2016，44 (10).

[21] 蔺雪春. 生态公共产品的马克思主义立场、观点和方法 [J]. 马克思

主义研究，2018（01）.

　　[22] 孙佑海. 社会主要矛盾变了 生态文明立法应及时跟进 [J]. 中国生态文明，2017（05）.

　　[23] 邱耕田. 社会主要矛盾与生态文明建设 [J]. 理论视野，2014（05）.

　　[24] 李龙强，李桂丽. 民生视角下的生态文明建设探析 [J]. 中国特色社会主义研究，2016（06）.

　　[25] 黄承梁. 走进社会主义生态文明新时代 [J]. 红旗文稿，2018（03）.

　　[26] 赵伟. 要把生态文明建设摆在全局工作的突出地位 [J]. 红旗文稿，2017（16）.

　　[27] 中共生态环境部党组. 以习近平生态文明思想为指导 坚决打好打胜污染防治攻坚战 [J]. 求是，2018（05）.

　　[28] 谢富胜. 如何理解中国特色社会主义新时代社会主要矛盾的转化 [J]. 教学与研究，2018（09）.

　　[29] 秦书生. 习近平关于建设美丽中国的理论阐释与实践要求 [J]. 党的文献，2018（05）.

　　[30] 黄娟. "五大发展"理念下生态文明建设的思考 [J]. 中国特色社会主义研究，2016（05）.

　　[31] 黄娟. 新时代社会主要矛盾下我国绿色发展的思考——兼化绿色发展理念下"五位一体"总体布局 [J]. 湘湖论坛，2018（02）.

　　[32] 乔尔·科威尔. 资本主义与生态危机：生态社会主义的视野 [J]. 郎廷建，译. 国外理论动态，2014（10）.


四、论文

　　[1] 宁杰. 马克思恩格斯生态思想及其当代中国价值研究 [D]. 长春：吉林大学，2018.

　　[2] 唐雄. 中国特色社会主义生态文明建设研究 [D]. 武汉：华中师范大学，2018.

　　[3] 张春晓. 生态文明融入中国特色社会主义经济建设研究 [D]. 武汉：华中师范大学，2018.

　　[4] 董杰. 改革开放以来中国特色社会主义生态文明建设研究 [D]. 北京：

中共中央党校，2018.

[5] 杨珍妮. 生态幸福观教育研究 [D]. 武汉：华中师范大学，2015.

[6] 陈珂. 当代中国生态文明建设的四重维度研究 [D]. 长春：吉林大学，2016.

[7] 梁庆周. 新时代马克思主义中国化的共同主题研究 [D]. 广州：华南理工大学，2018.

[8] 常春. 中国共产党认识社会主要矛盾的演进研究 [D]. 北京：中国在石油大学，2015.

[9] 潘文岚. 中国特色社会主义生态文明研究 [D]. 上海：上海师范大学，2015.

[10] 张建光. 现代化进程中的中国特色社会主义生态文明建设研究 [D]. 长春：吉林大学，2018.

[11] 张成利. 中国特色社会主义生态文明观研究 [D]. 北京：中共中央党校，2019.

[12] 赵津津. 党的十八大以来中国城乡生态文明建设统筹推进研究 [D]. 福州：福建师范大学，2020.

[13] 邓丽君. 新时代中国共产党生态文明建设的理论构建与实践探索研究 [D]. 西安：西北大学，2021.

[14] 张建光. 现代化进程中的中国特色社会主义生态文明建设研究 [D]. 长春：吉林大学，2018.

# 后 记

### 不忘初心，砥砺前行

　　人生数十寒暑，二十余年寒窗苦读。习近平总书记说，幸福都是奋斗出来的。在每一个人幸福的背后，都有自己的初心和奋斗轨迹。那么，我的初心是什么呢？我的初心就是那个指引我前行、激励我拼搏的伟大梦想。在时光的隧道里，二十三年的求学生涯恍如一梦。回首求学拼搏的旅途，点点滴滴历历在目。二十三年里，在畏惧和迷茫、悲伤和喜悦、消沉和奋进、拼搏和执着相互交织的岁月里，我度过了人生中最努力、最难熬、最艰难的时光。这些时光不仅磨炼了我的心智和毅力，而且赐予我安身立命的现实本领，让我领略到为人处世的人生哲学。

　　回首23年的拼搏之路，我心怀感恩、也深感艰辛。仔细一算，从7岁上学开始，到博士研究生毕业，读书整整二十三年。我执着于拼搏的路，在求学路上寻找着希望和幸福。从小学到博士研究生，再从普通本科到211高校，我的初心从未改变，拼搏也从未停止。如今，读书时光如白驹过隙般逝去，但我依然清晰地记得无数个日日夜夜的点灯苦读。还记得高中时候，凌晨五点起床，时常第一个到达教室，晚上十一二点睡觉，然后点个蜡烛在床上看书的情景；还记得大学时期，一个人独来独往、快节奏地忙碌生活的身影；还记得考研时候，住在资料室、睡在讲台上、常驻图书馆、熬过慢慢长夜、等待黎明出现的奋斗时光；还记得早出晚归、在图书馆里疯狂刷题、在图书馆走廊里大声背书备战考博时的难忘场景。还有很多很多，我都清晰地记得。在23年求学旅途中，我经历了从孩童时代到而立之年的蜕变。从本科、硕士到博士研究生，每一次跨越和成功都激励着我牢记初心、砥砺前行，每一次相遇和收获都让我欣喜若狂、喜极而泣。正是在这样漫长的拼搏、奋斗旅途中，我高质量地完成了学业，在而立之年实现了我的梦想，我终于成为一名大学教师。时至今日，从教已有三年。入职以来，我始终不忘初心、牢记使命，站在三尺讲台，努力实现着我的人生价值和奋斗目标。

著名诗人汪国真说过："我不去想是否能够成功，既然选择了远方，便只顾风雨兼程！"回望走过的路，我得到过，也失去过；回望拼搏的路，我失败过，也辉煌过。但始终如一的是我的初心，始终不变的是我的执着。在我人生中最美的年华，我选择了负重前行。正是求学的经历，充实了我的人生。

本书是在我的博士论文基础上，经过合理选取、多次修改、反复打磨、精细加工而成。本书从确定选题、开题到定题，从认真撰写、毕业答辩到最终定稿，经历了一个漫长的过程。在本书付梓之际，我感慨万千、思绪万千，有太多的话想说，有太多的感谢想表达。

感谢父母，助我成才。我出生于世代农民之家，父母皆为农民出身，含辛茹苦养育我们兄妹四人。父母之爱子，则为之计深远。所谓父母心，就是从孩子出生的那刻起，就想到了她/他的人生和未来。我的父母虽为农民，但深知教育之关键、读书之重要，他们艰苦奋斗、辛勤劳作，供养我求学、鼓励我上进。父亲忠厚实在、深谋远虑，在求学和生活中给予我很多指引和鼓励，他一直都是我奋斗之路上的精神导师。母亲善良沉稳的性格，教会我与人为善、真诚待人。他们虽然给不了我太多身外之物，但他们的养育和教导却是我一辈子的精神财富。我很幸运，有这么仁慈、伟大的父母。感谢善良、伟大的爸爸和妈妈，是你们含辛茹苦地养育了我，也是你们竭尽所能地培养了我，是你们的鞭笞和鼓励让我在求学的路上更加坚定。除了父母之外，我还有哥哥和妹妹。我们兄妹之间，一起成长、相亲相爱、相互帮助。在20多年的拼搏之旅中，是家人的鼓励和支持，激励我在追梦路上奋力前行。他们永远是支撑我跋涉学术之旅和奋斗拼搏的坚强后盾。

感谢恩师，传道受业。在中央电视台推出的大型文化情感类节目《朗读者》中，著名主持人董卿有一段开场白，她说："世间一切，都是遇见。就像冷遇见了暖，就有了雨；春遇见冬，有了岁月；天遇见地，有了永恒。"在中国地质大学遇到黄娟老师，是我莫大的荣幸。2016 年结束考博之路，承蒙恩师黄娟教授不弃缀入门下，我则有幸求学问道于中国地质大学（武汉）。在攻读博士研究生的三年里，黄老师给予我成长求学的机会，教会我为人处世、求学问道的深刻道理，提供诸多机会和帮助使我步入学术殿堂。攻读博士学位期间，在专业学习、学术交流和科学研究过程中，黄老师对我要求严格，耐心指导、循循善诱。她一丝不苟、严谨认真的学术精神教会我求学问道的基本态度。她求真务实、实事求是的行动准则教会我脚踏实地。她语重心长的教导，鞭策我努力上进；耐心严厉的批评，提醒我谦虚谨慎。我的博士论文正是在恩师悉心指导下完成的，从推荐书目到论文选题，从布局谋篇到论文润色，从论文撰写到最终定稿，都离不开恩师的耐心指导。师恩难忘，吾必将铭记于心！

　　感谢时光，给我温暖。我一直觉得我很幸运，在 23 年的求学生涯中，我遇到了很多优秀的老师。于我而言，他们是良师益友。首先，感谢高中阶段遇到的各位老师。在我的记忆里，最难忘的是高中的那段时光。在这段最艰苦、最难忘的时光里，我遇到了我的班主任关强老师、历史老师刘传吉老师、地理老师李小燕老师等。可以说，他们是我拼搏之路上的见证者。我成功时他们欣喜，我受挫时他们安慰，我迷茫时他们鼓励，这种奇妙的缘分一直伴随着我的拼搏之路，在我拼搏奋进的时候带给我温暖和感动。其次，感谢大学阶段遇到的两位老师。第一位要感谢的是徐翠仙老师。大学期间，徐老师在精神和物质上都给予我很多帮助。在考研复习的时候，徐老师更是给予我很多关心和鼓励。第二位要感谢的是石东升老师。石东升老师是我学士学位论文的指导老师。我一直喜欢苏轼，欣赏他高洁的品格和豁达的胸怀，我的论文题目是"论苏轼的归隐情结"。在撰写论文过程中，石老师给予我很多指导和帮助。在此，非常感谢石东升老师。有很多的感谢难以用言语表达，但是还有一个人我需要特别感谢，那就是我的硕导徐柏才教授。读研的时光，既难忘也怀念。读研期间，在专业学习、学术训练和科学研究的过程中，徐老师对我严格要求、耐心指导，使我在学术研究方面收获满满。我今天取得的小小成就，离不开徐老师的指导和鼓励。我时常想，能遇到这些老师是我的幸运。师恩难忘，我会加倍珍惜！

感谢亲人，给我关怀。我出生在一个人口较多的大家庭，身边有爷爷奶奶、叔叔婶婶，还有很多兄弟姐妹。我从小和爷爷奶奶一起生活，爷爷、奶奶、叔叔们都很疼我，他们给予我很多的疼爱和关怀。奶奶深谙世事、经验丰富，教会我很多待人处事、工作生活的道理和经验。爷爷老实本分、善良真诚，给予我爱和温暖。在外求学很多年，回家的次数屈指可数。参加工作后，陪伴他们的时间更是不多。可是，无论我走到哪里，我都是他们的牵挂。感谢爷爷、奶奶对我的养育之恩，感谢叔叔、婶婶对我的疼爱之情，也感谢弟弟妹妹们对我的尊敬和关心。如今，我已三十而立，爷爷奶奶、叔叔们渐渐老去。我只愿时光走得慢些，希望爷爷、奶奶、叔叔、婶婶们身体健康、寿比南山。提到亲人，有一个人我必须感谢，那就是我的大舅。由于四个孩子上学，家里的经济负担一直很重，我们上学的学费是一笔很大的费用。凭借大舅的资助和支持，我们兄妹四人才能够顺利完成了学业。大学毕业后，我和三妹成功考上了硕士研究生，而我则在硕士毕业后继续读博深造。直到 2019 年 6 月博士毕业，我结束了长达 23 年的求学生涯。我时常感慨，如果没有大舅的资助和支持，我们兄妹中也许有人早就辍学，而我将会是另外一种人生。我能读到博士并取得今天的小小成就，除了父母的辛苦付出，大舅功不可没。在我心中，大舅一直是一个伟大的人。大舅的扶持和教导之恩，我永远记得。祝愿大舅身体健康、幸福安康，而我会更加努力，期待往后的日子里，可以用自己更多的优异成绩去回报大舅。

感谢爱人，不离不弃。有人说，世间所有的相遇都有因果。我相信，我与崔先生的相遇是缘分使然。我们相识于大学时代，相恋于硕士期间，相爱于我读博期间，共同经历过风风雨雨，最终修成正果、苦尽甘来。从相识到相恋，从相爱到相守，他陪我走过了人生中最艰难的时光。他见证了我的辛苦、脆弱和拼搏，抚慰了我的忧伤、彷徨和寂寞，为我奉献和牺牲，助我成长和成才。8 年来，我们相互慰藉、相互鼓励、相互支持，一直在为我们的未来而共同努力。他总是给予我温暖和快乐，也总是赐予我满满的宠溺和呵护。我们既是夫妻，更是灵魂伴侣。在此，我想对崔先生说：谢谢你的不离不弃，谢谢你给我的温暖和鼓励，你永远是我成功路上的坚强后盾和我生活中的一抹暖阳。往后余生，愿幸福满满、携手共进、共创辉煌！

感谢公婆,辛勤付出。我的人生不慌不忙、井然有序。博士毕业、入职高校、结婚生子,一切都按照我理想中的样子进行。结婚后,婆母和爸爸把我当作女儿一样疼爱。2020年8月,在而立之年,我成功升级为母亲,迎来了我可爱、活泼的小棉袄。小宝贝的出生让我欣喜若狂,她的到来让家里多了更多的欢声笑语和生机,但同时也消耗了我很多的时间和精力。看着她一天一天长大,感受着她的每一个变化,我的感觉是幸福。从女儿出生后,年过半百的婆母和爸爸开始了辛劳忙碌的生活。他们细心地照顾我的饮食,精心配制一日三餐;他们万分喜爱小宝贝,耐心地帮我带女儿。每当我忙碌工作的时候,他们的帮助都让我轻松许多。正是因为他们的辛勤付出,我才有时间和精力来完善书稿。在此,对爸妈的理解、帮助和辛勤付出表示真诚的感谢。祝愿爸爸、妈妈身体健康、笑口常开!

感谢朋友,给我温暖。在23年的求学生涯中,我遇到过很多朋友,她们在学习和生活中给了我很多关心和帮助。感谢慧霞姐、吴濛姐在大学时期给我的无私帮助;感谢艳明、思齐、林畅在我困难的时候伸出援手,在我煎熬的时候给我鼓励,在我痛苦的时候给我安慰。虽然硕士毕业后,我们见面的次数屈指可数,但友谊的小船却坚如磐石;感谢吴宁、王佩、曹阳、姚翼源等同窗在读博期间给我的关心和帮助;感谢同门陈帅、韩宁、石秀秀、程文琴、冯志伟等师弟师妹一直以来给予我的热心帮助。我一直相信,同门情谊是一种牢固长久的情谊,这种情谊只会随着时光的流逝愈加深刻。很多时候,想起你们,想起我们一起读书时的美好时光,我的心里都充满温暖和感恩。愿我们未来之路皆坦途,所有愿望都成真。祝你们身体健康、前程似锦!

感谢自己,顽强拼搏。对我来说,求学之路异常艰辛。虽然天资不够聪慧,但我深知天道酬勤、勤能补拙。在求学的每一个阶段,我都勤奋好学、脚踏实地。读博之路更像是一场艰难跋涉,研究学问的过程交织着各种情感。求学过程中的彷徨,研究学问时的迷茫,精神上的压力,经常让我夜不能寐、辗转反侧。我清楚地记得每一个漫漫长夜,也数不清自己多少次在期待着黎明。读博时的经历,刻骨铭心。如今,博士毕业已经有三年,我参加工作也有三年了,回忆起来,读博那段时光也许不是我最开心的、最轻松的时光,但却是我最充实、最有收获、最难忘的时光。很庆幸自己能够克服困难，很庆幸自己能够耐住寂寞，很庆幸自己能够坚持下来。凤凰涅槃，浴火重生。读博经历，让我得到了锤炼和成长。感谢这段经历，感谢一直以来没有被困难和挫折吓退的自己，感谢始终牢记初心、努力拼搏的自己。路漫漫其修远兮，吾将上下而求索。在往后的日子里，我依然会不忘初心、继续奋斗。我相信，越努力，越幸运，越努力，越幸福。

在本书即将付梓之际，我要特别感谢学院和各位领导对我工作的支持。2019 年 7 月我正式入职山西师范大学马克思主义学院，成为一名光荣的思想政治理论课教师，同时兼职辅导员。入职以来，学院领导和各位同事在教学、科研、学生工作方面给予我热心的指导和帮助，使我在教学、科研和学生工作的业务能力得到很大提高。在此，感谢学院各位领导和同事的关心和帮助，祝大家工作顺利、家庭幸福。与此同时，我还要感谢一些专家在完善书稿的过程中为我指点迷津。本书正是在听取和吸收各位前辈的宝贵意见之后，对书稿的内容、结构进行修改、完善而成的。本书之所以能够出版，得益于光明日报出版社学术出版中心张金良主任和王佳琪等各位编辑的辛勤劳动。在此，我要向他们表示诚挚的问候和深深的谢意。

本书是我任教以来的第一本专著，心中欢喜、但也深感惭愧。读博期间，在导师的指引下，致力于生态文明建设的研究。党的十九大召开之后，结合新时代社会主要矛盾来研究中国生态文明建设遂成为我博士论文的选题方向，并最终完成《社会主要矛盾视域下我国生态文明建设研究》的毕业论文。工作以后，结合导师和专家意见，一直在对博士毕业论文进行修改和完善。历经多次修改，终于形成本书。由于理论水平和实践经验有限，对新时代社会主要矛盾转化背景下，人民日益增长的优美生态环境需要和不平衡不充分的生态文明建设之间的矛盾的研究还处于初步探索阶段，书中不足在所难免，恭请学界前辈、同仁批评指正。生态文明建设是关乎中华民族永续发展的根本大计，也是学术界理论研究的热点话题。新时代以来，我国生态文明建设呈现新特点，取得新进展，对生态文明建设的研究只有进行时，没有完成时。在今后的学术研究过程中，我将结合新时代我国生态文明建设的整体概况，聚焦人民日益增长的优美生态环境需要，对我国生态文明建设作为更为深入和系统的研究。与此同时，在完善书稿的过程中，书中引用了众多学者、专家的理论观点和研究成果，注释如有纰漏或者错误之处，恳请各位同仁和前辈谅解！

崔龙燕

2022 年 3 月于山西师范大学